UTB 2208

Eine Arbeitsgemeinschaft der Verlage

Beltz Verlag Weinheim · Basel
Böhlau Verlag Köln · Weimar · Wien
Verlag Barbara Budrich Opladen · Farmington Hills
facultas.wuv Wien
Wilhelm Fink München
A. Francke Verlag Tübingen und Basel
Haupt Verlag Bern · Stuttgart · Wien
Julius Klinkhardt Verlagsbuchhandlung Bad Heilbrunn
Lucius & Lucius Verlagsgesellschaft Stuttgart
Mohr Siebeck Tübingen
C. F. Müller Verlag Heidelberg
Orell Füssli Verlag Zürich
Verlag Recht und Wirtschaft Frankfurt am Main
Ernst Reinhardt Verlag München · Basel
Ferdinand Schöningh Paderborn · München · Wien · Zürich
Eugen Ulmer Verlag Stuttgart
UVK Verlagsgesellschaft Konstanz
Vandenhoeck & Ruprecht Göttingen
vdf Hochschulverlag AG an der ETH Zürich

Michael Pauen/Gerhard Roth

Neurowissenschaften und Philosophie

Eine Einführung

WILHELM FINK VERLAG MÜNCHEN

Bibliografische Information der Deutschen Nationalbibliothek

Die Deutsche Nationalbibliothek verzeichnet diese Publikation in der Deutschen Nationalbibliografie; detaillierte bibliografische Daten sind im Internet über http://dnb.d-nb.de abrufbar.

(Wilhelm Fink GmbH & Co. Verlags-KG, Jühenplatz 1, D-33098 Paderborn)
ISBN 978-3-7705-3548-4

Printed in Germany.
Einbandgestaltung: Atelier Reichert, Stuttgart
Herstellung: Ferdinand Schöningh GmbH, Paderborn

UTB-Bestellnummer: ISBN 978-3-8252-2208-6

Inhalt

Einleitung

Die „Dekade des Gehirns“ ist mittlerweile abgeschlossen, die Zukunft der Hirnforschung dürfte dagegen gerade erst begonnen haben. Dies zeigt nicht nur das ungebrochene öffentliche Interesse an den Erkenntnissen der Neuro- und Kognitionswissenschaften. Letztlich geht es bei der Hirnforschung um die für uns Menschen als bewußtseinsfähige Wesen zentrale Frage: Wer oder was sind wir? Ebenso bedeutsam ist die große Zahl der Probleme, die in diesem Wissenschaftszweig trotz der bemerkenswerten Fortschritte der letzten Jahre immer noch auf eine Lösung warten.

Die Schwierigkeiten ergeben sich nicht nur aus den überaus komplexen sachlichen Zusammenhängen, sie haben auch mit den Strukturen unseres Wissenschaftsbetriebes zu tun, in dem trotz aller Bekenntnisse zur Interdisziplinarität die fächerübergreifende Zusammenarbeit bis heute eher die Ausnahme geblieben ist. Die Folgen sind für die Hirnforschung einfach deshalb gravierender als für die meisten anderen Forschungsgebiete, weil die Probleme, die hier zu bewältigen sind, in den Zuständigkeitsbereich ganz unterschiedlicher Disziplinen wie etwa der Neurobiologie, der Psychologie, der Physik, der Neuroinformatik und schließlich auch der Philosophie fallen.

Die zum Teil ernüchternden Erfahrungen bei den ersten ernsthaften Versuchen einer Zusammenarbeit zwischen Neurobiologen, Psychologen und Philosophen scheinen zunächst gegen die Erwartung zu sprechen, daß es in absehbarer Zeit zu der notwendigen Interdisziplinarität kommen wird. Doch so unbefriedigend derartige Erfahrungen sein mögen: Man sollte nicht vergessen, daß es sich hier um Disziplinen handelt, die über lange Zeit gewohnt waren, sich auf ihre eigenen Fragestellungen und Methoden zu konzentrieren, wenn sie denn überhaupt miteinander redeten. Es ist daher kein Wunder, daß Kooperationsversuche zunächst schwerwiegende Probleme aufgrund unterschiedlicher Begriffe und Methoden aufwerfen.

Dies gilt nicht zuletzt für das Verhältnis der Philosophie zu den empirischen Disziplinen, denn schließlich bestehen hier weit größere methodische und inhaltliche Gegensätze als unter den empirischen Wissenschaften. Dies erklärt sich nicht nur daraus, daß es sich bei der Philosophie um eine rein theoretische Disziplin handelt; es kommt hinzu, daß vor allem im deutschsprachigen Raum maßgebliche philosophische Schulen den Gegensatz zu den Naturwissenschaften seit dem Beginn des 20. Jahrhunderts geradezu zum Programm erhoben haben. Zweifellos dürfte auch die Neigung mancher Philosophen, Forschung lieber in der reinen Luft des Gedankens zu vollziehen, als in die Tiefen der empirischen Forschung hinabzusteigen, nicht ganz unschuldig an diesen Problemen gewesen sein. Auf diese Weise konnte auch der Eindruck entstehen, der eine oder andere Theoretiker sei eher an den prinzipiellen Schwierigkeiten naturwissenschaftlicher Forschung interessiert als an empirischen Strategien zur Überwindung solcher Probleme.

Dies bedeutet jedoch nicht, daß der Philosophie die Distanz zu den empirischen Wissenschaften mit in die Wiege gelegt worden wäre – ganz im Gegenteil: Immerhin fallen die produktivsten Phasen der neuzeitlichen Philosophie in die Zeiten, in denen sie sich – etwa bei Descartes, bei Leibniz oder bei Kant – der Auseinandersetzung mit den Erkenntnissen der Naturwissenschaften gestellt hat.

Es häufen sich denn auch in der Gegenwart die Zeichen für ein Umdenken, das nicht nur in der Philosophie, sondern auch in den meisten anderen beteiligten Disziplinen stattfindet. Äußerlich erkennbar wird dies an einer ganzen Reihe von Aktivitäten, die in den letzten Jahren mit dem Ziel unternommen worden sind, die Zusammenarbeit zwischen denjenigen Disziplinen zu verbessern, die sich mit dem Bau und den vielfältigen Funktionen des Gehirns und insbesondere mit dem Verhältnis von Gehirn und Bewußtsein befassen. Verweisen läßt sich hier auf – teilweise erst vor wenigen Jahren gegründete – interdisziplinäre wissenschaftliche Organisationen wie die *Association for the Scientific Study of Consciousness (ASSC)*, die *Society for Philosophy and Psychology (SPP)* einschließlich ihres europäischen Ablegers *(ESPP)* oder die *Gesellschaft für Kognitionswissenschaft (GK)* in Deutschland, auf interdisziplinär ausgerichtete Konferenzen zu diesem Thema, wie sie regelmäßig von der *ASSC* oder der *ESPP* veranstaltet werden, auf die

Einrichtung einer ganzen Reihe von Sonderforschungsbereichen und Schwerpunktprogrammen der Deutschen Forschungsgemeinschaft, auf interdisziplinäre Studiengänge zum Thema Gehirn und Kognition an verschiedenen deutschen Universitäten und schließlich auch auf Zeitschriften mit betont interdisziplinärer Ausrichtung wie *The Behavioral and Brain Sciences, Consciousness and Cognition* oder das *Journal of Consciousness Studies.*

Diese Aktivitäten sind nicht nur Symptom eines Umdenkungsprozesses, vielmehr bringen sie auch ihrerseits diese Entwicklung voran. Vielfach wird dabei jedoch schon eine Bekanntschaft mit den Forschungsansätzen der unterschiedlichen Disziplinen vorausgesetzt. Bei der Vermittlung solcher Grundlagenkenntnisse dürften wissenschaftliche Einführungen eine wichtige Rolle spielen, die einen möglichst großen Bereich des Themenspektrums der Hirnforschung abdecken und so dem Interessierten einen ersten Überblick über die zentralen Fragestellungen verschaffen können.

Genau diese Absicht verfolgt der vorliegende Band, dessen einzelne Beiträge die wichtigsten empirischen Disziplinen, die relevanten Untersuchungsverfahren und Modellvorstellungen und schließlich auch Probleme der Philosophie und Wissenschaftstheorie behandeln. Zu Beginn des Bandes gibt Olaf Breidbach einen historischen Überblick über die Geschichte der Neurowissenschaften. Anschließend erörtern Helmut Schwegler, Michael Pauen und Achim Stephan theoretische Probleme der Hirnforschung. Eine besondere Rolle spielt dabei die Frage, wie die Beziehungen zwischen den unterschiedlichen Disziplinen unter wissenschaftstheoretischen Gesichtspunkten beschrieben werden können. So sucht Helmut Schwegler zu zeigen, daß die einzelnen Theorien, die mit Gehirn und Bewußtsein befaßt sind, nicht einfach aufeinander zurückgeführt („reduziert") werden können. Zu erwarten ist vielmehr ein „Patchwork" lose miteinander verbundener Ansätze. Michael Pauen sucht die Bedeutung philosophischer Theorien für die Fragestellungen der Neuro- und Kognitionswissenschaften zu klären; dabei geht er unter anderem der Frage nach, inwiefern neurobiologische Theorien zur Erklärung psychischer Phänomene herangezogen werden können.

Schließlich erläutert Achim Stephan den Begriff der Emergenz, der in den letzten Jahren eine besondere Bedeutung nicht nur in der philosophischen Diskussion erlangt hat.

Die hierauf folgenden Aufsätze befassen sich mit den wichtigsten empirischen Fragestellungen: Gerhard Roth gibt einen Überblick über die neurobiologischen Grundlagen des Bewußtseins, Hans J. Markowitsch und Irene Daum zeigen, welchen Beitrag die Neuropsychologie bei der Erklärung mentaler Prozesse leisten kann, und schließlich befaßt sich Kai Vogeley mit Problemen des Selbstbewußtseins, wobei vor allem die Psychopathologie im Vordergrund steht.

Im letzten Teil des Buches geht es um Modellvorstellungen und methodische Probleme: Während Raúl Rojas zeigt, inwiefern sich kognitive Prozesse in künstlichen neuronalen Netzen modellieren lassen, geben Thomas F. Münte und Hans-Jochen Heinze einen Überblick über die Untersuchungsmethoden der Neurowissenschaften, insbesondere über die modernen bildgebenden Verfahren, welche unsere Kenntnis von der Funktionsweise des menschlichen Gehirns revolutioniert haben.

Wie schon erwähnt, bemühen sich alle Beiträge darum, den Leser mit den Grundbegriffen und den wichtigsten Erkenntnissen der jeweiligen Disziplin vertraut zu machen, ohne dabei spezielle Vorkenntnisse vorauszusetzen. Sie richten sich an Studenten, interessierte Laien, aber auch an Hirnforscher, die nach einem Überblick über Fragestellungen der Nachbardisziplinen suchen oder sich mit den theoretischen Voraussetzungen dieses Forschungsgebietes befassen möchten. Wenn der vorliegende Band dabei einen Beitrag zur Verbesserung der Zusammenarbeit zwischen den beteiligten Wissenschaften leistet, so hat er eines seiner wichtigsten Ziele erreicht.

Michael Pauen und Gerhard Roth
Magdeburg und Bremen, Juni 2000

Olaf Breidbach

Hirn und Bewußtsein – Überlegungen zu einer Geschichte der Neurowissenschaften

1. Einleitung: Der Blick nach innen

Was kann und was leistet eine historische Analyse? Zunächst detailliert sie, sie zeigt Linien auf und kann damit Einzelpositionen der Forschung verdeutlichen. Dabei – und dies ist wesentlich – kommt der historischen Analyse aber auch eine für die moderne Forschung wichtige wissenschaftstheoretische Funktion zu. Sie zeigt nicht nur die Genese einer Wissenschaftskultur auf, sie beschreibt damit auch den theoretischen Rahmen, in dem sich die Wissenschaften dieser Kultur finden. Schon innerhalb einer Disziplin erfüllt sie damit eine kritische Funktion. Bedeutsam wird sie vor allem aber dort, wo verschiedene Disziplinen und damit ggf. auch unterschiedliche Wissenschaftskulturen zusammenwachsen. In solch einer Situation stehen heute die Kognitionswissenschaften und – insbesondere auch – eine kognitive Neurowissenschaft.

Die geschichtliche Analyse zeigt, daß die derzeitige Diskussion um das Bewußtsein in direktem Anschluß an eine schon vor einem Jahrhundert präsente Diskussion steht. Dies ist keineswegs von nur historischem Interesse. Ist es möglich, die Diskussionen von 1900 und 2000 zu parallelisieren, so ist die Wissensentwicklung der Neurowissenschaften der letzten Jahrzehnte kritisch in den Blick zu nehmen. Blieben bei all dem vielen neu angesammelten Wissen die Fragestellungen für eine Forschung, die sich dem Bezug von Hirn und Bewußtsein nähert, unverändert? Es geht also nicht einfach darum, in konziser Form eine Geschichte zu erzählen, in deren Resultat dann die moderne kognitive Neurowissenschaft zu finden wäre. Vielmehr geht es darum, zumindest anzudeuten, wie sich

Traditionen in verschiedenen Disziplinen und über verschiedene Disziplinen vermitteln. Es ist zu skizzieren, wie sich die Fragestellungen und Wahrnehmungsdispositionen in diesem Bereich verzahnen. Dabei gewinnt die Betrachtung der Geschichte für ein so komplexes Feld wie die Erforschung von Hirn und Bewußtsein eine kritische Funktion, über die aktuelle Problemstellungen präzisiert und bestimmte Arten von Antworten auch in Frage gestellt werden können.

Bewußtsein ist keine isolierte Fähigkeit, es ist ein alle Verhaltensmuster eines Wesens begleitendes Grundphänomen. Es ist selbst allerdings nicht als ein eigenes Verhaltensteilelement, sondern vielmehr als Grundmotiv aller Verhaltensäußerungen darzustellen. Der Assoziationspsychologe James Mill (1773–1836) beschreibt Bewußtsein Anfang des 19. Jahrhunderts als eine Grundstimmung des Nervensystems, die dadurch zustande kommt, daß bei verschiedenen Tätigkeiten des Organismus immer wieder analoge Reaktionen in dem das Bewußtsein konstituierenden Organ stimuliert würden.[1] Das Organ des Bewußtseins war für Mill das Hirn, die möglichen Bahnen der Erregungsmuster, in denen sich das Bewußtsein im Hirn konstituiert, konnte er 1829 – zur Zeit des Abschlusses seiner entsprechenden Arbeit – allerdings noch nicht angeben. Daß das Hirn aus Nervenzellen (Neuronen) aufgebaut ist, die in bestimmter Weise miteinander verknüpft sind, war erst Ende des 19. Jahrhunderts einsichtig. Damit war dann aber keineswegs zwangsläufig auch das Bewußtsein selbst erschlossen. In den Bereichen der Psychologie, die sich um eine Erfassung des Gegenstandsbereiches ‚Bewußtsein' bemühten, fand sich um 1900 hier aber eine eher ernüchternde Antwort: Um 1900 gab es in diesem Fach eine Diskussion um die mögliche Bewertung des jedem (menschlichen) Individuum möglichen Blickes nach

---

[1] Die entsprechende Arbeit von James Mill wurde 1869 noch einmal herausgegeben: Mill, J. (1869) Analysis of the Phenomena of the Human Mind. London; zum Problemkontext vgl. Breidbach, O. (1996) Vernetzungen und Verortungen. Bemerkungen zur Geschichte des Konzepts neuronaler Repräsentation. In: Ziemke, A., Breidbach, O. (Hg.) Repräsentationismus – was sonst? Braunschweig, Wiesbaden.

innen, um die Introspektion. Die sogenannte Würzburger Schule der Psychologie postulierte im Resultat ihrer Arbeiten, daß sich im Blick nach innen ein Ich – als Träger des Bewußtseins – verlöre. Ich, Selbst und damit die Grundgrößen einer auf Eigenerfahrung basierenden Theorie des Bewußtseins treten in einer auf Selbsterfahrungsbewertungen basierenden Darstellung des Bewußtseins nicht auf.[2] Bedeutete dies, daß der Boden einer eigenständigen Beschreibung des Bewußtseins überhaupt zu verlassen sei? Daß es – analog den Versuchen des romantischen Naturphilosophen Paul Carus (1852–1919)[3] – dann notwendig wäre, im Vergleich der Reaktionstypen verschiedener Organismen eine Stufung von Fähigkeiten zu erschließen, diese dann als eine sukzessive Erweiterung des solchem Verhalten zu unterlegenden Bewußtseins zu deuten, und demnach diese Stufung von Verhaltenskomplexitäten als eine Stufenleiter des Seelenvermögens zu begreifen, über welche dann das Bewußtsein erschlossen wäre. Die Evolutionsbiologie nahm – schon kurz nach dem Tode von Charles Darwin (1809–1882) – mit den Arbeiten von George Romanes (1848–1894), dem von Darwin noch direkt eingesetzten Nachfolger für die Entwicklung dieses Teils der Evolutionstheorie, genau diese Idee auf: Die Evolution des Verhaltens sei demnach – ganz im Sinne der typologischen, und dies heißt pikanterweise a-evolutionistischen Modelle einer Naturentfaltung – als eine sukzessive Entfaltung immer komplexerer Reaktionsformen zu fassen. Die Existenz von Bewußtsein sei ab einer gewissen, noch näher einzugrenzenden Stufe in der Entfaltung dieser Reaktionsmöglichkeiten anzusetzen.

Was wäre dann Bewußtsein anderes als eine Markierung dafür, daß in der Verhaltensorganisation und damit der Hirnentwicklung ein bestimmter Komplexitätsgrad erreicht sei. Um 1900 waren nicht nur von Evolutionsbiologen wie George Romanes oder auch Ernst Haeckel (1834–1919) hierzu ein-

---

[2] Vgl. hierzu Ziche, P. (Hg.) Introspektion. Wien 1999.

[3] Carus, C. G. (1866) Vergleichende Psychologie oder Geschichte der Seele in der Reihenfolge der Thierwelt. Wien.

deutige Aussagen zu finden.[4] Auch führende Physiologen bekundeten – wie noch detaillierter zu zeigen ist – daß Bewußtsein und mit ihm der freie Wille, ästhetisches Empfinden und – notabene – kognitive Operationen insgesamt als Hirnreaktionen deutbar wären. Der Wiener Physiologe Sigmund Exner (1846–1926) gab entsprechend eine konzise, assoziationsphysiologische (d.h. eine assoziationspsychologische Aussagen direkt in ein physiologisches Modell umsetzende) Darstellung der Liebe, des Küssens und der dabei evozierten Stimmungsmuster.[5]

Der vorliegende Text zeigt die Konsequenzen, die aus der Verzahnung einer Vielfalt von historisch gewachsenen Problemschichtungen für die moderne Forschung erwachsen. Dargestellt werden dabei geschichtliche Linien, die zunächst je einzeln verfolgt werden, um die Genese von Ideen nachzeichnen zu können. Dabei interessiert vor allem der Zusammenhang von experimentellen Möglichkeiten und den jeweils übernommenen und weitergeprägten Vorstellungen von einem Bewußtsein. Schon in diesen Einzeldarstellungen sind für die Theoriesituation der modernen Forschung relevante Aussagen zu gewinnen. Die Überlegungen schließen mit der Skizze eines Problems, das in seiner Genese zeitlich weit vor die Entstehung einer experimentellen Naturwissenschaft zurückreicht. Zu fragen ist dabei, inwieweit unsere aus der Tradition erwachsenen Vorstellungen von dem, was Geist ist und wie sich Geist organisiert, die Grundmuster vorgeben, innerhalb derer die experimentelle Forschung überhaupt erst ihre Perspektiven gewinnt. Denn auch für eine experimentelle Wissenschaft

---

[4] Zu diesem auch in der modernen Philosophy of Mind diskutierten Problemkomplex vgl. Breidbach, O. (1999) Comparing minds – A Comment on Beetles' Intelligence. Theory in Biosciences 118: 54-65. Insbesondere zu Romanes: Breidbach, O. (1997) Die Materialisierung des Ichs. Zur Geschichte der Hirnforschung im 19. und 20. Jahrhundert. Frankfurt: 291f.; Ernst Haeckels Auffassung ist wohl am prononciertesten in „Die Welträthsel", Leipzig 1899, dargelegt.

[5] Exner, S. (1894) Entwurf zu einer physiologischen Erklärung der psychischen Erscheinungen. Leipzig und Wien, vgl. auch die Einleitung zu dem 1999 in Frankfurt erschienenen Reprint.

ist es nicht nur gut zu wissen, wie sie zu ihren Antworten kam, sondern auch zu begreifen, wie sie zu ihren Fragen fand.

2. Historische Linien

2.1. Grundlinien

Begriffe und Vorstellungen von Bewußtsein sind sehr viel älter als die im engeren Sinne erst ab 1800 zu fassende Neurowissenschaft. Diese hat demnach notwendigerweise mit Vorstellungen zu operieren, die ihr vorgegeben werden. Kann sie sich von diesen ihr tradierten Vorstellungsmustern freimachen? Und ist die hier naheliegende Antwort, der Spekulation zu entraten und auf das Experiment zu setzen, nicht doch insofern verfänglich, als schon im Aufbau des Experiments Voraussetzungen eingefügt sind?

Das Problem setzt damit an, daß die Neurowissenschaft selbst zunächst keinen Begriff von Bewußtsein hat. Ihr ist zwar eine Fülle von Einzelverhaltensfolgen verfügbar, die ihr als ‚kognitiv' oder ‚bewußt' vermittelt werden. Doch hat sie insoweit Vorstellungen anderer Disziplinen oder ggf. auch der Alltagserfahrung übernommen. Sie hat Voraussetzungen in ihr Wissensgebäude eingefügt. Sicher ist es legitim, etwa im Sinne der pragmatischen Argumentation des Botanikers M. J. Schleiden (1804–1881),[6] zunächst einmal zu sehen, wieweit man mit derartigen Beschreibungsmustern kommt, um dabei dann andere in der Wissenschaft selbst entwickelte Kriterien für eine Beschreibung des derart übernommenen Phänomenbereiches zu gewinnen und die alten überkommenen Beschreibungsmuster durch neue, in der Disziplin erarbeitete Be-

---

[6] Schleiden ist mit seinen programmatisch ausgreifenden Schriften – insbesondere seiner Schrift: Schleiden, M.J. (1844) Schelling's und Hegel's Verhältnis zur Naturwissenschaft. Leipzig – eine der zentralen Figuren in der Theoriediskussion um die seinerzeit entstehende Naturwissenschaft.

schreibungskriterien zu ersetzen. Zu fragen ist dann aber dreierlei:

1. Wurden damit auch die ggf. aus der Alltagserfahrung übernommenen Bewertungsmuster mit ersetzt?
2. Blieb in der Übersetzung in ein der Einzelwissenschaft verfügbares Beschreibungsmuster dessen ursprüngliche Objektkennung erhalten?
3. Wurden mit dieser Übernahme einer bestimmten Art der Fragmentierung des Erfahrungsbereiches, wobei ja nun eine bestimmte Art der Beschreibung des Kognitiven übernommen wurde, nicht auch die Wahrnehmungsmuster der Disziplin von ihrem Ansatz her vorgeformt?

Wie problematisch die Bestandsaufnahme der phänomenologischen Basis für eine an Bewußtseinsprozessen arbeitende Neurowissenschaft schon im 19. Jahrhundert war, zeigt nicht zuletzt der Entstehungsmodus der akademischen Psychologie: Der für die Strukturierung der Psychologie als eigenständiges Fach wichtige Wilhelm Wundt (1832–1920) begann Ende der 1860er Jahre mit seinen entsprechenden Forschungen, da er in einer Analyse dessen, was das Hirn vermag, mit dem physiologischen Instrumentarium der Zeit – Wundt war Schüler von Hermann v. Helmholtz (1821–1894) – nicht weiterkam.[7] Entsprechend suchte er eine Erfahrungswissenschaft aufzubauen, die den Phänomenraum des Psychischen selbst in den Blick zu nehmen suchte. Das spezifische Problem des Wundtschen Psychologieentwurfes war dann, daß sich diese Psychologie über ihre physiologischen Grundlagen absicherte, die dann aber wieder einen Phänomenraum des Psychischen selbst direkt nicht abzubilden erlaubten. Insofern reflektiert die

[7] Zur Situation der Physiologie im Umfeld von von Helmholtz vgl. Cahan, D. (Hg.) (1993) Hermann von Helmholtz and the Foundations of Nineteenth-Century Science. Berkeley, Los Angeles, London; zu Wundt vgl. Ziche, P. (1999) Neuroscience in Its Context. Neuroscience and Psychology in the Work of Wilhelm Wundt. Physis: 65–87.

Wundtsche Wissenschaftssystematik – bis hin in die spätere Darstellung der Logik – das hier aufgewiesene Problem einer Sicherung des Phänomenbereiches Bewußtsein.

Das hierin aufgewiesene Problem einer eigenständigen Beschreibung des in der Hirnforschung beschriebenen Datenbestandes aus der Sichtung eines Wissenschaftsbereiches, der seinerseits die Psyche selbst zum Ausgangspunkt seines Erfahrungsansatzes nimmt, bleibt interessant. Historisch bedeutsam ist, daß Wundt seine Beschreibung im wesentlichen an der Funktionsmorphologie, kaum jedoch an den von ihm selbst zwar rezipierten, aber eher als Marginalie behandelten physiologischen Hirnreizexperimenten ausrichtet. Zielsetzung des Textes war, in einer umfassenden Behandlung des vorliegenden Befundmaterials der Hirnforschung einen eigenständigen Erfahrungsbereich der Psychologie zu erarbeiten. Ein Vergleich der in Wundts Monographie formulierten Positionen mit der neuen für die Philosophy of Mind wichtigen Neurophilosophy von Patricia Churchland zeigt, wie wenig sich – trotz des Berges von Daten, den die experimentelle Neurowissenschaft zwischen 1876 und 1986 erarbeitet hat – im konzeptionellen Grundansatz einer entsprechenden Forschung geändert hat.[8] Ausgangsbasis der verschiedenen Positionen, in denen ein Ansatz zu einem physiologischen Verständnis kognitiver Funktionen gesucht wurde, ist – sowohl 1876 wie 1986 – der konzeptionelle Rahmen einer Assoziationspsychologie. Auch die aus den Einzelwissenschaften übernommenen und rezipierten Grundansätze entsprechender Forschungsprogramme weisen in beiden Fällen auf den im Kontext der Assoziationspsychologie gewonnenen Modellansatz zur Darstellung kognitiver Funktionen zurück. Die Grundidee dieses Ansatzes, wie sie James Mill 1829 formulierte, weist dabei auf Deutungen von Wahrnehmungs- und Bewußtseins-Prozessen, die David Hartley (1705–1757) in direkter Anlehnung an

---

[8] Wundt, W. (1874) Grundzüge der physiologischen Psychologie, Leipzig; Churchland, P. S. (1986) Neurophilosophy. Towards a Unified Science of the Mind/Brain. Cambridge und London.

Newton und Locke formulierte.[9] Der Grundidee dieses Ansatzes zufolge werden Bewußtseinsinhalte primär durch sensorische Reizaufnahme vermittelt. Dabei würden durch Außenreize Strukturen im Nervengewebe zum Schwingen gebracht. Ähnliche Strukturen würden dabei ‚mitbewegt', so daß sich mit einem Reiz jeweils ein ganzes Wahrnehmungsfeld aktiviere. Erinnerungen entsprächen Kopplungsfiguren in diesem Oszillationsgefüge, in das eine neue Erregung hineinlaufen könne oder nicht. Entsprechend evoziere und verstärke sie entweder eine schon vormals gewonnene Erfahrung und aktiviere in deren Stimulation auch deren Erfahrungsumfeld, oder es entstünde etwas Neues in dem inneren Gefüge des geistigen Apparates: Reizmuster evozierten Sensationen. Aus Überlagerungen der Sensationen entstünden Assoziationen. Aus diesen bildeten sich Assoziationsgefüge. Würden sich diese in Hirntexturen einbrennen, formten sich somit Strukturierungsraster (diese entsprächen Mills ‚Ideen'). In einer weiteren Überlagerung der Ideen formierten sich – Mill zufolge – ganze ‚Ideenzüge', über die Wahrnehmungsinhalte und die mit ihnen assoziierten Erfahrungs- und Begriffsgefüge kodiert und abgerufen werden könnten. Dieser etwa für Wundt, aber auch für Churchland zentrale Beschreibungsansatz für eine kognitive Neurowissenschaft entstand demnach zeitlich weit vor der Genese einer sich analytisch verstehenden Naturwissenschaft und entsprechend weit vor der Etablierung einer Neurophysiologie.[10] Die neurophysiologische Charakterisierung etwaiger funktioneller Grundlagen der in dieser Theorie postulierten Mechanik von Bewußtseinsvorgängen illustriert demnach ein in die Jahre gekommenes Modell. Dabei ist nicht allein das am Kalender zu messende Alter dieses Konzeptes ein Problem. Die entsprechende hier explizierte Theorie ist Kondensat einer

---

[9] Hartley, D. (1749) Observations on Man, His Fame, His Duty and His Expectations. London; vgl. auch Priestley, J. (^{2}1790) Introductory Essay. In: (D. Hartley) Hartley's Theory of the Human Mind. On the Principle of the Association of Ideas. London.

[10] Vgl. Lepenies, W. (1976) Das Ende der Naturgeschichte. München und Wien, und Knight, D. (1984) The Age of Science. The Scientific World-View of the Nineteenth Century. Oxford.

philosophischen Position. Damit faßte sich nun aber keine in der Philosophie unverändert tradierte Wahrheit. Insbesondere die kritische Philosophie eines Kant und die an der transzendentalphilosophischen Position ansetzende fundamentale Neuorientierung einer Anthropologie datieren weit nach D. Hartleys Darstellungen über die Qualität des Humanen, ganz zu schweigen von der Weiterentwicklung einer phänomenologischen Position gegen Ende des 19. Jahrhunderts, den Bemühungen um eine Weiterentwicklung der mathematischen Logik und deren Quervernetzungen zu kognitionswissenschaftlichen Studien.[11] Der assoziationspsychologische Zugang zum Phänomenbereich ‚Bewußtsein' hat diese Problemstellungen und damit die Erweiterungen der philosophischen Analyse des Bewußtseins nicht aufgenommen. Er bleibt damit gegenüber den derart gewonnenen Kenntnissen über ‚Bewußtsein' verkürzt. Die Dimension des sich in ihm spiegelnden Phänomenalen sichert sich zunächst allein in der Abbildbarkeit in der neuen Wissenschaft. Derartige pragmatische Begründungen, daß – um mit Paul Feyerabend zu argumentieren – das geht, was geht, haben demnach ihre Grenze.[12] Sie haben als Konsequenz, daß sich in einer entsprechend operierenden Wissenschaft nur das abbildet, was in dieser letztlich schon bekannt ist, d.h., daß sich in ihren scheinbaren Neuadaptationen von bisher nicht erfaßten Erfahrungsbereichen diese nur insoweit abbilden, wie sie in die vorgegebenen Muster passen. Damit zeigt eine Wissenschaft zwar ihre Beweglichkeit in der Adaptation an neue Muster, sie erfährt aber selbst nichts Neues. Insoweit ergibt sich eine Gefahr, wenn nun auf Grund der Möglichkeit, die Methode dieser Wissenschaft auf solch einen neuen Erfahrungsbereich anzuwenden, Erfahrung auf den Bereich reduziert wird, der sich in dieser Wissenschaft dann auch abbilden läßt.

---

[11] Vgl. hierzu: Mann, G. (Hg.) (1990) Die Natur des Menschen: Probleme der physischen Anthropologie und Rassenlehre. Stuttgart; Mann. G., Dumont, F. (Hg.) (1988) Gehirn – Nerven – Seele. Anatomie und Physiologie im Umfeld S. Th. Soemmerrings. Stuttgart.

[12] Feyerabend, P. (^{2}1979) Erkenntnis für freie Menschen. Frankfurt.

Wie wurden nun aber im antiken Kontext Bewußtsein, Psyche und Verstandestätigkeiten gedeutet? In der Analyse etwaiger organischer Grundlagen solcher Verhaltensmuster fand das Hirn selbst zunächst weniger Beachtung. Es erschien in der antiken Medizin weithin als eine Drüse, als ein Kühlorgan, während etwa Aristoteles das Herz als den ‚springenden Punkt' für eine Darstellung von Seelenfunktion und Bewußtsein beschreibt.[13]

Die seinerzeitigen Theorien des Sehens suchten überhaupt erst zu klären, ob Sehen ein auch seitens der Lichtrezeption aktiver Prozeß war, in dem das Auge die Dinge gegebenenfalls explizit ins Licht setzte.[14] Solchen Vorstellungen zufolge gingen die Lichtstrahlen vom Auge aus, trafen auf das in Blick genommene Objekt, wurden dort reflektiert und gelangten dann wieder ins Auge zurück. In diesen Vorstellungen mischen sich mechanische Argumentationen und Vorstellungen von der Organisation kognitiver Prozesse. Das In-Blick-Nehmen ist demnach nur Moment einer vom Subjekt bestimmten Welterfahrung, folglich wird das Erfahrungsinstrumentarium denn auch als subjektkonstituiert begriffen. Entsprechend bestimmten auch die Vorstellungen von der Qualität des Kognitiven die Wahl von in die physiologische Dimension zielenden Erklärungsmodellen. Daß für eine materielle Basis kognitiver Prozesse auch nur bestimmte Substrate als adäquat angesehen wurden, ist nur mehr konsequent. So schienen der Antike die fragilen und flüchtigen geistigen Reaktionen nur in einem Feindestillat physiologischer Reaktionsräume und Reaktionsstoffe denkbar zu sein. Derart schienen später dann nicht das Hirn, sondern die Hirnventrikel, genauer, die in ihnen zu findende Flüssigkeit, als Träger von Bewußtseinsprozessen in Frage zu kommen. Diese Sicht hat für eine Darstellung des Kognitiven insgesamt wichtige Konsequenzen.

---

[13] Zur antiken Hirnforschung vgl. Riese, W., Hoff, E. C. (1950) A History of the Doctrine of Cerebral Localization: Sources, Anticipations and Basic Reasoning. J. Hist. Med. 5: 51–71; Finger, S. (1994) Origins of Neuroscience. Oxford.

[14] Vgl. Wade, N. J. (1998) A Natural History of Vision. Cambridge, Mass. und London.

An diesem, in seiner physiologischen Basis für uns heute zweifelsfrei falsifizierten Modell einer Organisation des Bewußtseins läßt sich – bei aller Überkommenheit der seinerzeit postulierten Mechanik – aufweisen, daß die damit verbundene Grundkonzeption der Organisationsschichtung des Bewußtseins auch in der modernen Forschung noch präsent ist:

Der Ventrikelräume gibt es drei, das wußte schon die Antike. Diese Trias der inneren Organisation des Organs des Geistes korreliert, den alten Vorstellungen zufolge, mit der Strukturierung der Ratio in drei Fraktionen. Die Verstandesfunktionen teilen sich demnach in den Bereich der Impression, der primären Aufnahme der durch die Sinne vermittelten Eindrücke der Außenwelt, in den Bereich des inneren Sinnes, des Sensus communis, der die Sinne überhaupt zusammenhält und interpretiert (die Phantasie) und den Bereich des Gedächtnisses. Die im Aufmerken, in der Impression vermittelten Reize durchlaufen den Filter der Phantasie, vermitteln sich dann an die Memorabilia, evozieren hier ggf. Erinnerungen und werden schließlich im inneren Sinn, dem Sensus communis, bewertet. Dieser Vorstellung zufolge wird die Welt nicht einfach im Innenraum des Geistes repräsentiert, sie wird vielmehr im Imaginationsraum der Phantasie nachgerade konstruiert.[15] Diese Art einer Strukturierung des Rationalen war direkt in die Trias der Hirnventrikel einzublenden. Entsprechend war das Nebeneinander der Funktionen als räumliche Organisationsschichtung und damit als eine zumindest potentiell mechanisierbare Vorstellung zu deuten. Die anatomischen Daten lieferten nur mehr die Koordinaten für eine Transposition der prinzipiell erschlossenen Vorstellungsmuster in ein physiologisches Funktionsgefüge. Insoweit waren die antiken Vorstellungen zur Organisation des Geistigen auch mehr als eine historische Marginalie. Diese Art der Vorstellung von der Organisation der Ratio formte ein Konzept, das noch jede – und damit auch die heutige – Vorstellung einer physiologischen Grundlage des Kognitiven beeinflußt hat.

---

[15] Schmidt-Biggemann, W. (1998) Philosophia perennis. Historische Umrisse abendländischer Spiritualität in Antike, Mittelalter und Früher Neuzeit. Frankfurt: 37.

Derartige Vorstellungsmuster von einer sich in den drei Hirnventrikeln fassenden Schichtung der Ratio tradierten sich von der Antike über das Mittelalter bis in die Renaissance. Dabei läßt sich an den Illustrationen zum Bau dieses Verstandesorgans feststellen, daß sich im Mittelalter die Vorstellung der Organisationsschichtung zusehends von der Idee, diese direkt anatomisch zu verdeutlichen, abhob. Es interessierte die Kompartimentierung des Geistes, dies aber nicht im Sinne einer möglichen neuroanatomischen Darstellung der Funktionsschichtung des Geistigen, interessant war vielmehr die prinzipielle Idee einer Kompartimentierung des Geistes; daß sich diese in einen Reaktionsraum des Hirnes einbinde, war demgegenüber nur sekundär von Bedeutung.

Nun war mit dem Beginn von Hirnsektionen in der Renaissance diese alt überkommene Vorstellung der Organisationsschichtung des Geistigen aber keineswegs einfach durchbrochen.[16] An den frühen Illustrationen der Renaissance zeigt sich vielmehr, daß das aus der Antike tradierte Grundschema der Organisation der Ratio auch weiterhin zur Grundlage einer funktionellen Interpretation des das Verhalten steuernden Organs genommen wurde. Die Darstellungen projizieren das alte Schema in einen durch Sektionen zunehmend eingehender sondierten Hirninnenraum.

Die Grundidee der skizzierten Reaktionsschichtung des Geistes blieb unabhängig von einer etwaigen physiologischen Verifikation derartiger Vorstellungsmuster erhalten. Das Schema gab auch weiterhin die Leitschnur, anhand derer etwaige Detailvorstellungen über die Funktion und die Physiologie des kognitiven Apparates zu deuten wären. Descartes, aber auch noch der um 1800 publizierende Anatom Samuel Thomas Soemmerring (1755–1830), waren in ihrer Interpretation der Funktion des Seelenorgans an diese tradierten Vorstellungsmuster gebunden.

---

[16] Clarke, E., Dewhurst, K. (1972) An Illustrated History of Brain Function. Oxford.

2.2. Vom Seelenorgan zum kognitiven Apparat

Um 1800 schichtet sich das Interesse und damit die Art des Fragens einer Hirnforschung radikal um. Die ersten Jahrzehnte des 19. Jahrhunderts markieren denn auch den Bruch von einer Hirnforschung klassischen, spekulativen Zuschnitts, deren Ziel die Identifizierung des Organs der Seele war, hin zu einer Forschung, die an den Funktionsmechanismen, den Reaktionsgrundschichtungen der Physiologie des Hirnorganes interessiert war. Dieser Umschwung zu einer Neurophysiologie modernen Stils bedeutete zugleich auch den weitgehenden Verzicht auf eine umfassende Modellierung kognitiver Funktionszustände. Im 19. Jahrhundert wurden entsprechende Grundmodelle folglich weiterhin aus den vorliegenden Konzeptionen zu einer Schichtung des Reaktionsraumes Geist übernommen.

Dieses Nebeneinander von tradierten Konzepten und Experimentalforschung ist gerade auch in Blick auf den Diskussionsstand der Moderne von Interesse. Wie stark wirkten diese alten Konzepte nach, und inwieweit treffen sich dann auch in der modernen Neurowissenschaft Bestimmungsverhältnisse, die diesen alten Grundmustern anhängen? Was war – vor der Genese einer experimentellen Neurowissenschaft – der Grundansatz für eine Debatte um die möglichen physiologischen Grundlagen der Kognition? Ist das Geistige an einen Mechanismus gebunden, so wäre eine derart eingebundene Ratio nicht frei. Wäre entsprechend dann auch das Selbst, das sich in dieser Ratio äußert, in seinen Reaktionen determiniert?

Genau diese Diskussion um ein seinerzeit noch als Seele begriffenes Selbst fand in der Frührenaissance in Oberitalien etwa in den Schriften der Philosophen Marsilio Ficino (1433–1499) und Pietro Pomponazzi (1462–1524) statt.[17] Ausgangspunkt ihrer Diskussion war die Frage einer adäquaten Kommentierung der Schrift über die Seele des Aristoteles, thematisch war die Willensfreiheit. Problematisch war, ob und inwieweit die Seele als Organfunktion begriffen werden konnte.

---

[17] Vgl. Boenke, M. (1997) Körper, Spiritus, Geist. Psychologie vor Descartes. Habil.-Schrift Ludwig-Maximilians-Universität. München.

Damit waren schon im frühen 16. Jahrhundert die Grundpositionen vertreten, die dann schließlich in Descartes' Konzeption nur noch expliziter gemacht wurden. Was Descartes an seinem Modell interessierte, war aber keine direkte physiologische Rekonstruktion des Reaktionsgefüges des Geistigen, in dem sich eine Operation des von ihm identifizierten kognitiven Apparates bewegte. Descartes interessierte primär die Möglichkeit, überhaupt eine Mechanik der Verstandesfunktion postulieren zu können und so eine Interpretation der bewußten Phänomene in seinem Gesamtentwurf einer Philosophie der Natur orten und interpretieren zu können. Insoweit sind aus heutiger Perspektive die teilweise abenteuerlich erscheinenden Momente seines hydromechanischen Modells möglicher Hirnfunktionen denn auch weniger in ihren Details von Interesse.[18] Descartes blieb in einer Modellvorstellung, sein Traktat vom Menschen entwarf mögliche mechanische Konstruktionen, in denen Teilfunktionen des Rationalen plausibel und somit die Möglichkeit einer Mechanik des Kognitiven augenfällig gemacht wurde. Descartes begründete seine Thesen dabei nicht durch Sektionen oder durch Experimente. Seine Konzeptionen blieben Postulate. Er argumentierte über die Plausibilität seiner Beschreibung. Plausibel wurde sein Ansatz dadurch, daß er ihn in eine einheitliche Theorie der Natur einpaßte. Seine mechanische Interpretation der Hirnfunktionen war dabei in ihren Details durchaus im Einklang mit den überkommenen Vorstellungen – etwa in der Interpretation des Hirnes als Drüse.

Neurowissenschaft im eigentlichen Sinne beginnt erst um 1800. Zwar interessierte sich die Wissenschaft auch schon vor 1800 für das Hirn und entwickelte Thesen über die Ortung von kognitiven Funktionen, doch findet sich mit dem endenden 18. Jahrhundert eine neue Fragestellung, die gegenüber den alten Problemansätzen etwas Neues formulierte. Mit Beginn des 19. Jahrhunderts – so die hier vertretene These – gewann die Forschung, die sich mit dem Hirngewebe beschäftigte, erstmals einen umfassenden analytischen Ansatz. Zudem

---

[18] French, R. (1994) William Harvey's Natural Philosophy. Cambridge, Mass., insbesondere: 181–193.

wechselte die Fragestellung. In Frage stand nicht mehr die Suche nach dem Ort der Seele, in Frage stand die funktionsmorphologische Interpretation der Struktur des Nervengewebes. Damit ergab sich eine wichtige Akzentverschiebung: Es interessierte nicht mehr bloß das ‚Ob' einer mechanizistischen Interpretation kognitiver Funktionen, sondern das ‚Wie' einer Darstellung von Hirnfunktionen.

In einer der ersten herausragenden anatomischen Studien hatte zwar schon T. Willis (1621–1675) postuliert, daß die Hirnwindungen Sitz der Zentren seien, in denen Gedächtnis und Wille zu lokalisieren wären. Neben diesen höheren kortikal lokalisierten Hirnfunktionen sah er ferner die unwillentlich gesteuerten Lebensfunktionen unter der Kontrolle von Kleinhirn und Mittelhirn. Differenziertere, gut dokumentierte physiologische Studien zum Hirnorgan finden sich im 17. und 18. Jahrhundert allerdings nur vereinzelt, wie bei dem Militärarzt F. Pourfour du Petit (1664–1741). Programme wie das einer kognitive Funktionen nachbildenden mathematischen Logik von G. W. Leibniz (1646–1716), des L'homme machine von J. O. de Lamettrie (1709–1751) oder einer durch ihre Sinne belebten Statue von E. B. de Condillac (1715–1780) entstanden unabhängig von eingehenderen Studien über die funktionelle Organisation des Hirngewebes.

Erst Ende des 18. Jahrhunderts wurde die Struktur des Nervengewebes eingehender in den Blick genommen. Die erste, in einem Bericht über die Wirkungen des Schlangengiftes versteckte Mitteilung zur Binnenstruktur des Nervensystems von Felice Fontana (1730–1805) konnte dabei aber noch nicht auf einer Zelltheorie und damit auf einer in sich konsistenten Vorstellung zur Organisation tierischer Gewebe aufbauen.[19] Erst mit Rudolf Virchows (1821–1902) Zellularpa-

---

[19] Fontana, F. (1781) Traité sur le venin de la vipère, sur les poissons américains, sur le laurier-cerise et sur quelques autres poissons végétaux. 2 Bde. Florenz, hierzu auch: Shepherd, G. M. (1991) Foundations of the Neuron Doctrine. New York und Oxford; vgl. ferner: Dierig, S. (1993) Rudolf Virchow und das Nervensystem. Zur Begründung der zellulären Neurobiologie. In: Florey, E., Breidbach, O. (Hg.) Das Gehirn – Organ der Seele? Zur Ideengeschichte der Neurobiologie. Berlin: 55–80.

thologie war die Vorstellung einer zellulären Funktionsarchitektur tierischer Gewebe definitiv formuliert; dann allerdings vollzog sich die Entwicklung einer funktionellen Neuroanatomie sehr rasch. Posthum wurde 1865 Otto Friedrich Karl Deiters' (1834–1863) anatomische Darstellung der Nervenzelle publiziert, die erstmals die komplexe Struktur dieser Zellen offenlegte.[20] Theodor Meynert (1833–1892) publizierte schon Mitte der 60er Jahre seine funktionelle Neuroarchitektur des Kortex, in der er eine Darstellung der neuronalen Verknüpfungsmuster zur Basis einer Interpretation der Hirnfunktionen und der darauf aufbauenden Interpretation der physiologischen Grundlage kognitiver Prozesse machte. Dabei war auch Ende der 90er Jahre des letzten Jahrhunderts keineswegs eine definitive Klärung der Grundfunktionsstruktur des Nervengewebes erreicht. Wie im weiteren noch zu skizzieren ist, wurde der aufbauend auf neuroanatomischen Befunden gewonnene konzeptionelle Rahmen einer Hirnforschung mit Beginn unseres Jahrhunderts wieder brüchig, so daß eine physiologische Blackbox-Analytik der neuronalen Verrechnungseigentümlichkeiten an die Stelle einer funktionsmorphologischen Interpretation der Hirnstrukturen trat. Dabei knüpfte diese Neurophysiologie explizit an schon um 1800 formulierte Thesen über eine Lokalisierung kognitiver Funktionen im Hirngewebe an.

Der umfassende Wandel in der Analytik des Hirnes um 1800 wird durch die Arbeiten von zwei Männern markiert: Durch die Arbeiten von Samuel Thomas Soemmerring (1755–1830) und von Franz Joseph Gall (1758–1828).

---

[20] Deiters, O. F. K. (1865) Untersuchungen über Gehirn und Rückenmark des Menschen und der Säugethiere. Braunschweig; zu Meynert vgl. Meynert, T. (1867/68) Der Bau der Grosshirnrinde und seiner örtlichen Verschiedenheiten, nebst einem pathologisch-anatomischen Corollarium. Vierteljahresschr. Psychiatrie (1867) 1: 77–93, 125–217, (1868) 1: 381–402, 2: 88–113; zum Problem vgl. Breidbach, Materialisierung a.a.O.

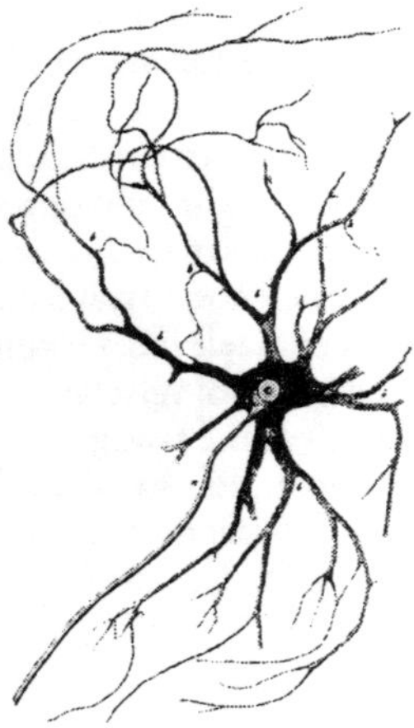

Abb. 1: Isolierte Ganglienzelle nach Deiters.

1799 publizierte Soemmerring einen schmalen Band über das Organ der Seele, in dem er darzulegen suchte, daß das Organ der Seele im Liquor der Hirnventrikel zu finden sei.[21] In seiner Schrift beschreibt Soemmerring zunächst sehr ausführlich und detailliert die äußere Morphologie des Hirnorganes, wobei er insbesondere auf die Lage und Projektion der Hirnnerven eingeht, um dann vergleichsweise unvermittelt in seine Darstellung der Auffassungen alter Autoritäten über das Organ der Seele zu wechseln, die er mit seinen Äußerungen über den Ort der Seele in Deckung sieht. Besonders interessant an dieser Darstellung ist nun, daß Soemmerring – vielleicht ein wenig naiv – den Königsberger Philosophen Kant, dem er seine Schrift mit der Zeile „Unserem Kant“ gewidmet hatte, um

---

[21] Vgl. hierzu die neuere, weitere Literatur zitierende Studie: Hagner, M. (1993) Das Ende vom Seelenorgan: Über einige Beziehungen von Philosophie und Anatomie im frühen 19. Jahrhundert. In: Florey, E., Breidbach, O. (Hg.) Das Gehirn – Organ der Seele? Zur Ideengeschichte der Neurobiologie. Berlin: 3–21.

eine kurze Stellungnahme bat, von der er sich wohl eine philosophische Untermauerung seines vermeintlichen Erfolges in der Identifizierung des Seelenortes erhoffte. Kants Antwort fiel allerdings ein wenig anders aus. Kant zweifelte Soemmerrings Befundinterpretationen an und empfahl Soemmerring dann auch, sich ein wenig mehr mit der Chemie des Hirnliquors zu beschäftigen. Die Essenz von Kants Kurzkommentierung ging allerdings darüber noch weit hinaus. Kant stellte das Unterfangen, den Ort der Seele zu bestimmen, prinzipiell in Frage. Eine anatomisch/physiologische Charakterisierung eines Transzendentalen sei schlichtweg unmöglich. Die Aufgaben einer Physiologie bestünden nicht in der Verortung einer von ihr nicht erfahrbaren Dimension, sondern in der Darstellung der Mechanik des ihr verfügbaren Objektes.

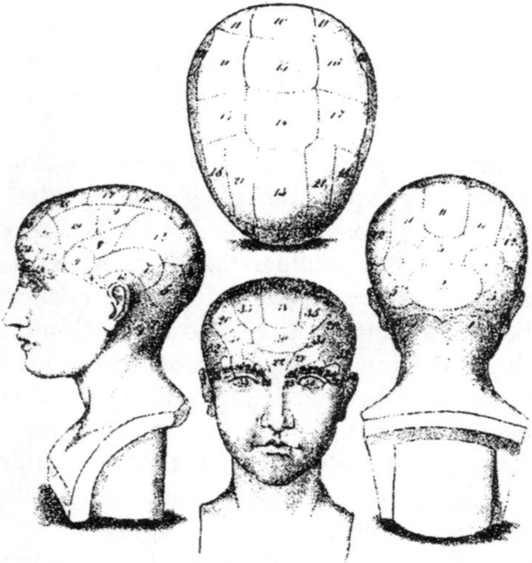

Abb. 2: George Combe: Namen der phrenologischen Organe.

In derselben Periode, in der Soemmerring derart an die Grenzen der alten, tradierten Fragestellungen verwiesen war, wurde der Wiener Arzt Franz Joseph Gall in Wien mit einem Redeverbot belegt.[22] Gall ging aus von einer Neuroanatomie, die erstmals über eine Kartierung der morphologischen Besonderheiten des Kortex hinausführte. Gall sondierte die Projektionen der Faserverbindungen vom Rückenmark und den sensorischen Eingangsbereichen in das kortikale Gewebe. Er stellte dabei fest, daß entsprechende Projektionen lokalisiert waren, das Kortexgewebe also keineswegs uniform, sondern regionalisiert – bezogen auf die differenten Eingänge – strukturiert sei. Nun folgerte Gall auf Grund seiner anatomischen Arbeiten über das Krankheitsbild des Wasserkopfes, daß das Hirngewebe in der Normalentwicklung die Schädelknochen auseinanderdrücke und sich insoweit in den Knochen des Schädels regelrecht abdrücke. Parallel entwickelte er eine vereinfachende vergleichende Psychologie, derart, daß er besondere kognitive Fähigkeiten mit Besonderheiten der Schädelform zu korrelieren suchte, wobei er letztere dann wieder als Ausdruck einer bestimmten regionalen Spezifizierung des Hirngewebes deutete. Im Resultat entwickelte Gall damit eine Schädellehre, die sogenannte Phrenologie, die anhand von Schädeldeformationen Aussagen über die Lokalisierung und Ausprägung kognitiver Funktionen aufweisen zu können glaubte. Damit was erstmals in aller Konsequenz die These von der Lokalisierung von Hirnfunktionen formuliert. In Fortführung von Galls Vorstellung löste sich die Phrenologie allerdings von dessen neuroanatomischen Vorstellungen, die – so einer der späteren Hauptprotagonisten der Phrenologie, George Combe (1788–1858) – für eine phrenologische Wissenschaft auch verzichtbar wären.[23]

---

22 Vgl. Mann, G. (1985) Franz Joseph Galls kranioskopische Reise durch Europa (1805–1807) Fundierung und Rechtfertigung neuer Wissenschaft: Nachrichtenblatt der Deutschen Gesell. f. Geschichte der Medizin, Naturwissenschaft und Technik 34: 86–114; Oehler-Klein, S. (1990) Die Schädellehre Franz Joseph Galls in Literatur und Kritik des 19. Jahrhunderts. Stuttgart und New York.

23 So Combe in der Vorrede zu: Combe, G. (1833) System der Phrenologie. Braunschweig.

Infolge von Galls publizistischer Tätigkeit wurde die Frage einer Lokalisierung von Hirnfunktionen in den ersten Dekaden des 19. Jahrhunderts massiv diskutiert. In der Physiologie wurde diese Diskussion allerdings schon in den 20er Jahren durch die sich explizit gegen Gall wendenden Arbeiten des französischen Physiologen Pierre Flourens (1774–1867) unterbunden.[24] Flourens, dessen Studien auf umfassenden Serien von Läsionsexperimenten basierten, postulierte gegenüber Gall, daß nicht etwaige regionale Spezifizierungen des Kortex, sondern allein dessen Masse für die Organisationshöhe etwaiger kognitiver Fähigkeiten einzelner Tiere bedeutsam seien. Damit blockierte Flourens bis in die 1860er Jahre jedwede Fortschreibung einer Lokalisationslehre. Erst mit der Studie Paul Brocas (1824–1880) von 1861 zur Identifikation des Sprachzentrums gewann die Lokalisationslehre einen Neuansatz.[25] Als dann wenig später Fritsch (1838–1927) und Hitzig (1838–1907) mit Experimenten an Hunden zeigten, daß die Reizung einzelner Hirnareale spezifische, reproduzierbare Verhaltensausgaben zur Folge hatte, wurde diese durch Flourens induzierte Blockade im Denkmuster der Physiologen definitiv überwunden. In den 1870er Jahren wurden seitens der Physiologie für die Steuerung der Motorik bedeutsame Hirnregionen kartiert (G. T. Fritsch und E. Hitzig; D. Ferrier). In den 80er Jahren fand sich dann eine dichte Folge von Arbeiten, die ein immer feinmaschigeres Netz von Reiz- und Läsionsarealen im Kortex zu identifizieren suchten.[26] Im Resultat derartiger Versuche konnte Charles Scott Sherrington (1857–1952) um 1900 das Konzept einer Neophrenologie formulie-

---

[24] Vgl. hierzu: Neuburger, M. (1897) Die historische Entwicklung der experimentellen Gehirn- und Rückenmarksphysiologie vor Flourens. Stuttgart. Breidbach (1997) Materialisierung a.a.O.: 91–106.

[25] Schiller, F. (1992) Paul Broca. Oxford.

[26] Vgl. Dodds, W. J. (1878) On the Localization of the Functions of the Brain. J. of Anatomy and Physiology; zu Einzelproblemen siehe: Brazier, M. A. B. (1988) A History of Neurophysiology in the 19th Century. New York.

ren, die ein lokalisationistisches Konzept nunmehr reflexphysiologisch untersetzte.[27]

2.3. Reflexzentrum oder Neuronennetz?

Zwar waren mit der Thematisierung des tierischen Galvanismus schon um 1800 nervöse Funktionen ins Zentrum des physiologischen Interesses gerückt, doch zielten die Untersuchungen zunächst allein auf das periphere Nervensystem.[28] Die Unterscheidung sensibler und motorischer Fasern und die daraus erfolgende Analyse des Reflexbogens durch M. Hall (1790–1857) markieren hier die ersten Schritte. Ausgehend von der Analyse des Reflexbogens im Rückenmark der Frösche und den Analysemöglichkeiten, die durch die Untersuchungen von H. von Helmholtz zum Studium zunächst des peripheren Nervensystems gewonnen worden waren, konnten Vorstellungen über die Verrechnungseigenart auch des Hirngewebes formuliert werden. Die Arbeiten von F. L. Goltz (1834–1902), der in der Nachfolge von Flourens stehend ein nichtlokalisationistisches Konzept der Hirnfunktionen aufrechtzuerhalten suchte, zeigten dies schon Ende der 1860er Jahre. Goltz beschrieb die Steuerungszentren des Hirns als Reflexzentren. Um 1900 waren derartige Vorstellungen von einer reflexartigen Organisation des Hirnes in der Physiologie etabliert. Schließlich baute das Experimentalsystem von Fritsch und Hitzig, das dann Ferrier im wesentlichen übernahm, nur mehr das seinerzeit klassische Experimentalgefüge zur Analyse der Reflexbahnen im peripheren Nervensystem aus. Die Interpretationen möglicher Konnektivitäten im unterliegenden Hirngewebe basierten dann auch nicht auf einer verfeinerten Analyse der hirninternen Verrechnungseigenheiten. Vielmehr wurde das Hirn als Blackbox, d.h. als ein nur in seinen Reaktionen, nicht aber in seiner inneren Struktur beschriebenes System, begriffen. Eine Vielfalt von Reizorten er-

---

[27] Sherrington, S. (1907) The Integrative Action of the Nervous System. New Haven; vgl. Liddell, E. G. T. (1960) The Discovery of Reflexes. Oxford.

[28] Brazier, History a.a.O.

laubte dann eine Differenzierung möglicher Funktionsbahnen. Entsprechend ließen sich Funktionsschemata auf eine Hirnkarte projizieren, ohne neuroanatomische Verknüpfungsdarstellungen aufweisen zu müssen.
Dabei hatte die Neuroanatomie noch bis in die 1890er Jahre die konzeptionelle Führungsfunktion innerhalb der Neurowissenschaft. In den 1860er Jahren entwickelten Neuroanatomen wie T. Meynert eine auf assoziationspsychologischen Vorstellungen basierende Theorie der höheren Hirnfunktionen. Meynert nahm eine Dreiteilung der Hirnfunktionen an: Erstens einen Bereich des Hirnes zur sensorischen Integration, dann einen Bereich, der für die Fixierung und das Abrufen von Gedächtnisinhalten genutzt sei, ferner einen breit ausgedehnten assoziativen Bereich, in dem sich die sensorischen Daten integrierten und ggf. von vorhandenen Engrammen überlagert würden. Schließlich würden dann nach einer entsprechenden Wichtung einzelne Erregungsgrößen als Gedächtnisspuren fixiert. In dieser hier beschriebenen triadischen Struktur der funktionellen Hirnorganisation war noch das alte – eingangs referierte – aus der Antike tradierte Konzept einer Schichtung der Hirnfunktionen präsent. Die Assoziationszentren sind insofern eine mechanistische Formulierung der alten Konzeptionen eines Sensus communis. Dessen Funktion erläuterte Meynert im Rückgriff auf das schon erläuterte Konzept von James Mill, dessen Vorstellung einer sukzessiven Überlagerung von Aktivierungsarealen im Hirngewebe er übernahm.

Dieses Konzept einer auf der zellulären Ebene übersetzten Assoziationspsychologie wurde dann auch über den mitteleuropäischen Bereich hinaus für die neurowissenschaftliche Vorstellung der Funktion des Nervengewebes leitend. Alexander Bain (1818–1903) erläuterte in seiner für den angloamerikanischen Bereich bedeutsamen Psychologie die Grundfunktionen des Gehirns nach eben diesem Modell. Weiterentwickelt und etwa von Paul Flechsig (1847–1929) oder auch Carl Wernicke (1848–1905) direkt auf klinische Fragestellungen hin adaptiert, erschloß sich den hier genannten Autoren zufolge in diesem Hirnmodell auch die Natur kognitiver Hirnfunktionen. 1894 konnte der Wiener Physiologe Sigmund Exner in seinem Versuch einer physiologischen Erklärung der psychischen Erscheinungen genau dieses Modell eingehender erläutern und eine komplexe Theorie kognitiver Funktionszustände darlegen. Exner ging dabei von der Vorstellung einer komplexen Interaktion der verschiedenen Nervenbahnen aus. Diese (jeweils bestimmte Informationseingänge im Hirn verrechnenden) Funktionselemente überlagerten sich teilweise. Stimulation einer schon durch einen anderen Informationseingang erregten Nervenzelle durch ein sie kontaktierendes Neuron führe – so Exner – zu einer Veränderung der Verknüpfungscharakteristik in der Weise, daß nunmehr an dieser Verknüpfungsstelle die Kopplung sich verstärke, Erregung demnach auch im weiteren schneller und leichter von der Nervenzelle 1 in Nervenzelle 2 übergeleitet werde. Damit formulierte Exner schon mehr als 50 Jahre vor Donald Hebb (1904–1985) die später nach letzterem genannte Lernregel, die für die kognitionswissenschaftliche Forschung zumindest der 80er und beginnenden 90er Jahre Bedeutung erlangte.[29] Über das so gewonnene Konzept einer erfahrungsbedingten Veränderung der funktionellen Hirnarchitektur vermochte Exner nunmehr ein komplettes Programm einer entsprechend vereinfachenden Vorstellung der Funktion kognitiver Zustände vorzustellen. Exner ist hierbei sowohl in der Konsequenz, mit der er das gewonnene mechanistische Konzept einer assoziationspsychologisch gedeuteten Physiologie innerneuronaler Kontakte zur Klärung auch höherer Hirnfunktionen anwandte, wie auch in dem weit ausgreifenden Anspruch, in einem derartigen Ansatz sowohl die Willensfreiheit, ästhetisches Empfinden, Vaterlandsliebe, aber auch Liebe erklären zu können, durchaus für seine Zeit charakteristisch. Die Neuroanatomen Santiago Ramón y Cajal (1852–1934), Paul Flechsig oder auch Auguste Henri Forel (1848–1931) publizierten ähnliche Texte, die mit ihrem pointiert formulierten Anspruch einer umfassenden Er-

---

[29] Exner, S. (1999) Entwurf zu einer physiologischen Erklärung der psychischen Erscheinungen. Frankfurt. Reprint der 1894 erschienenen Ausgabe; Hebb, D. O. (1949) The Organization of Behavior. A Neuropsychological Theory. New York; vgl. Gardner, H. (1985) The Mind's New Science. New York.

klärung des Phänomenraums der Psyche schon um 1900 ein weites Publikum erreichten.[30]

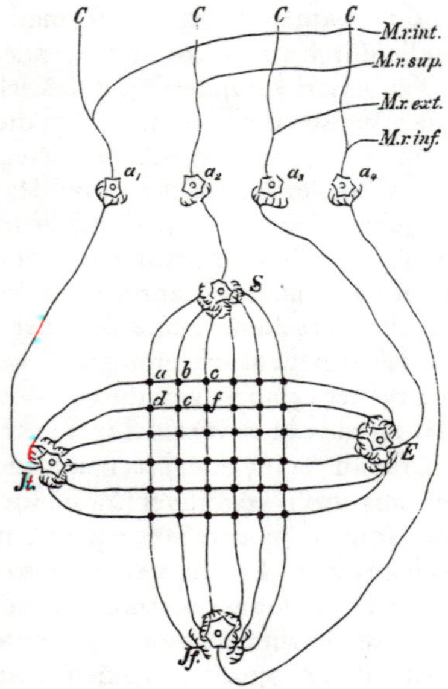

Abb. 3: Die erste Darstellung eines neuronalen Netzes von Exner.

Von daher wäre aber zu erwarten, daß die entsprechend in die Mikrokompartimentierung der Hirnfunktionen führende funktionelle Neuroanatomie auch nach 1900 die Marschroute für eine sich weiterentwickelnde Forschung an Hirn und Kognition benennen könnte. Dies allerdings war nicht der Fall. So geriet der bei Exner noch massiv und mit weit ausgreifendem Anspruch formulierte Ansatz ins Stocken. Eine funktionsmorphologische Interpretation des Nervengewebes auf Ba-

---

[30] Vgl. hierzu Breidbach, Materialisierung a.a.O.: 208–229.

sis einer Theorie der Nervenzellen blieb der seinerzeitigen Neurowissenschaft versagt, obwohl 1908 an Ramón y Cajal und Camillo Golgi (1844–1926) für ihre bedeutende Rolle bei der Aufklärung der Funktionsarchitektur des Hirnes der Nobelpreis verliehen wurde.

Schon die Zeremonie der Nobelpreisverleihung zeigte dabei das Problem, an dem die hier skizzierte, zunächst so erfolgversprechende Forschungspraxis zerbrach. Üblich war, daß nach der Nobelpreisverleihung die Laureaten in einem etwas allgemeinverständlicher formulierten Vortrag die Essenz ihrer Forschungen oder ggf. weitere ihnen wichtige Perspektiven eines entsprechenden Forschens vorzustellen suchten. Entsprechend gab Ramón y Cajal eine Darstellung seines Forschungsansatzes, über eine Kartierung der hochpräzise verdrahteten Nervenzellen einen Einblick in die Verrechnungseigenheiten des Hirns und damit in seine Funktionalität zu gewinnen. Dabei war, Cajal zufolge, eine präzise, in einer bestimmten Richtung erfolgende Übertragung von Zelle zu Zelle der Grundmechanismus, über den das Nervensystem funktionierte. Etwas befremdlich, wie Cajal in seinen Lebenserinnerungen pointiert schildert, war für ihn dann der Vortrag Camillo Golgis, der seine Theorie eines fusionierten neuronalen Zellverbandes vortrug, innerhalb dessen eine Informationsübertragung natürlich ganz anders vorzustellen wäre als in einem diskreten zellulären Gefüge, wie es Cajal vorgestellt hatte.[31]

Diese Patt-Situation war für die Neuroanatomie um 1900 symptomatisch. Basierend auf den entwicklungsbiologischen Daten von Wilhelm His (1831–1904), der das allmähliche Auswachsen der Faserverbindungen der Neuronen beschrieben hatte, auf den Läsionsexperimenten Forels, der selektive,

[31] Ramón y Cajal, S. (1989) Recollections of my life. Cambridge, Mass., London; zum Problemkontext vgl. Breidbach, O. (1993) Nervenzellen oder Nervennetze? Zur Entstehung des Neuronenkonzeptes. In: Florey, E., Breidbach, O. (Hg.) Das Gehirn – Organ der Seele? Berlin: 81–126; Breidbach, O. (1996) The Controversy on Stain Technologies – an Experimental Reexamination of the Dispute on the Cellular Nature of the Nervous System Around 1900. Hist. Phil. Life Sci. 18: 195–212.

läsionsbedingte Gewebe im Nervensystem dargestellt hatte, und auf neuroanatomischen Befunden – insbesondere auch von Hans Held (1866–1942) – war die im Sinne Cajals zu verstehende Neuronentheorie 1888 regelrecht proklamiert worden. Um die Jahrhundertwende wurde diese Theorie dann wieder fragwürdig. Ausgangspunkt für die Kritik war ein Problem zunächst eher technischer Art. Die Kontaktstellen der Neuronen sind im Lichtmikroskop nur indirekt darzustellen. Um 1900 flammte eine Diskussion um die zu verwendende Darstellungstechnik auf: Verschiedene Arten der Präparation des Gewebes führten zu sich widersprechenden Aussagen. Die Verfechter der Neuronenlehre verwiesen auf die Ergebnisse von Technik I, die Verfechter der Theorie eines Zellverbandes verwiesen auf die Verläßlichkeit von Technik II, in der nun wirklich zellübergreifende Feinstfaserstränge zu sehen sind – Artefakte der Färbetechnik, wie wir heute wissen. Um 1900 lag die Situation anders. Besonders schwer wog, daß H. Held, dessen Entdeckung der sogenannten Endknöpfchen der Nervenzellen zunächst als *der* experimentelle Beleg der Neuronenlehre gefeiert worden war, kurz vor 1900 das Lager wechselte. Im Resultat ergab sich für die Neuroanatomen, daß sie im Letzten nicht mehr wußten, wovon sie eigentlich redeten. Die Funktionsarchitektur des Nervengewebes war in einem Forschungsansatz, der sich noch nicht einmal über die Grundelemente möglicher Erregungsweitergabe klar war, nicht zu finden.

Entsprechend verlor die Anatomie ihre konzeptionelle Leitfunktion für die Neurowissenschaft an die Neurophysiologie.

Die Anatomie konnte im Sinne der Neurophysiologie nach 1900 zu einer Feinkartierung von Hirnregionen benutzt werden. Etwaige Teilareale des Hirns ließen sich als morphologische Strukturen darstellen. Eine funktionsanatomische Darstellung war diesen qua Anatomie aber nicht zuzusprechen. Der Forschungsansatz einer Neurowissenschaft änderte sich damit. Ausgehend von dem Reflexmodell, das schon für die Versuche von Fritsch und Hitzig Pate gestanden hatte, konnte Sherrington ein Modell konzipieren, das es ihm erlaubte, neurophysiologische Befunde funktionsanatomisch zu interpretieren. Er erschloß Funktionsbahnen und grenzte etwaige Teilfunktionen in einer differenziert ansetzenden physiologischen Kartierung ein. Dabei galt es, die darzustellenden Kompartimente sukzessive einzugrenzen. Anfang der 1940er Jahre war in den Versuchen von Huxley und Hodgkin dann auch die einzelne Nervenzelle selbst physiologisch darstellbar geworden; gegen Ende des Jahrzehnts wurden Berichte über erste Zellableitungen – wie die elektrophysiologische Darstellung der Funktionalität einzelner Nervenzellen genannt wird – aus dem Zentralhirngewebe von Säugern publiziert. Die Frage nach der Qualität einer Kommunikation zwischen Nervenzellen ließ sich nun direkt physiologisch testen. Daß nun mit der Elektronenmikroskopie Mitte der 50er Jahre auch der alte Streit der Neuroanatomen um die syncytiale (der zufolge die Nervenzellen verschmolzen seien) oder diskret zelluläre Natur des Nervengewebes in der Anschauung entschieden werden konnte, erschien vor den Ergebnissen der Physiologie dann nur mehr als eine Randnotiz.

Die Analyse der zellulären Texturen mit den Mitteln der Elektrophysiologie führte dazu, das Hirn als eine Hierarchie von Schaltelementen zu deuten. In Konsequenz dieses Ansatzes wurden in den 1970er Jahren einfacher organisierte Organismen oder Organsysteme – wie das Auge niederer Wirbeltiere – besonders interessant. Waren hier doch ganze Zellarchitekturen zumindest der Idee nach physiologisch komplett charakterisierbar. Speziell Blutegel, Insekten und Krebse mit ihren vergleichsweise großen und formkonstanten Nervenzellen schienen hier den definitiven Durchbruch in einer Analyse der zellphysiologischen Charakterisierung des Nervengewebes zu erlauben. Diese Organismen haben vergleichsweise wenig Nervenzellen. Deren Gestalt ist hochgradig normiert. Entsprechend entstand die Idee, anhand der Darstellung der Verknüpfungscharakteristika dieser Zellen grundsätzliche Eigenheiten des Nervensystems auch komplexer gebauter Arten aufweisen zu können. Kuffler und Nicholls beschreiben im Vorwort ihres in den 1980er Jahren einflußreichen Lehrbuches die Struktur der hieraus folgenden Argumentation:

> Fortunately, in the brain of all animals that have been studied there is apparent a uniformity of principles for

> neurological signaling. Therefore, with luck, examples from a lobster or a leech will have relevance for our own nervous systems. As physiologists we must pursue that luck, because we are convinced that behind each problem that appears extraordinarily complex and insoluble there lies a simplifying principle that will lead to an unraveling of the events. For example, the human brain consists of over 10.000 million cells and many more connections that in their detail appear to defy comprehension. Such complexity is at time mistaken for randomness; yet this is not so, and we can show that the brain is constructed according to a highly ordered design, made up of relatively simple components. To perform all its function it uses only a few signals and a stereotyped repeating pattern of activity.[32]

Ende der 1980er Jahre allerdings wurde die dieser Linie folgende Argumentation brüchig. Es zeigte sich, daß die vereinfachende Annahme, eine Zelle sei spezialisiert, um bestimmte Funktionen zu erfüllen, schon bei den kleineren Insekten nicht schlüssig zu formulieren war. Die Idee, den Kortex entsprechend als eine bloß numerisch ausgeweitete Version eines Insektenhirnes ansprechen zu können, wurde hinfällig.

Es zeigte sich, daß einzelne Zellen schon bei Invertebraten in eine Fülle von Erregungsbahnen eingebunden sind. Auch die Idee, solche Zellen dann als spezialisierte hyperkomplexe Zellen zu kennzeichnen, half nur vorübergehend über die Schwierigkeiten hinweg, die Funktionalität der Einzelzelle allein in Bezug auf das Gesamtverhalten der sie kontaktierenden Zellen adäquat abbilden zu können.

In dieser Situation wurde Anfang der 1990er Jahre ein in der Erforschung der künstlichen Intelligenz neu aufgelegtes Konzept, das der neuronalen Netze, auch für die Neurowissenschaften wieder hoffähig, schien hier doch eine Theorie gefunden zu sein, die es erlaubte, die funktionelle Plastizität der Einzelzelle und die funktionelle Determiniertheit bestimmter

---

[32] Kuffler, S. W., Nicholls, J.G. (1976) From Neuron to Brain. Sunderland: VIII.

Hirnregionen miteinander zu verbinden. Dabei, dies wurde aufgewiesen, fand sich aber auch dieses anscheinend neue Konzept in einer über das endende 19. Jahrhundert (Exner) zurückführenden Traditionslinie, die weit vor den Zeitraum der Entstehung der experimentellen Neurowissenschaften zurückweist.

3. Ein Versuch zu sortieren

3.1. Traditionslinien und Traditionsvernetzungen

Die dieser Darstellung zufolge eher gradlinig erscheinende Geschichte der Neurowissenschaften im 20. Jahrhundert ist natürlich grob vereinfacht, sie reduziert die Physiologie auf eine Frage, nämlich die der Funktionalität der Nervennetzverbindungen, und begreift damit lediglich eine Seite der neurophysiologischen Annäherung an das, was Bewußtsein sein könnte.

Selbst hier ist die insoweit vorgestellte Geschichte aber mehr als unvollkommen. Setzte Sherrington in seiner Schule doch nicht nur die Idee der immer feineren Kompartimentierung des Hirnes fort – wie sie dann etwa Vogt in dem nachmaligen Kaiser-Wilhelm-Institut zum Schluß auch unter evolutionsbiologischer Perspektive verfolgte.[33] Sherrington formulierte zugleich das Synapsenkonzept und identifizierte so – zunächst hypothetisch – einen Grundschaltmechanismus, dessen Entschlüsselung eines der wesentlichen Ereignisse der Neurowissenschaft des frühen 20. Jahrhunderts darstellte. Nicht nur, daß somit ein schlüssiges und experimentell verifiziertes Modell für die Art der Informationskopplung und die Qualität der Informationsübermittlung im Nervengewebe gefunden wurde. Die Interpretation der biochemischen Grundlagen der neuronalen Übertragungen eröffnete schon vor der Mitte un-

---

[33] Satzinger, H. (1998) Die Geschichte der genetisch orientierten Hirnforschung von Cécile und Oskar Vogt in der Zeit von 1895 bis ca. 1927. Stuttgart.

seres Jahrhunderts einen neuen experimentellen Zugang zum Hirn und führte – in ihrer Konsequenz – zu Vorstellungen über neuronale Verrechnung, Neuromodulation und Neuroendokrinologie, die eine gegenüber den angesprochenen Ideen von neuronaler Kopplung neuartige und hochdynamische Kennung in den neurowissenschaftlichen Vorstellungskanon integrierten.

So konnte der Neurophysiologe Eric Kandel in seiner Analyse der neuronalen Grundlagen des Kiemenrückziehreflexes zeigen, daß in dem gut zu beschreibenden Nervennetzwerk der von ihm untersuchten Nacktschnecke Aplysia eine vergleichsweise einfache Variation in der synaptischen Kopplung zweier Nervenzellen zum Motor einer erfahrungsvermittelten Variation des Verhaltens wurde. Für eine Reihe von Psychologen schien damit ein Stoff identifiziert, über den die generelle Grundlage von Engrammbildungen im Gehirn experimentell darzustellen wäre. Diesen schien es damit möglich, die Mechanismen der Gedächtnisbildung in einer biochemisch – physiologischen Dimension komplett zu beschreiben und somit die Problematik einer psychologischen Beschreibung eines Gegenstandes ‚Gedächtnis' zu umgehen.[34]

Eine der ersten umfassenden, in der Nachfolge von Sherrington erstellten Studien zur Funktionscharakteristik des Hirngewebes, Eccles', Itos and Szentágothais' bahnbrechende Studie über die funktionelle Organisation des Kleinhirns, lebte schon 1967 von der Kombination elektrophysiologischer und funktionsmorphologischer Ansätze, womit die elektrophysiologische Untersuchung funktionsmorphologisch interpretierbar wurde und andererseits die funktionsmorphologische Deutung einer potentiellen Kopplung von Hirnsubstrukturen direkt physiologisch zu verifizieren war.[35] Auf Grund der hochuniformen Baucharakteristik waren für dieses System bei entsprechend präziser Ortung der neuroanatomischen Kontak-

---

[34] Zum Problem siehe Florey, E. (1993) Memoria. Geschichte der Konzepte über die Natur des Gedächtnisses. In: Florey, E., Breidbach, O. (Hg.) Das Gehirn – Organ der Seele? Berlin: 151–216.

[35] Eccles, J. C., Ito, M., Szentágothai, J. (1967) The Cerebellum as a Neuronal Machine. Berlin.

te selbst mit extrazellulären Elektroden die elektrophysiologischen Ergebnisse als Resultat der Verknüpfungscharakteristik der einzelnen Zellen deutbar.

Dennoch – oder vielleicht gerade deswegen – machte eine derart umfassend ansetzende Analyse zunächst kaum Schule. In Blick auf den assoziativen, d.h. nicht direkt an eine sensorische Eingaberegion gekoppelten Kortex blieb solch ein Unterfangen, das eben nicht mehr direkt an den Traditionslinien eines Ramón y Cajal oder Exner anknüpfen konnte, weitaus schwieriger. Zudem fehlte die Theorie, um die einem derart komplizierten System adäquaten Meßmethoden vorschlagen zu können. Ob und inwieweit die Theorie der neuronalen Netze hier weiterzuhelfen vermochte, wird im weiteren noch einmal interessieren.

3.2. Das Auseinander von Klinik und Experiment

Insgesamt folgte der vorliegende Abriß der Geschichte der Neurophysiologie im wesentlichen der von Sherrington direkt initiierten Spur, verschweigend, daß selbst innerhalb der Neurophysiologie die Linien auch in ihrer methodischen Bestimmtheit keineswegs derart gradlinig waren. Zu zeigen ist allerdings, daß mit der Jahrhundertwende um 1900 der Zusammenhang zwischen den verschiedenen Bereichen neurologischer Forschung, einem analytisch/experimentellen Ansatz und der klinischen, am Phänomenraum der Psyche ausgerichteten Forschung – zumindest auf dem Kontinent – weitgehend auseinanderbrach. Inwieweit hier die soziale und politische Umbruchsituation auch im Gefüge der Bildungseliten schon innerhalb und infolge des Ersten Weltkrieges diese Entwicklung verschärfte und ggf. zementierte, wäre noch eingehender zu untersuchen. Nach 1910 drifteten die klinische und die physiologisch-biologische Forschungsrichtung jedenfalls auseinander. Daß sich insbesondere die psychologische Forschung damit weitgehend von der physiologischen Forschung abkoppelte, ist dann zwar durch die eher klinische Orientierung ihres experimentellen Bereichs einsichtig, muß aber etwa in Blick auf den auch nach 1900 noch publizierenden Wilhelm Wundt ebenso überraschen wie in

Wundt ebenso überraschen wie in Betrachtung des im angloamerikanischen Raum breit rezipierten Psychologen Edward Bradford Titchener (1867–1927), der seine psychologische Lehre von den Kompartimenten des Kognitiven seinerseits eng an das Tun der nach Funktionskompartimenten suchenden Neurophysiologie des ausgehenden 19. Jahrhunderts angelehnt hatte.[36]

Ansätze wie der um 1900 breit diskutierte Versuch A. Forels, über eine experimentelle Analyse des Phänomenraumes Psyche die kognitiven Verhaltensmuster für eine physiologische Analyse aufbereiten zu können, erfuhren entsprechend kaum weiterführende Resonanz.[37] Forel wählte für seinen Versuch einer experimentellen Konstituierung einer Psychologie als Ansatzpunkte die Phänomenbereiche Suggestion und Hypnose. Seine Begründung hatte dabei nichts mit okkultistischen Perspektiven einer Neurowissenschaft, um so mehr aber mit methodischen und methodologischen Reflexionen zu tun. Forel suchte einen experimentell bearbeitbaren Komplex des Kognitiven. Suggestion und Hypnose waren für ihn dabei Instrumente, den kognitiven Zustand eines Probanden gezielt beeinflussen zu können. Suggestion und Hypnose waren damit experimentelle Methoden zur Beeinflussung der Psyche, die zudem auch direkt physiologisch effektiv wurden. Ergo versprachen sie Forel in einer eingehenderen Analyse ihrer Phänomenschichtung einen Ansatz, den Phänomenbereich des Kognitiven physiologisch entschlüsseln zu können. Bemerkenswert an Forels Versuch ist die Differenziertheit, mit der er in der Bearbeitung des Phänomenraumes die verschiedenen Beschreibungsebenen der Psychologie und Physiologie auseinanderhält und zugleich über den den verschiedenen Perspektiven gleichartig zuzuordnenden Raum der Phänomenschichtungen diese Vielfalt der Perspektiven aufeinander abzubilden suchte.

---

[36] Vgl. Breidbach, Materialisierung a.a.O.

[37] Forel, A. (1919) Der Hypnotismus oder die Suggestion und die Psychotherapie. Stuttgart; zur philosophischen Einbindung vgl. Breidbach, O. (1998) Monismus um 1900. Wissenschaftspraxis oder Weltanschauung? Stapfia 56, NF 131: 289–316.

Die hirnphysiologische Forschung blieb nach 1900 zunächst im wesentlichen durch die Reizphysiologie bestimmt. Dies mag auch erklären, daß die Forschungen zur Darstellung der Hirnbinnenaktivität auch in der seinerzeitigen Forschung nur sehr eingeschränkt wahrgenommen wurden. Die erste konzise und mittlerweile berühmte Nachricht einer elektrophysiologischen Darstellung der Hirnbinnenaktivität stammt von Richard Caton (1842–1926), dessen einseitige Notiz in seiner Zeit aber nahezu völlig unterging. Überraschen muß auch, daß die frühen Experimente Adolf Becks (1863–1939) über die Hirnaktivierungsmuster, die Catons Ansatz aufnahmen, weitgehend ohne direkte Wirkung blieben, wie auch die ersten Publikationen des Jenenser Neurowissenschaftlers Hans Berger (1873–1941) eine eher verhaltene Resonanz erfuhren.[38] 1926 publizierte Berger seine erste Arbeit über das EEG, in der er ein direktes elektrophysiologisches Korrelat zu Bewußtseinsphänomenen aufwies. Berger hatte über mehrere Jahrzehnte – wenn auch mit größeren Unterbrechungen – an dem Problem gearbeitet, die Hirngrunderregungsmuster darstellen zu können. Berger suchte dabei nach physiologischen Korrelaten kognitiver Verhaltensmuster. In seinen Arbeiten registrierte er spezifisch einzugrenzende elektrophysiologische Reaktionen, die in bestimmten kognitiven Zuständen eines Probanden aufzuweisen waren. Berühmt ist die mit Aufmerksamkeitsveränderungen einhergehende Schwankung des elektrischen Potentials einer Hirnregion, die er mit seinen Apparaturen aufzeichnete. Berger gelang so der erste neurophysiologisch definierte Nachweis der Korrelation von spezifischen Ereignissen der Hirnphysiologie und einem definierten Bewußtseinszustand. In einer sich bis in die 30er Jahre hinziehenden Folge von Publikationen präsentierte Berger dann sehr rasch das komplette Instrumentarium der modernen EEG-Diagnostik. Neuerungen betrafen in den 50er und 60er Jahren vor allem die Anwendung des EEGs für eine Lokalisierung der physiologischen Grundlagen kognitiver Prozesse. Allerdings ist

---

[38] Zum Gesamtkontext vergleiche die Studie: Brazier, M. A. B. (1961) A History of the Electrical Activity of the Brain. The First Half-Century. London.

bis heute noch nicht klar, was das EEG wirklich abbildet. Insoweit ist es bisher nicht möglich, die Darstellungen der EEG-Analyse mit Daten über die physiologischen Veränderungen definierter Zellgruppen oder auch nur bestimmten anatomischen Kopplungscharakteristika im Hirngewebe zu korrelieren. Dies mag ein Grund für die vergleichsweise geringe Rezeption der Befunde Bergers in der Hirnforschung sein, wohingegen die klinische Forschung im Bereich Psyche und Kognition bis heute zu großen Teilen auf der EEG-Analytik basiert.

3.3. Einblicke in den Hirninnenraum

Bis in die 1970er Jahre gab allein das EEG die Möglichkeit, in den Hirninnenraum, in die Reaktionsschichtungen des Hirns eines lebenden menschlichen Probanden Einsicht zu nehmen. Ein Wandel kam hier erst mit der neuartigen Methode von Kety, Sokoloff, Ingvar und Larssen, durch die Verschiebungen im Stoffwechsel des Hirns beschreibbar wurden, womit das Erregungsmuster des Hirngewebes in Antwort auf vorgegebene Reizcharakteristika studiert werden konnte.[39] Schon die ersten Resultate wiesen darauf hin, daß die alte Vorstellung: ein Verhalten korreliert mit einem eng umschriebenen Ort im Hirn, in dem ersteres kontrolliert und gesteuert wird, zu einfach war. Es zeigten sich Multirepräsentationen, komplexe Texturen von Aktivitätsverschiebungen, die sich nicht mit den Vorstellungen von detailliert zu umschreibenden Bereichen von Reizfilterfunktionen und Verhaltensteilsteuerungsmomenten korrelieren ließen. Die Weiterentwicklung der Technik, die um Verfahren wie die Kernspinresonanztomographie ergänzt wurde, gab – wenn auch in der komplizierten neuen Rede von Multirepräsentationen – der alten Suche nach möglichen Lokalisationen von Teilverarbeitungsbereichen im Hirn

[39] Vgl. hierzu: Ingvar, D. H. (1976) Functional Landscapes of the Dominant Hemisphere. Brain Research 107: 181–197 und Sokoloff, L. (1984) Metabolic Probes of Central Nervous System Activity in Experimental Animals and Man. Magnes Lecture Series. Sinauer Ass. Sunderland Mass.

neue Impulse. Problematisch an den entsprechenden Versuchen war und ist allerdings die Frage, wie ein kognitives Verhalten zu definieren ist, dessen neurophysiologische Korrelate dann in den entsprechenden bildgebenden Verfahren ihre Darstellung finden sollen. Einfache Experimente, wie mentale Rotation von dreidimensionalen Figuren oder einfache Merkversuche, sind eher unzureichende Vehikel einer sich dem Phänomen der Kognition nähernden experimentellen Forschung.

Forschungszugänge ergeben sich dabei aber auch aus klinischen Studien insbesondere an Patienten mit Hirnschädigungen, ggf. auch mit psychischen oder kognitiven Anomalien. Die modernen bildgebenden Verfahren sind insoweit quasi die Fortsetzung der alten Läsionsversuche, in denen die funktionelle Beschreibung einer Region durch Registrierung der Verhaltensdefizite bei einem Probanden mit einer Schädigung in diesem Bereich erfolgte. Damit ist – gerade im Rückblick auf die Geschichte der Interpretation von Hirnläsionen – das Problem einer Hirnkartierung und die ggf. über eine Forschungstradition eingebrachte Zuordnung von Teilfunktionsbereichen sowohl in der Verhaltensanalyse als auch in einer funktionsanatomischen Darstellung von Interesse.[40] Läsionsexperimente schufen den größten Teil der Grundlagen der Hirnkartierungen der Physiologen um 1900. Selbst bei David Ferrier, einem der Pioniere der Hirnstimulationsexperimente, ist der große Teil seiner Befunde zur Kartierung von Verhaltenssteuerungsfunktionen Resultat der Auswertung von pathologischen Fällen respektive experimentell induzierten Hirnschädigungen.[41]

Wesentliche Ergebnisse zur Kartierung der Teilfunktionen des menschlichen Gehirns, die Otto Creutzfeldt in seiner 1983 erschienenen Monographie über den Kortex zusammenstellen konnte, verdanken sich dieser klinisch orientierten For-

---

[40] Die wichtigsten Arbeiten sind erschlossen über: Hughlings Jackson, J. ([2]1958) Selected Writings of John Hughlings Jackson, hg. von J. Taylor, 2 Bde. New York.

[41] Vgl. Young, R. M. (1970) Mind, Brain and Adaptation in the Nineteenth Century. Cerebral Localization and its Biological Context from Gall to Ferrier. Oxford.

schung.[42] Die beiden vielleicht bedeutendsten Forscher in diesem Bereich, Wilder Penfield (1891–1975) und Roger Walcott Sperry (1913–1994), gingen von klinischen Problemfeldern aus. Penfield, selbst Neurochirurg, gelang es in seinen – schon für die Optimierung der Operationstechnik notwendigen – Studien zu den Teilfunktionen des Kortex, das komplexe Muster der sensorischen und motorischen Repräsentationen des humanen Kortex aufzuweisen. Roger Sperry hingegen konnte in seinen Experimenten die sogenannten Split Brain-Patienten – diesen war aus Therapiegründen (Isolierung eines epileptischen Focus) die Hauptverbindungsbahn zwischen der rechten und der linken Kortexhälfte (der Balken) durchtrennt worden – für seine Analyse nutzen. Sperry konnte dabei an Experimenten, die Fragen der personellen Integrität und das Problem der eindeutigen Bestimmung von Personalität betrafen, zeigen, daß zwei Hirnhemisphären sich nach Durchtrennung ihrer Hauptbahnverbindungen funktionell entkoppeln. Zumindest galt dies in Studien, in denen diese Hirnhälften daran „gehindert" wurden, neue Kommunikationswege zur Abstimmung der Funktionen von linker und rechter Hirnhälfte aufzubauen. Interessant hierbei ist, daß diese Patienten im normalen Leben gar nicht auffielen, daß es vielmehr hochdifferenzierter Experimentalanordnungen bedurfte, um die von Sperry aufgewiesenen funktionellen Asymmetrien zu entdecken.

Überraschen sollte hier ferner auch, daß Sperry in seinen Schlußfolgerungen selbst wiederum in der Tradition der schon Ende des 19. Jahrhunderts formulierten Versuche stand. Nachdem Broca in den 1860er Jahren die funktionelle Asymmetrie des Sprachzentrums im Hirn aufgewiesen hatte, wurde die Lateralität des Hirnes, wie Anne Harrington in ihrer Analyse der klinisch/psychologischen Forschung um 1900 aufgewiesen hat, ein umfassend rezipiertes Thema. Offen muß dabei zunächst bleiben, inwieweit nicht schon in dieser Situation ein Bild der kognitiven Aktionen erarbeitet wurde, das dann für weiterführende psychologisch/kognitions-

[42] Creutzfeldt, O. (1983) Cortex Cerebri. Berlin; zum Kontext Split Brain vgl. Gazzaniga, M. S. (1985) The Social Brain. Discovering the Network of the Mind. New York; zum Gesamtproblem vgl. Breidbach, Materialisierung, a.a.O.: 297–318 und 387–392.

für weiterführende psychologisch/kognitionswissenschaftliche Analysen Dispositionen schaffte. So war um 1880 in der Darstellung der neuronalen Grundlagen der Kognition eine summarische Analyse der Hirnmasse Forschungsthema.[43] Die umfangreichen in diesem Zeitraum publizierten Tabellen zur Hirngewichtsbestimmung ließen allerdings eine Korrelation von Hirnmasse und Hirngewicht zur angenommenen Höhe der kognitiven Entwicklung, an deren Spitze selbstverständlich der Europäer stand (Akademiker, männlich), fragwürdig erscheinen. Schon in diesem Zeitraum gab es Versuche, Reihungen von Intelligenzstufen dadurch zu untermauern, daß die Asymmetrie im Verhältnis von linker und rechter Hirnhälfte aufgewiesen wurde. Entsprechende Publikationen verglichen dabei keineswegs nur Mensch und Affe, sie versuchten vielmehr auch, verschiedene Rassen und Kulturen über dieses Maß in eine Sequenz von primitiv- zu hochentwickelt zu ordnen. Daß dabei Zuordnungen zwischen der relativen Gewichtigkeit der linken Hirnhälfte und der Kulturentwicklung gefunden wurden, wird nur wenig überraschen.

4. Noch einmal: Warum Historie?

In der hier vorgelegten Skizze zu Problemfeldern der Geschichte der Neurowissenschaft wurde auf vieles verzichtet. Insoweit ergibt die hier dargestellte Konsistenz – bei allen hier und da angemerkten Brüchen – nichts anderes als ein erstes Raster, über das vielleicht eine vertiefte Annäherung zu einer Theoriegeschichte des Bezuges von Hirn und Bewußtsein gefunden werden kann. Die These einer wissenschaftstheoretischen Funktion der Wissenschaftsgeschichte holt sich damit ein. Die historische Analyse erlaubt die Klarstellung der konzeptionellen Entwicklung des Bezuges von Hirn und Bewußtsein. Der Blick zurück wird damit zum Moment einer auch innerfachlich relevanten Theoriediskussion.

---

43 Harrington, A. (1987) Medicine, Mind and the Double Brain. Princeton.

Dieser Blick zurück ist kein philosophiegeschichtlicher. Warum ist er dies nicht? Die Philosophie – das zeigten vielleicht schon die wenigen Bemerkungen zum Neoaristotelismus der Renaissance, zu Descartes und zu Kant – sagt wenig über den Bezug von Bewußtsein und Hirn. Sie sagt uns viel über das Bewußtsein, sie sagt uns aber fast nichts über das Hirn. Zumindest tut sie dies nicht in direkter Form. Insoweit ist eine Philosophiegeschichte für die Frage nach dem Bezug von Hirn und Bewußtsein wenig ergiebig, führt sie doch bestenfalls auf die Denker, die die Möglichkeit eines solchen Bezuges annahmen. Wie wirkten die philosophischen Konzepte auf die Erforschung des Hirnes ein? Für die moderne Forschung ist hierbei vor allem die Phase interessant, in der sich eine experimentelle Neurowissenschaft entwickelte. Von welchen philosophischen Annahmen ging diese aus, welche Anleihen traf sie in ihrer Entwicklung und welche Anleihen konnte sie im Laufe ihrer Entwicklung selbst einholen oder falsifizieren? Nötig ist damit eine andere Art der Philosophiegeschichte: Interessieren muß die Wissenschaftskultur und damit die wissenschaftshistorische Perspektive, und von daher dann auch die wissenschaftshistorische Inblicknahme der Philosophie. Zu fordern ist eine Diskussion der Theorieentwicklung einer Forschung, die im Blick auf die Kognition letztlich ja auch ihr eigenes Tun zu ihrem Objekt zu machen sucht.

Die Frage nach dem Ich und seinem Gehirn wurde in der Öffentlichkeit spätestens mit der Publikation des Buches von Popper und Eccles mit dem gleichlautenden Titel interessant.[44] Wichtig war das Timing dieser Interessen. Mit der Informationstechnik war noch Ende der 1950er Jahren der immer ehrgeizigere Versuch unternommen worden, Intelligenz, und damit kognitives Verhalten, künstlich nachzubilden. Was brauchte man dazu? Zunächst ein Konzept von dem, was Verhalten ist, und als Zweites eine Idee der Implementierung von Verhaltensregeln in ein dann automatisiert laufendes System.

Die ersten Vorstellungen hierzu orientierten sich noch durchaus am alten Bild einer Trias von Reizeingabe, memory board und assoziativem Zentrum. Entsprechende Funktionen,

---

[44] Popper, K. R., Eccles, J. (1977) The Self and Its Brain. Berlin.

das zeigte sich sehr bald, konnten mit herkömmlichen, die Folge der Teilreaktionen sequentiell abarbeitenden Methoden nur unzureichend beschrieben werden. Parallelverarbeitung schien hier die Lösung, eine Orientierung an neuronalen Grundprinzipien gegeben. Daß die damit gewonnenen Berechnungsverfahren in den 70er und 80er Jahren dann jeweils auf das dem Computer Berechenbare heruntergefahren werden mußten, ist die eine der für eine wissenschaftshistorische Analyse wichtigen Beobachtungen der Entwicklung dieses Bereiches. Da auch beim Einsatz von Parallelrechnern die entsprechenden Simulationen nur in den Ergebnissen von sequentiell arbeitenden Analyseprogrammen evaluiert werden konnten, waren weitergehende Konzepte zur Modellierung von Systemwechselwirkungen analytisch kaum zu kontrollieren. Entsprechend stagnierte dieser Ansatz zur Erforschung der Verrechnungsstrukturen von Nervennetzen schon in den 1980er Jahren. Die Forschung wandte sich anwendungsorientierten Problemstellungen zu, wie der Implementierung konkreter Lösungsalgorithmen für technische Fragestellungen. Zugleich aber hoffte die den praktischen Erfolg solcher Strategien registrierende Neurowissenschaft, sich mittels der hier vorgefundenen Programmsysteme neue Vorstellungsmodi erarbeiten zu können, die klassische Forschungsansätze der Elektrophysiologie und die Resultate der neuen nichtinvasiven bildgebenden Verfahren in das Bild zu setzen erlaubte. Deutlich wird im Rückblick auf diese vergleichsweise junge Geschichte, wie stark sich in diesem Forschungsansatz Einzeldisziplinen verzahnen, ohne sich doch je den schon durch die Grenzen der Methoden bestimmten Problemstand der Nachbardisziplin gänzlich klar zu machen. Demnach ergeben sich aus der ideengeschichtlichen Darlegung Fragen, die für eine Konsolidierung des theoretischen Ansatzes auch der modernen Forschung Bedeutung haben.

Wie veränderte sich die Frage nach Hirn und Bewußtsein in der Periode, die durch die methodischen Triumphe einer Neurowissenschaft gekennzeichnet ist, der es gelang, sich die einzelne Zelle und schließlich sogar deren biochemisch darzustellende Teilkomponenten verfügbar zu machen? Wie veränderte die Vielfalt der über die dann möglichen Experimente gewonnenen Antworten die Art des Fragens in dieser Wissenschaft? Ist die Asymmetrie in der darzustellenden Entwicklung, die in der Detaillierung immer Neues, in ihren Konzepten zur Analyse der Psyche aber fast nur Altes aufzuweisen scheint, schon selbst das Grundgerüst der hier möglichen Antwort?

Das Problem, dem wir uns in der Frage nach dem Bezug von Hirn und Bewußtsein ausgesetzt finden, ist, daß wir zum einen eine vergleichsweise feste, physiologisch befragbare Struktur vorfinden: das Hirn, auf der anderen Seite jedoch einen Phänomenbereich auszuloten haben, der in seiner eigenen Qualität einer objektivierenden Erfahrung kaum zugänglich zu sein scheint. Die Versuche der Würzburger Schule und der Lösungsansatz Forels wurden oben kurz besprochen. Gibt es darüber hinaus, über das Werkzeug der Simulation, neue, erweiterte Zugänge dazu, etwas über die möglichen Architekturen kognitiver Systeme zu erfahren? Die Versuche der Forschung um künstliche Intelligenz gingen in diese Richtung: Zu verstehen, was intelligentes Verhalten sei, sei dadurch möglich, daß man es im Computer simuliere.

Der vielleicht radikalste Entwurf solcher Modellanalysen stammt von dem Neuroanatomen Valentin Braitenberg, der in seinem Versuch einer synthetischen Physiologie die Konsequenz aus der oben ausgewiesenen Unsicherheit in der Interpretation unseres Verhaltens zog.[45] Seine „Vehicles" wurden von ihm konstruiert, er suchte sie jedoch in ihrem Verhalten so zu beschreiben, als ob keine Vorstellung von dem Innenleben der Maschinen vorläge. Er erreichte damit, daß selbst einfachste Verknüpfungsarchitekturen Verhaltensmuster zu demonstrieren erlaubten, die – so Braitenberg – ein externer Beobachter als Liebe, Haß und derart als Ausprägungen eines Bewußtseins zu verstehen hätte. Die Möglichkeit einer kompletten Analyse der jeweiligen, diesem Verhalten zugrunde liegenden Neuroarchitekturen demonstriert Braitenberg zufolge, daß über die Beschreibung des Verhaltens die Phänomenebene Bewußtsein nicht definiert sei, und demnach erst über die

---

[45] Braitenberg, V. (1984) Vehicles. Experiments in Synthetic Physiology. Cambridge, Mass.

Ebene der neurophysiologischen Daten erschlossen werden könne.

Es zeigt sich allerdings, daß eine derartige Eingrenzung des Erfahrungsbereiches vorschnell ist. Die Vorstellungsmuster, anhand derer die Neurowissenschaft ihre Bewertungsmuster und Frageansätze gewinnt, sind – wie aufgewiesen – in ihrem Kern aus einer Epoche tradiert, die den analytisch experimentellen Ansatz der modernen Neurowissenschaft noch gar nicht kannte. Und – wie wäre es, wenn sich die Bewertung der Erfahrungsschichtung überhaupt umdreht? Können wir doch Antworten nur zu dem finden, was für uns in Frage steht. Wenn aber die Fragen älter sind als die Methoden, zu ihnen eine Antwort zu finden, was gilt dann für die Struktur der Antworten? Sind sie diktiert durch die Art des Fragens? Gerade in Blick auf Hirn und Bewußtsein könnten die Konsequenzen einer entsprechenden Analyse sehr weit führen.

5. Epilog oder Rückblick nach vorn – Hirnbilder und kognitive Architekturen

Was ist Denken anderes als eine sich logisch operativ vollziehende Sequenz von Schlüssen? Läßt sich das Denken und damit Kognition demnach konsequent in einer Logik abbilden? Schon Leibniz hat mit seinem Postulat einer mathematischen Logik und den daraus entworfenen Rechenmaschinen die Konsequenz aus dieser Bemerkung gezogen, dies aber auf eine Teilfunktion des Ichs, den Verstand, begrenzt.[46] Das Problem,

---

[46] Zu dem Gesamtkontext vgl. Schmidt-Biggemann, W. (1998) Philosophia perennis. Historische Umrisse abendländischer Spiritualität in Antike, Mittelalter und Früher Neuzeit. Frankfurt; Yates, F. A. (1982) Lull & Bruno. Collected Essays, Vol. I. London, Boston, Henley; Yates, F. A. (1964) Giordano Bruno and the Hermetic Tradition. London 1964, Bonner, A. (1996). Introduction. In: Raimundus Lullus. Opera. 2.1. Stuttgart- Bad Cannstatt: 9–37. Zu Fludd vgl. Yates, F. A. (1966) The Art of Memory. London; zur enzyklopädischen Tradition, speziell Alsted, siehe: Schmidt-Biggemann, W. (1989) Vorwort. In: Alsted, J. H., Encyclopaedia Bd. 1. Stuttgart-Bad Cannstatt: V-XVIII.

das sich für ihn stellte, war zu beweisen, daß das einer Logik folgende Denken seine Folgerungen nicht etwa auf falschen Axiomen aufbaute. Seine Lösung war, daß der Schöpfer das Denken in der besten aller möglichen Welten schlicht nicht auf solch falschen Axiomen aufzubauen erlaube. Gott sicherte dem Denken die Geltung. Leibniz stand damit in einer sehr alten Tradition, war doch schon das mittelalterliche Denken gegenüber den Fähigkeiten des beschränkten menschlichen Verstandes eher skeptisch. Die Logik war dort nur die auf die Möglichkeiten dieses beschränkten Verstandes zurückgestufte Methode, Einsicht in die Welt zu nehmen. Dem logisch operierenden Denken erschien die Welt somit nicht so, wie sie an sich, sondern nur, wie sie in den Möglichkeiten des Denkens erschließbar war. Die Dinge selbst, das heißt genauer: die ihnen eigene Ordnung, spiegelt sich zwar in ihnen und in deren Rekonstruktion durch den Verstand wider. Doch nur eine Tradition, die die Orte und Zuordnungen der Begriffe in ihrer von Gott vorgegebenen Struktur darzustellen erlaubte, konnte die wahren Bezüge der Dinge und damit etwas von der Ordnung der Welt widerspiegeln. Die Topik, die Lehre vom Ort der Begriffe, war somit der Logik vorgeordnet. Die Dinge hatten ihren Ort in ihrer Relation im Denken Gottes. Soweit ist diese gegenüber dem sich diskursiv äußernden Denken skeptische Theorie noch nicht unmittelbar relevant für eine Vorstellung von Bewußtsein, wenn sie auch schon sehr früh eine für unsere Fragen nach dem Begriffsfeld ‚Bewußtsein, Person, Ich und Selbst' bedeutsame Trennung zwischen dem Verstand und einem diesem übergeordneten, ggf. aber an sich nicht äußerungsfähigen Vermögen, der Vernunft, benennt. Demnach wäre eine reine Verstandeslehre als Darstellung des Bewußtseins denn auch unvollständig.

Die mittelalterliche Wertschätzung der Topik verband sich in der Tradition mit einer Lehre von der Organisation des Verstandes. In einer weitgehend schriftfreien Kultur waren Memorierungstechniken, die es etwa einem Rhetor erlaubten, sich im Laufe einer Rede auch komplexe Sachzusammenhänge und Assoziationsfolgen verfügbar zu halten, essentiell. Die sich entwickelnde Technik der Ars memorativae arbeitete nun

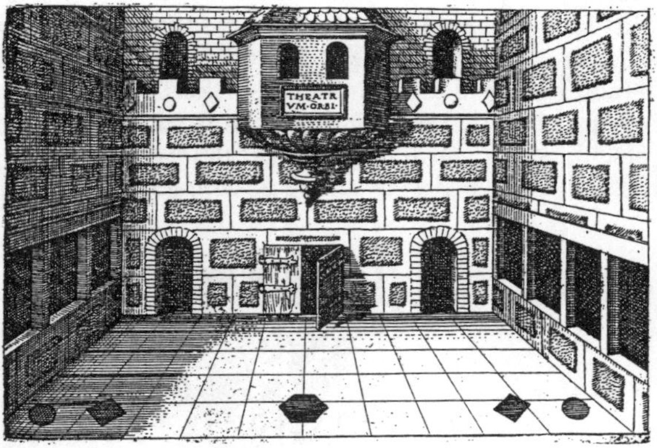

Abb. 4: Robert Fludd: Die innere Organisation des Geistes.

nicht mit kompletten logischen Sequenzen oder komplizierten Reden. Der Grundansatz dieser Technik war einfacher. Es galt, sich eine innere Landschaft oder eine Architektur vorzustellen und diese Architektur nun sukzessive durch Vorstellungsinhalte, durch Begriffe und deren Umfeld zu beleben. Die konkreten Anweisungen führten dazu, daß sich ein Rhetor eine Architektur, etwa einen Tempel, imaginierte. In dessen Nischen wurden in der Imagination nun bestimmte Bilder, die bestimmte Begriffe und ggf. deren Konnotationskontext darstellten, angeordnet. Das Erinnern bestand nun darin, sich diese Landschaft bzw. Architektur vorzustellen, sie zu durchschreiten und die in ihr imaginativ aufgereihten Bilder zu memorieren. Damit waren nicht etwa nur Memorierungstechniken verfügbar, die Einzelheiten zu reproduzieren erlaubten. Bedeutsamer hieran ist in diesem Zusammenhang, daß die derart memorierte Begriffswelt in einem räumlichen Ordnungszusammenhang stand. Die Relation der Begriffe – ihr realer Abstand in der imaginierten Architektur – benannte die Nähe oder Ferne einzelner begrifflicher Muster. Vorgestellt wurde eine Ordnung der Begriffe. Gelang es nun, in der inneren Ordnung der Begriffe die reale Ordnung der Ideen der

Welt abzubilden, faßte sich darin ein Erklärungsgefüge von Welt. Im 13. Jahrhundert entwickelte Raimund Lull (1232 od. 1233–1316) in direktem Bezug auf entsprechende kabbalistische Traditionen ein Grundmuster solcher Ordnungsfindung der Begriffe. Die Lullsche Kunst bestand darin, über ein von ihm erschlossenes Ordnungsmuster den realen Ort eines Begriffes im Gefüge des Ordnungszusammenhanges begriffli-

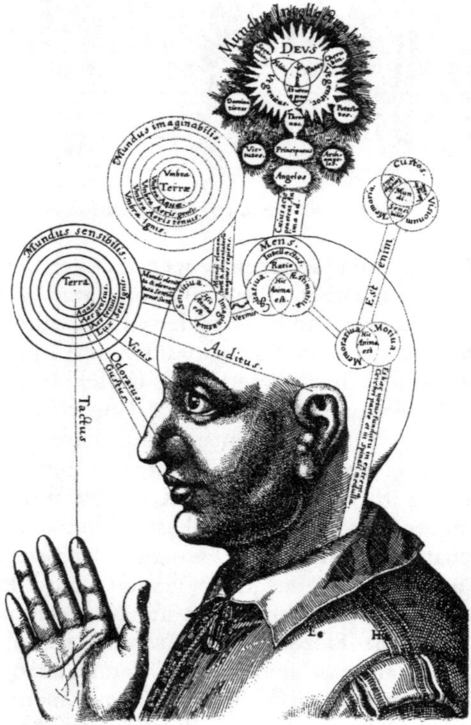

Abb. 5: Die Organisation des kognitiven Apparates nach Robert Fludd

cher Reaktionen zu erfassen. Nicht der Begriff an sich, sondern sein Ort und damit dessen Relation zu der Gesamtheit des Begriffsgefüges bestimmte seine Wahrheit. Die Konsequenz einer sich entsprechend systematisch entwickelt findenden Ars memorativae findet sich schließlich in den Vorstellungsräumen von Robert Fludd (1574–1637) dargestellt. Fludd entwarf ein Theater des Geistes, einen Binnenraum, in dessen Ordnungsgefüge die Begriffe zueinander in eine Relation gesetzt wurden, die den wahren, das heißt von Gott gesetzten Mustern begrifflicher Relationen zumindest entsprachen. Der venezianische Senat wies im übrigen noch Mitte des 17. Jahrhunderts für einen Vertreter der Lullschen Kunst ein stattliches Honorar aus, damit dieser eine Art universelles Expertensystem entwickle. Es entstand ein Theater, in dem jeder Begriff seinen Ort hatte. Derjenige, der in diesem Theater stand und die Begriffsrelationen übersah, konnte demnach deren eigentliche Bedeutung und damit den Ordnungszusammenhang der Welt erfassen. Die Begriffe hatten dort ihren Ort, und zusammen mit diesem in ihrer Zuordnung zueinander ihre Bedeutung. Die ersten Enzyklopädien – am bedeutendsten sind hier die ab 1630 erschienenen, bis hin zu den Enzyklopädisten einflußreichen Bände von Alsted – bildeten in ihrer Verweisstruktur diese Idee der Organisation des Kognitiven nach. Das Kognitive ist demnach verortet, dabei ist die entsprechende Verortung relational. Bewußt und damit kognitiv verwertbar wird eine Erfahrung dadurch, daß sie in diese Verweisstruktur des enzyklopädisch organisierten Denkens eingebunden wird. Erfahrung wird in diesem inneren Muster repräsentiert, ihr Gehalt erwächst aus dem Ordnungsgefüge, in das sie sich findet. Das Gedächtnis ist nicht bloße Repräsentation eines Außen, es ist eine aus dem Binnenraum des Denkens vermittelte Erfahrung. Die Bilder, in denen sich dieses Gedächtnis fixiert, sind dabei in einem räumlich zu rekonstruierenden Ordnungsmuster angelegt. Entsprechend nahe läge es, schon vor jeder physiologischen Kartierung eine Karte der kognitiven Teilfunktionen anzulegen. Es ist wert zu überlegen, ob und inwieweit demnach die aktuellen Vorstellungen von der Struktur des Bewußtseins, seine anscheinend lokalisierbare Funktionalität von einem derart weit zurückweisenden Grundverständnis einer Organisation des Kognitiven bestimmt sind. Es wäre zu fragen, inwieweit damit eine weit vor der

Entstehungsphase der analytischen Neurowissenschaft gewonnene Vorstellung der Phänomenebene ‚Bewußtsein' zur Grundlage neurowissenschaftlicher Erklärungsmomente geworden ist.

6. Literatur

Brazier, M. A. B. (1984) A History of Neurophysiology in the 17th and 18th Centuries. New York

– (1988) A History of Neurophysiology in the 19th Century. New York.

Breidbach, O. (1997) Die Materialisierung des Ichs. Zur Geschichte der Hirnforschung im 19. und 20. Jahrhundert. Frankfurt.

Clarke, E., Jacyna, L. S. (1987) Nineteenth-Century Origins of Neuroscientific Concepts. Berkeley, Los Angeles, London.

Exner, S. (1999) Entwurf zu einer physiologischen Erklärung der psychischen Erscheinungen. Frankfurt.

Finger, S. (1994) Origins of Neuroscience. Oxford.

Florey, E., Breidbach, O. (Hg.) (1993) Das Gehirn – Organ der Seele? Zur Ideengeschichte der Neurobiologie. Berlin.

Gardner, H. (1985) The Mind's New Science. A History of the Cognitive Revolution. New York.

Harrington, A. (1987) Medicine, Mind and the Double Brain. Princeton.

Schmidt-Biggemann, W. (1998) Philosophia perennis. Historische Umrisse abendländischer Spiritualität in Antike, Mittelalter und Früher Neuzeit. Frankfurt.

7. Abbildungsnachweise

Abb. 1: Isolierte Ganglienzelle nach Deiters, O. (1865): Untersuchungen über Gehirn und Rückenmark der Wirbelthiere und der Säugethiere. Posthum hg. von Max Schultze. Braunschweig.

Abb. 2: George Combe: Namen der phrenologischen Organe: I. Triebe: 1. Geschlechtstrieb – 2. Trieb der Kinderliebe – 3. Einheitstrieb – 4. Anhänglichkeitstrieb – 5. Bekämpfungstrieb – 6. Zerstörungstrieb – 7. Verheimlichungstrieb – 8. Erwerbstrieb – 9. Bautrieb; II. Gefühle: 10. Selbstachtung – 11. Beifallsliebe – 12. Vorsicht – 13. Wohlwollen – 14. Ehrfurcht – 15. Festigkeit – 16. Gewissen – 17. Hoffnung – 18. Wunder – 19. Idealität – 20. Witz, Fröhlichkeit – 21. Nachahmung; III. Verstand, Erkenntnisvermögen: 22. Gegenstandsinn – 23. Gestaltsinn – 24. Größensinn – 25. Gewichtsinn – 26. Farbensinn – 27. Ortsinn – 28. Zahlensinn – 29. Ordnungssinn – 30. Thatsachensinn – 31. Zeitsinn – 32. Tonsinn – 33. Sprachsinn; IV. Denkvermögen: 34. Vergleichungsvermögen – 35. Schlußvermögen; nach Combe 1833, a. a. O.

Abb. 3: Die erste Darstellung eines neuronalen Netzes aus Exner 1894, a. a. O.: 193.

Abb. 4: Die innere Organisation des Geistes: "Theatrum appello illud, in quo omnes vocabulorum, sententiarum, particularum orationis seu subjectorum actiones tanquam in theatro publico, ubi comoediae & tragoediae aguntur, demonstrantur" Flud, Roberto (1619), Microcosmi Historia. Tomi secundi Tractatus primi sectio secunda, De technica Microcosmi historia in Portiones VII divisa. Oppenhemij: Hieronymj Galleri: 55.

Abb. 5: Flud, Roberto (1619). Microcosmi Historia. Tomus secundus de supernaturali, naturali, praeternaturali et contranaturali Microcosmi historia, in Tractatus tres distributa: Oppenhemij: Hieronymj Galleri: 217.

Helmut Schwegler

Reduktionismen und Physikalismen

Mit dem vorliegenden Aufsatz verfolge ich nicht das Ziel, einen wie auch immer gestalteten umfassenden Überblick über die vielfältigen Hinsichten und Weisen zu geben, in denen in der Geschichte und in der Gegenwart über „Reduktionismen" und „Physikalismen" philosophiert wurde, sei es unter ausdrücklicher Verwendung dieser Termini oder wenigstens in erkennbarem sachlichem Zusammenhang mit Beiträgen, die diese Termini verwenden. Es werden lediglich einige Argumente vorgetragen, die ich aus der Sicht eines praktizierenden Physikers hoffe zur aktuellen Debatte um das „Geist-Körper-" oder „Geist-Gehirn-Problem" beitragen zu können. Von dieser Debatte habe ich immer wieder den Eindruck gewonnen, daß viele Teilnehmer eine unzutreffende, teilweise sehr verschwommene, teilweise hochgradig idealisierte Auffassung von „Physik" und von „Physikalischem" zugrunde legen. Meine Absicht ist es, in dieser Hinsicht ein wenig Aufklärung zu leisten.

Im ersten Kapitel wird der Reduktionsbegriff rekapituliert, und es wird darauf hingewiesen, daß er in vielfältiger Weise bei der Analyse bestehender wissenschaftlicher Theorien, insbesondere auch in der Physik, eingesetzt werden kann. Reduktionismen werden als normative oder programmatische Einforderung der Reduzierbarkeit auf spezielle Klassen von reduzierenden Theorien charakterisiert.

Die nächsten beiden Kapitel beschäftigen sich mit dem Programm der Mikroreduktion, unter anderem auch deshalb, weil gegenwärtige Geist-Gehirn-Reduktionismen eng mit diesem Programm verwandt sind. Es wird dargelegt, daß dem Programm der Mikroreduktion innerhalb der Physik die erhofften Erfolge versagt geblieben sind.

Das vierte Kapitel ist ein Zwischenspiel, in dem das Märchen von der Identität von Temperatur und kinetischer Energie entzaubert wird. Auch schwächere Formen einer reduktiven Relation lassen sich nicht halten.

Im letzten Kapitel werden gegenwärtige Geist-Gehirn-Reduktionismen besprochen, ihre Chancenlosigkeit gezeigt, und es wird als alternative Strategie ein *methodisch* an der Physik orientierter Nichtreduktionismus empfohlen.

1. Reduktionen und Reduktionismen

Als Reduktionen sind hier spezielle Arten von Beziehungen zwischen wissenschaftlichen Theorien oder Teilstücken wissenschaftlicher Theorien bezeichnet. Auch dies ist noch ein sehr weites Feld; einen Überblick geben beispielsweise die Enzyklopädie-Beiträge von Stöckler (1999) und Carrier (1995). Eine leitende Rolle spielt dabei das von Nagel (1949) vorgestellte Schema für die Reduktion einer Theorie T_1 auf eine in der Regel umfassendere Theorie T_2, die man auch als eine *Erklärung* der Theorie T_1 durch die Theorie T_2 bezeichnen kann.

Grob gesprochen besteht das Nagelsche Schema aus zwei Teilen, einer Begriffsreduktion und einer Gesetzesreduktion. Die Begriffsreduktion besteht im günstigsten Falle in einer Identifikation der T_1-Begriffe mit T_2-Begriffen mit der Möglichkeit, die in T_1 dafür verwendeten Wörter zugunsten der in T_2 verwendeten Wörter zu eliminieren. Diese Forderung wird aber im allgemeinen als viel zu stark angesehen; man ist statt dessen mit gewissen „Brückenprinzipien" zufrieden, welche Zusammenhänge der T_1-Begriffe mit T_2-Begriffen herstellen, die meist nicht ausreichend für eine Elimination sind. Die Gesetzesreduktion besagt, daß die Regeln und Gesetze von T_1 derart in den Regeln und Gesetzen von T_2 enthalten sind, daß sie daraus deduziert und dadurch mit ihrer Hilfe erklärt werden können. Dies bedeutet für den Anwendungsbereich der Theorien, daß die durch T_1 erklärten Phänomene auch durch T_2 erklärt werden. Die Gesetzesreduktion ist von der Begriffsreduktion nicht unabhängig, sondern wird von dieser in gewissen Umfange (je nach Stärke der Brückenprinzipien) erzwungen. Umgekehrt ist deshalb die Bestätigung der Gesetzesreduktion die Nagelprobe der Begriffsreduktion, da sich in wissenschaftlichem Rahmen die Anwendbarkeit von Begriffen im Hinblick auf empirische Phänomene erst im Kontext von gültigen Regeln und Gesetzen ergibt. Das bedeutet: Lassen sich die T_1-Gesetze nicht reduzieren, wird der Begriffsreduktion der Boden entzogen.

Das hier grob skizzierte Schema ist in der Wissenschaftstheorie in vielen Details weiter ausgearbeitet und abgewandelt worden.[1] Einen sehr ausführlichen Überblick unter Bezug auf die Theorien der Physik gibt Scheibe (1997). Er behandelt als Hauptgruppen die exakten, die approximativen und die partiellen Reduktionen, unterscheidet darin weitere Untergruppen, und er gibt jeweils einfache Beispiele aus der Physik.

Für den nicht näher mit der Physik vertrauten Leser will ich aus der großen Vielfalt nur ein Beispiel erwähnen, die Reduktion der geometrischen Optik auf die Maxwellsche Theorie des Elektromagnetismus. Dabei werden die Lichtstrahlen der geometrischen Optik in einen sehr engen Zusammenhang mit den Wellennormalen elektromagnetischer Wellen gebracht (den man fast eine Identifikation nennen könnte). Alle Gesetze der geometrischen Optik (Reflexion, Brechung etc.) können damit aus der elektromagnetischen Theorie gewonnen werden. Ein anderes bei Wissenschaftstheoretikern sehr beliebtes Beispiel mit vielen interessanten Aspekten ist die Reduktion der nichtrelativistischen auf die relativistische Mechanik (auch Scheibe (1999) widmet seinen zweiten Band zur Hälfte Fragen der Relativitätstheorie). Bemerkenswert an den beiden genannten Beispielen ist, daß es sich *nicht* um Reduktionen des Größeren auf Kleineres, d.h. einer Theorie bestimmter Objekte auf eine Theorie ihrer Teile handelt (siehe dazu Kap. 2).

---

[1] Um dem Begriff Reduktion eine gewisse Schärfe zu bewahren, sollten nicht beliebige Abschwächungen des ursprünglichen Schemas zugelassen werden. So handelt es sich bei Kemeny und Oppenheim (1956) nur noch um eine äußerst rudimentäre Beziehung zwischen Theorien, da nur noch die Anwendungsbereiche sich zu überlappen brauchen. In den hier noch zu besprechenden Reduktionismen wird ohnedies mehr verlangt.

Zu bemerken ist auch, daß Reduktionen Beziehungen zwischen Theorien sind, unabhängig von ihrer Entstehungsgeschichte. Zwar wurde in den eben genannten Beispielen tatsächlich jeweils eine ältere Theorie auf eine jüngere reduziert (ohne daß die ältere Theorie deswegen aufgegeben wurde, da sie sich wegen ihrer größeren Einfachheit nach wie vor als nützlich erweist). Es gibt aber auch die umgekehrte zeitliche Reihenfolge. Beispiele sind eine Theorie neurophysiologischer Prozesse mit Hilfe „neuronaler Netzwerke", die auf altbekannte Theorieteile der Elektrizitätslehre reduzierbar ist, oder Theoriestücke moderner Informationstechnik, die ebenfalls auf Elektrizitätslehre und Optik reduzierbar sind (es wird wie oben in der Praxis aus Gründen der Einfachheit nicht mit der jeweils reduzierenden Theorie gearbeitet). Auch die wissenschaftstheoretische Theorienrekonstruktion hat vielfältige Reduktionsbeziehungen innerhalb und zwischen alten Theorien im Nachhinein konstatiert (siehe Scheibe 1997).

Das Auffinden von Reduktionsbeziehungen im Laufe der historischen Entwicklung der Wissenschaften, insbesondere auch das Aufstellen umfassenderer neuer Theorien, auf welche ältere Theorien reduzierbar sind, kann unter Gesichtspunkten einer Theorienbewertung durchaus als positiv angesehen werden, als wirklicher Fortschritt. Denn auch dort, wo es keinen unmittelbaren praktischen Nutzen erbringt, gibt es dem wissenschaftlichen Weltbild größere Geschlossenheit und trägt damit in einem gewissen Sinne zur Einfachheit des gesamten Theoriekörpers bei. Ein solcher Standpunkt, der Reduktionen positiv bewertet, sollte aber nicht als Reduktionismus bezeichnet werden.

Von Reduktionismus muß man dann sprechen, wenn der Wissenschaftsentwicklung abgefordert wird, daß alle Theorien auf spezielle Klassen von Theorien T_2 reduzierbar sein müssen. Solches könnte mit einem außerwissenschaftlichen Wissen über die Beschaffenheit der Welt und einer daraus folgenden Beschränkung des erlaubten Begriffsinstrumentariums begründet werden (ontologischer Reduktionismus) – aber welcher Philosoph würde heute so etwas noch für sich in Anspruch nehmen wollen? Es können auch nur methodologische Gründe ins Feld geführt werden (methodologischer Reduktionismus). Methodologische Gründe, welche Reduzierbarkeitsforderungen normativ *erzwingen*, dürften aber kaum zu finden sein. Deshalb wird eher die vorsichtigere Variante eines methodologischen Reduktionismus vertreten, die nur behauptet, daß methodologische Gründe (wie z.B. größtmögliche Einfachheit des gesamten Theorienkörpers) gewisse Arten von Reduzierbarkeit geraten erscheinen lassen. Statt einer zwingenden Norm wird nur noch ein *Programm* formuliert, etwa nach dem Motto „Laßt es uns halt mal versuchen". Ich werde für die im weiteren Verlauf dieses Aufsatzes zu besprechenden Reduktionismen die Zweckmäßigkeit auch dieser vorsichtigen Variante in Frage stellen.

Die zu besprechenden Reduktionismen sind das Programm der Mikroreduktion und gegenwärtige reduktionistische „Physikalismen" der Geist-Gehirn-Debatte. Der erstere wird deshalb in allgemeiner Form diskutiert, weil die letzteren ihm zuzuordnen sind. Aus den Mißerfolgen des Programms der Mikroreduktion innerhalb der Physik können Lehren im Hinblick auf die Geist-Gehirn-Debatte gezogen werden.

Zum Abschluß dieses Kapitels sei noch eine kurze Bemerkung zu metaphysischen Hintergründen des Reduktionismus gemacht. Wenngleich, wie schon gesagt, explizite ontologische Begründungen heute nicht mehr in Mode sind, scheinen Vorurteile über die „Substanz" der Welt implizit eine große Rolle zu spielen. Es kommt nicht von ungefähr, daß ein bestimmter Geist-Gehirn-Reduktionismus den Namen „eliminativer Materialismus" trägt. Aber selbst bei Kant findet man die für diesen Philosophen erstaunlichen Sätze: „Ein Philosoph wurde gefragt, wie viel wiegt der Rauch? Er antwortete: ziehe von den Gewichten des verbrannten Holzes das Gewicht der übrigbleibenden Asche ab, so hast du das Gewicht des Rauches. Er setzte also als unwidersprechlich voraus: daß, selbst in Feuer, die Materie (Substanz) nicht vergehe, sondern nur die Form derselben eine Abänderung erleide". (Kr.d.r.V., B. 228).

2. Das Programm der Mikroreduktion

Die uralte Idee des Atomismus, daß die Welt aus kleinsten Bausteinen zusammengesetzt ist und daß Eigenschaften und Verhalten größerer Objekte vollständig aus den Regeln des Zusammensetzens der Bausteine resultiert, wurde von Oppenheim und Putnam (1958) als ein Programm der „Mikroreduktion" präsentiert. Die Objekte der Welt werden in 6 Schichten angeordnet, zu denen jeweils entsprechende wissenschaftliche Theorien gehören.

(1) Soziale Gruppen
(2) (Vielzellige) Lebewesen
(3) Zellen
(4) Moleküle
(5) Atome
(6) Elementarteilchen

Die zugehörigen Theorien T_1, ... ,T_6 sollen stufenweise aufeinander reduzierbar sein, also jeweils T_n auf T_{n+1}, und damit letztlich alle T_n ($n=1$, ... ,5) auf T_6. In heutiger Sicht wird man sofort bemerken, daß einiges zu fehlen scheint, z.B. leblose makroskopische Systeme wie Ozeane, elektrische Schaltkreise, Flugzeuge, Himmelskörper, vielleicht auch das Gehirn als kognitives Teilsystem einiger vielzelliger Lebewesen. Durch Erweiterung des Schemas kann solches aber sicher hinzugefügt werden, vielleicht in Form einer Baumstruktur anstelle einer linearen Anordnung; die letztliche Reduzierbarkeit auf eine Theorie der Elementarteilchen würde bestehen bleiben.

Die Atomismus-Lehre war ursprünglich pure Metaphysik. Um Metaphysik ging es auch Descartes, den man durchaus zu den historischen Vorläufern eines Mikroreduktions-Programms rechnen muß. Er war zwar bezüglich res cogitans und res extensa einer der größten Präzeptoren des Dualismus. Aber von der res cogitans abgesehen – die res extensa bestand für ihn aus den ewigen und unveränderlichen corpuscula. Alles andere der res extensa in seinem ständigen Wandel ist nichts als fortwährende Änderung der gegenseitigen Konfiguration der corpuscula. Wenngleich die Physik immer Bereiche hatte, die von der Atomismus-Lehre unbeeinflußt waren, hat sie sich doch im Laufe der Jahrhunderte sehr stark dem atomistischen Denken verschrieben. Dabei fand in den letzten hundert Jahren ein Wandel statt: weg von der metaphysischen und hin zu einer methodologischen Sicht. Abgesehen von den schon angesprochenen substantialistischen Residuen, die meist nur noch unterschwellig wirken, verteidigen die modernen Vertreter des Mikroreduktions-Programms dessen Partitionismus nur noch methodologisch.

Die Verteidigung hat sich mit vielerlei Attacken auseinanderzusetzen, wie man beispielsweise bei Stöckler (1992) nachlesen kann. Anders als Stöckler scheint mir danach keine Nische mehr für die Forderungen der Mikroreduktion übrig zu bleiben (siehe Kap. 3). Die auch von mir oben bereits betonte positive Bewertung nachweislicher Reduktionsbeziehungen (unter Gesichtspunkten der Geschlossenheit und Einfachheit des wissenschaftlichen Theoriensystems) ist etwas ganz anderes. Aus ihr kann das Mikroreduktions-Programm nicht abgeleitet werden. Wie ich noch ausführen werde, kann man sich einer „Einheit der Wissenschaften" auch in anderer Weise annähern.

3. Von der Physik lernen

In philosophischen Diskussionen wird der Begriff „physikalisch" oft in beinahe a priorischer Weise als ontologischer Grundbegriff verwendet. Will man dem entkommen, kann man sich am praktischen Sprachgebrauch orientieren. Dort ist die Bedeutung des Wortes „Physik" überwiegend durch den (historisch gewachsenen) Zuschnitt der Fachbereiche an unseren Universitäten bestimmt. Natürlich ergibt sich aus dieser Tatsache keine philosophisch befriedigende Begriffsbestimmung; aber man erkennt, daß man sich mehr Mühe geben muß. Ohne Rücksicht auf institutionelle Abgrenzungen gibt es in den Phänomenen, den Untersuchungsmethoden, den Begriffen und den Theorien fließende Übergänge zu den naturwissenschaftlichen Nachbardisziplinen, und auch in diesen ist keineswegs leicht erkennbar, wo denn endlich die Physik zu Ende ist und man plötzlich vor dem anderen, dem Nichtphysikalischen steht. Ich möchte auf dieses Problem erst sikalischen steht. Ich möchte auf dieses Problem erst später wieder zurückkommen und mich in diesem Kapitel auf die Physik in ihrem heutigen disziplinären Zuschnitt beschränken. Diese Physik war auch in den letzten Sätzen des vorigen Kapitels gemeint.

Zu dieser Physik rechne ich neben der Quantentheorie der Atome auch noch die sogenannte „Quantenchemie" sowie die Theorien der verschiedenen makroskopischen physikalischen Systeme und der in ihnen ablaufenden Prozesse (was, wie schon oben angemerkt, in der ursprünglichen Schichteneinteilung von Oppenheim und Putnam übersehen wurde). Es sollten demnach die Chemie über die Brücke der Quantenchemie sowie die makroskopischen Theorien auf die Quantentheorie der Wechselwirkung zwischen Atomkernen, Elektronen und elektromagnetischem Feld reduzierbar sein. Es ist festzustellen, daß diese Reduktionen bisher nicht in überzeugender Weise gelungen sind.

Dies hat (1) praktische Gründe, die aus der Begrenztheit unserer mathematischen Fähigkeiten folgen, und (2) Gründe, welche in der Struktur der Theorien liegen. Ich werde meine obige Behauptung vor allem auf (1) stützen, da auch für die Zukunft nicht die geringste Hoffnung auf einschneidende Verbesserungen besteht. Bei den eher prinzipiellen Gründen kann man natürlich nicht völlig ausschließen, daß die Zukunft Abhilfe bringen wird, z.B. durch Modifikationen der Quantentheorie. Aber auch dafür werde ich weiter unten Grenzen aufzeigen.

(1) In bezug auf die praktischen Gründe hat Stöckler (1992) gesagt:

> Der Reduktionismus in seiner Operationalisierung als Theorie-Reduktionismus ist bestenfalls ein utopisches Programm, er ist ein ungedeckter Wechsel auf die Zukunft. Die Behauptung einer „Im Prinzip-Reduktion" ist eine unüberprüfbare Immunisierungsstrategie. „The problem is, for the philosopher as for the fat man, to try to reduce now" (Scheffler 1965, 80).

Mit anderen Worten: Der Reduktionist muß durch tatsächlich und hinreichend überzeugend durchgeführte Reduktionen zeigen, daß es geht. Er darf die Beweislast nicht dem Opponenten zuschieben; da klar ist, daß dieser niemals einen strengen Gegenbeweis erbringen kann, wäre dies Immunisierung. Solange der Proponent nicht gezeigt hat, daß es wirklich geht, wissen wir eben nicht, ob es geht. Durch dieses Argument bekommt freilich auch nicht der Antireduktionist recht, sondern ein Nichtreduktionist, der sagt, daß wir mit der ungeklärten Situation, daß wir mit der Theorienvielfalt leben müssen.

Daß die Reduktionsversuche bisher nicht erfolgreich sein konnten, liegt neben möglichen weiteren Gründen an der Begrenztheit unserer mathematischen Fähigkeiten. Die makroskopischen Phänomene von der Mikrophysik aus zu erfassen, würde die (einigermaßen) strenge Bearbeitung von nichtlinearen Differentialgleichungssystemen mit 10^{23} Variablen verlangen. Die Chaosphysik tut sich schon schwer bei 3–4 Variablen. Während in der Chaosphysik die Numerik ein gutes Stück weiterhelfen kann, ist dies bei dem anderen Problem nicht zu erwarten. Wir müßten die genauen Werte einer Unzahl von Parametern kennen, um auch nur eine einzige Trajektorie zu berechnen; das typische Verhalten mikroskopischer Systeme könnte sich aber erst aus einem Überblick über alle möglichen Trajektorien ergeben. Es ist völlig klar, daß wir in jeder absehbaren Zukunft diese Schwierigkeiten nicht überwinden werden. Das bedeutet aber, daß wir nicht wissen und nicht wissen werden, ob es außer diesen praktischen Gründen noch andere Gründe gibt, die der Reduktion im Wege stehen. Könnte ein mathematischer Dämon die Reduktionen durchführen oder würde er an den anderen Gründen scheitern? Die Antwort muß offen bleiben.

Ein typisches Beispiel sind die Phänomene turbulenter Strömung, die allgegenwärtig sind (z.B. wenn man Zug bekommt und sich erkältet) und seit mehr als hundert Jahren systematisch untersucht werden. Hier sind zwar die meisten Physiker überzeugt, daß sie sich als Lösungen der nichtlinearen Navier-Stokes-Gleichungen auf kleinen Längenskalen ergeben müßten. Wegen der ungeheuren mathematischen Schwierigkeiten konnte dies aber bis heute nicht mit überzeugenden Ergebnissen durchgerechnet werden. Ähnliches gilt für die gesamte makroskopische Physik. Speziell für die Festkörperphysik hat Leggett (1992) ausführlich gezeigt, daß durchgängig von einer Reduktion auf eine Theorie der atomaren Komponenten nicht die Rede sein kann und dies auch für die Zukunft nicht zu erwarten ist.

(2) In allen Theorien makroskopischer Phänomene spielen thermodynamische Aspekte eine wesentliche Rolle, so auch in der gesamten Festkörperphysik. Es ist nicht zu sehen, wie diese aus der Quantentheorie allein entspringen könnten. Dies gilt schon für die sogenannten Gleichgewichtsphänomene, wozu im nächsten Kapitel andeutungsweise etwas gesagt werden wird, es gilt ebenso für das Nichtgleichgewicht, so z.B. für die verschiedenen Transportphänomene. Angemessene theoretische Apparate sind dafür entwickelt worden, sie erscheinen aber auf die heutige Quantentheorie der Atomkerne und Elektrone nicht reduzierbar, es handelt sich um eigenständige Bereichstheorien. Dies gilt auch schon für eine Theorie der Moleküle, die sogenannte „Quantenchemie". An ihrem Anfang steht die sogenannte Born-Oppenheimer-Näherung, die eigentlich mit den Prinzipien der Quantentheorie unverträglich ist. Primas (1985) hat dies sehr schön und allgemeinverständlich dargestellt. Er geht dabei auch über die Quantenchemie hinaus und schildert die eben angesprochenen Probleme mit der Thermodynamik. Diesbezüglich hat er an anderer Stelle einmal gesagt: „Ein Gas besteht nicht aus Molekülen, und ein Molekül hat keine Temperatur".

Die Arbeit von Primas geht auch auf noch grundsätzlichere Probleme ein, die mit der sogenannten Verschränktheit quantentheoretischer Systeme zu tun haben. Ich möchte diese Probleme kurz schildern, aber ohne mich den speziellen Vorschlägen anzuschließen, die Primas für eine nicht-reduktionistische Lösung gemacht hat (siehe Fußnote 2). Die Verschränktheit wird besonders augenfällig, wenn man eine Art von Experimenten durchführt, die schon 1935 von Albert Einstein, Boris Podolsky und Nathan Rosen als Gedankenexperiment diskutiert wurde, die aber erst Ende der 70er Jahre in einer von David Bohm vorgeschlagenen modifizierten Form durchgeführt werden konnte. Dabei laufen zwei Teilchen, z.B.

Photonen, auseinander, und es werden bei tatsächlichen Experimenten im Abstand von mehreren Kilometern (wahrscheinlich mit gleichem Ergebnis bei astronomischen Abständen) Messungen an beiden Teilchen gemacht. Die Meßergebnisse zeigen Korrelationen, die nicht als kausale Folge von Korrelationen angesehen werden können, welche entstanden sind, als die Teilchen noch beisammen waren. Dieses als „Nichtlokalität" bezeichnete Phänomen bedeutet mit anderen Worten: der im Experiment realisierte Komplex von räumlich weit getrennten Ereignissen, kann nicht als eine Abfolge lokaler Ereignisse rekonstruiert werden. Eine schöne, auch für den Nichtfachmann verständliche Darstellung findet man bei Maudlin (1994) in Kap.1. Für die Öffentlichkeit spektakulärer als die EPR-Experimente (nach Einstein, Podolsky, Rosen) sind, schon wegen ihrer Bezeichnung, die auch von der Tagespresse berichteten Experimente zur „Teleportation" (siehe Jorda 1998). Tatsächlich zeigen auch sie nicht mehr und nicht weniger als die Verschränktheit und Nichtlokalität quantentheoretischer Prozeß-Systeme. Für eine angemessene Bewertung ist die Erkenntnis wichtig, daß es zwar schwer ist (und deshalb so lange gedauert hat), Verschränktheit und Nichtlokalität in geeigneten Experimenten unabweisbar aufzuzeigen, daß es sich aber um inhärente Charakteristika *aller* quantentheoretischen Vorgänge handelt.

Was hat dies mit dem Programm der Mikroreduktion zu tun? Es zeigt, daß die Zerlegbarkeit von Systemen in lokale Teile (Komponenten) und die Erklärung der Systemeigenschaften und -prozesse aus lokalen Teilen mittels Gesetzen der lokalen Zusammensetzung der Teile in der Quantentheorie ihre Grenzen gefunden haben. Insofern man die Mikroreduktion als ein partitionistisches Programm von Analyse und Synthese von Systemen in Termen von lokalen Teilen interpretiert, werden diesem Programm durch die Quantentheorie Grenzen gewiesen.[2]

---

[2] Wie denn der Zusammenhang zwischen Quantentheorie und Theorie der makroskopischen Welt endgültig herzustellen ist, wissen wir nicht. Verschiedene Vorschläge (wie auch von Primas, a.a.O.), auch in der makroskopischen Welt Quantenkorrelationen anzunehmen, die erst

Zusammenfassend läßt sich sagen: Die Physik kann nicht zur Unterstützung einer philosophisch vielleicht als sehr attraktiv empfundenen These herangezogen werden, die Welt sei eine Ansammlung von Dingen. Ein Programm, das verlangt, alle Erklärungen hätten, und wenn auch nur „im Prinzip", von den elementarsten Objekten auszugehen, ist wissenschaftlich kontraproduktiv. Tatsächlich bildet die heutige Physik zusammen mit den angrenzenden Naturwissenschaften einen Komplex von vielfältig miteinander verbundenen Bereichstheorien unterschiedlicher Breite und Allgemeinheit, vergleichbar einem Patchwork oder Flickenteppich. Der Zusammenhang der Flicken wird zum Teil durch Reduktionen verschiedener Art hergestellt, aber nicht nur durch solche. Obwohl der Theorienkomplex nicht die von der Mikroreduktion geforderte Struktur hat, realisiert er eine Form der Einheit in der Vielheit.

4. Zwischenspiel: Temperatur und kinetische Energie

In philosophischen Diskussionen um Reduktionismen, insbesondere auch beim Geist-Gehirn-Problem, taucht mit fast notorischer Beständigkeit ein Beispiel für Begriffsreduktion auf, das auf einem völligen Mißverständnis von statistischer Thermodynamik beruht und deshalb nicht mehr eingesetzt werden sollte. Andererseits kann man aus einer korrekten Analyse des Theoriebereichs, aus dem das Beispiel geholt ist, durchaus etwas für die Geist-Gehirn-Diskussion lernen. Beides sind Gründe, warum ich hier in aller Kürze darauf eingehe.

Es handelt sich um die angebliche Identität von Temperatur und (mittlerer) kinetischer Energie eines Gasmoleküls.

In der zweiten Hälfte des letzten Jahrhunderts haben James Clerk Maxwell, Ludwig Boltzmann und andere die kinetische Gastheorie entwickelt, um der phänomenologischen Thermodynamik eine atomistische Grundlage zu geben. In unserer

---

vom menschlichen Subjekt aufgehoben werden, halte ich für keine angemessene Lösung.

Terminologie können wir das so charakterisieren, daß die phänomenologische, makroskopische Theorie der Gase auf eine mikroskopische Mechanik der Gasmoleküle im Sinne der Mikroreduktion reduziert werden sollte (es handelte sich natürlich um klassische Mechanik, denn die Quantentheorie war noch nicht erfunden). Diese kinetische Theorie war in vieler Hinsicht nützlich, und sie ist es noch, aber sie hat das Ziel der Reduktion aus mehreren Gründen nicht erreicht. Dies hängt u.a. damit zusammen, daß ein Übergang von einer reversiblen Mechanik zu einer irreversiblen Thermodynamik nur mit zusätzlichen ad hoc-Annahmen möglich ist, die streng genommen nicht mit der Mechanik verträglich sind. Die darüber geführte Diskussion, angestoßen von Henri Poincaré und Ernst Zermelo, kann hier nicht wiedergegeben werden. Die Debatte wurde im wesentlichen dadurch beendet, daß Willard Gibbs um die Jahrhundertwende die statistische Thermodynamik mit dem Konzept des kanonischen Ensembles auf eine andere Grundlage stellte (Albert Einstein verfolgte in seinen Arbeiten zur Thermodynamik unabhängig von Gibbs eine ganz ähnliche Richtung). Die neue Konzeption war auch so beschaffen, daß sie vom Ansatz her nicht auf Gase mit ihren relativ schwachen intermolekularen Wechselwirkungen beschränkt war, sondern von Grund auf alle makroskopischen Systeme in thermodynamischem Gleichgewicht erfaßte, also z.B. auch Flüssigkeiten und Festkörper. In der Durchführung hat man dann freilich mit den mathematischen Schwierigkeiten zu kämpfen, über die oben bereits gesprochen wurde. Als die Quantentheorie die klassische Mechanik als Theorie der atomaren und molekularen Wechselwirkungen ablöste, brauchte die Gibbssche Konzeption nur geringfügige Modifikationen um die Revolution zu überleben.

Krüger (1989) hat in einer Arbeit mit dem Titel „Reduction without Reductionism" die Thematik ausführlich in einem wissenschaftstheoretischen Rahmen bearbeitet und das vielleicht mehr intuitive Verhältnis heutiger theoretischer Physiker zur statistischen Thermodynamik bestätigt. In irgend einem strengeren Sinne von Reduktion, insbesondere im Sinne der Mikroreduktion, kann von der statistischen Thermodynamik *nicht* gesagt werden, daß sie die phänomenologische

Thermodynamik auf eine Mechanik der Atome und Moleküle reduziert. Dies gilt gleichermaßen für eine klassische Mechanik (die als Theorie der Atome und Moleküle ohnehin falsch ist) wie für die Quantentheorie.

Krüger zeigt, daß die statistische Thermodynamik eine neue, *dritte* Theorie darstellt, welche Elemente der phänomenologischen Thermodynamik und der Quantentheorie vereinigt und damit wenigstens in einem Teilbereich den gesuchten Zusammenhang zwischen makroskopischer Welt und Quantenwelt herstellt. Man kann sagen, daß die phänomenologische Theorie zu dieser dritten Theorie in einer (wenigstens approximativen) Reduktionsbeziehung steht. Wir haben also eine „Reduktion ohne Reduktionismus", eine Reduktion also, die insbesondere nicht dem Mikroreduktions-Programm entspricht. Genau diese Struktur könnte vielleicht ein Vorbild abgeben für Lösungen im Felde der Geist-Körper-Beziehungen. Ich komme darauf noch zurück.

Wie steht es nach all dem mit der vermeintlichen Identität von Temperatur und (mittlerer) kinetischer Energie der Moleküle eines thermodynamischen Systems?

Im Falle sogenannter idealer Gase (deren Wechselwirkungsenergie vernachlässigt werden kann) liefert die statistische Thermodynamik des Gleichgewichts eine Relation zwischen innerer Energie U und Temperatur T, die sogenannte kalorische Zustandsgleichung

$$U = \alpha T.$$

Dabei ist beim einatomigen idealen Gas $\alpha = 3/2\ N\ k$ (mit N = Anzahl der Gasmoleküle, k = Boltzmannkonstante), bei mehratomigen idealen Gasen gelten verschiedene andere Proportionalitätsfaktoren. Bei idealen Gasen ist die innere Energie nur kinetische Energie. Teilt man also durch die Anzahl N der Moleküle,

$$U / N = 3/2\ k\ T,$$

so steht links die (mittlere) kinetische Energie des einatomigen Gasmoleküls. Diese Relation wird häufig als Identität zwischen Temperatur und (mittlerer) kinetischer Energie des Moleküls interpretiert, neuerdings meist in dem schwachen Sinne (vgl. Beckermann 1996), daß beide Eigenschaften zwar nicht dieselbe Bedeutung (Intension) haben, aber dasselbe bezeichnen (dieselbe Extension haben). Zum Beispiel würde eine Temperatur T = 500 Kelvin dasselbe bezeichnen wie eine (mittlere) kinetische Energie von 10^{-20} Joule.

Die beiden Gleichungen sind das, was man üblicherweise ein Naturgesetz nennt, vergleichbar mit F = m a. Naturwissenschaftler interpretieren solches nicht als Identität; niemand sagt, die Kraft F sei identisch mit der Beschleunigung a.

Um überhaupt von einer Identität sprechen zu können, müßte die Relation aber auf jeden Fall universell gültig sein. Das heißt: *immer* wenn T = 500 Kelvin, ist die (mittlere) kinetische Energie des Moleküls 10^{-20} Joule, und umgekehrt. Dies ist jedoch keineswegs der Fall, und zwar in dreierlei Hinsicht. Erstens stimmt es schon bei idealen Gasen nicht, da α bei mehratomigen idealen Gasen andere Werte hat. Schwerwiegender ist das Zweite: Für nichtideale, sogenannte reale Gase (und auch schon für ideale Quantengase) kommen Wechselwirkungen ins Spiel (bei idealen Quantengasen reicht die Ununterscheidbarkeit). Es verschwindet jede Universalität; die Abhängigkeit von der Temperatur wird komplizierter und systemspezifisch,

$$U = f_{\text{system}}(T).$$

Eine bekannte Unterscheidung der Geist-Gehirn-Debatte aufgreifend, könnte man sich jetzt noch dadurch aus der Affäre ziehen, daß man eine „token identity“ behauptet. Allerdings wird (sehen wir von den idealen Quantengasen ab) auch das Dividieren durch die Zahl der Moleküle problematisch. Denn die innere Energie U enthält nun kinetische Energie *und* Wechselwirkungsenergie. Letztere (als eine mittlere) einzelnen Molekülen zuzuordnen macht keinen rechten Sinn. Keinesfalls geht es nur um kinetische Energie.

Außerdem sind, drittens, alle genannten Zustandsgleichungen nur gültig im thermodynamischen Gleichgewicht. Ein einatomiges ideales Gas in einem Nichtgleichgewichtszustand kann eine (mittlere) kinetische Energie von 10^{-20} Joule haben, aber überhaupt keine Temperatur besitzen (hier irrt Beckermann 1996, 22).

Das volle Ausmaß der Problematik ist damit aber noch gar nicht erreicht. Auch die dritte Gleichung (fürs thermodynamische Gleichgewicht) ist immer noch zu einfach. Für die allermeisten nichtidealen Systeme (z.B. schon das van der Waals-Gas) hängt die innere Energie außer von der Temperatur auch noch von weiteren Zustandsgrößen ab, z.B. vom Druck,

$$U = f_{system} (T, p).$$

Wir haben statt einer binären eine ternäre Relation. Das macht jede Identifikation unmöglich.

Man muß akzeptieren, daß es *nicht* „unsinnig ist anzunehmen, daß es neben der mittleren kinetischen Energie der Moleküle *zusätzlich* auch noch die Eigenschaft der Temperatur gibt" (vgl. Beckermann 1996, 16), jedenfalls im thermodynamischen Gleichgewicht.

5. Das Geist-Gehirn-Problem, nichtreduktionistisch betrachtet

Ich gehe davon aus, daß der Leser mit Argumenten der Geist-Körper- oder Geist-Gehirn-Debatte ein wenig vertraut ist. Einen gewissen Überblick über die außerordentliche Vielfalt der Positionen kann man durch die Lektüre von Roth und Schwegler (1995) einschließlich der an den Artikel anschließenden Erwiderungen der Vertreter verschiedenster Standpunkte gewinnen.

Das Leib-Seele-Problem, wie es früher auch genannt wurde, scheint seinen Ursprung in tief wurzelnden ontologischen Traditionen des Abendlandes zu haben. Wir sind alle im Dualismus zweier völlig unterschiedlicher Seinsbereiche aufgewachsen. Auf der einen Seite der Geist, das Mentale, das Psychische und – völlig verschieden – auf der anderen Seite das Körperliche und Physische. Derart vorgeprägt, bemüht man sich dann, das Verhältnis der beiden Sphären aufzuklären, sei es zum Beispiel in Form irgendwelcher Wechselwirkungen oder sei es, daß man vom Dualismus aus sekundär einen Monismus wiederherstellen will. Mit der Behinderung durch diese ontologische Vorprägung haben alle zu kämpfen, auch wenn sie offiziell behaupten, sich vom Substantialismus und überhaupt von jeder Metaphysik verabschiedet zu haben. Schon die Sprache zieht uns immer wieder in die alten Kategorien zurück – so wie es uns schwer fällt, eine geschlechtsneutrale Grammatik zu etablieren.

Nun gibt es einen Wissenschaftsbereich, die Physik und einiges darum herum, der sich bisher fast ausschließlich mit dem beschäftigt hat, was wir gewohnheitsmäßig als das Physische bezeichnen, und dies auch noch mit größtem Erfolg. Also wird das anscheinend so klar vom Geistigen unterscheidbare Physische auch schnell mit dem „Physikalischen" gleichgesetzt. Und gleich im nächsten Schritt ist das Mentale als das Nichtphysikalische definiert. Nach diesem Vorgehen ist per definitionem das Mentale nicht auf das Physikalische reduzierbar, oder alles wäre physikalisch. Besser wäre es, das Mentale unabhängig vom Physikalischen zu definieren. Dies gelingt meines Wissens nur enumerativ: dazu gehören Gedanken, Vorstellungen, Meinungen, Absichten, Erwartungen, Wünsche, Gefühle und Empfindungen, Heiterkeit und Melancholie, Freude und Haß, Lust und Schmerz etc. Auch beim Physikalischen bräuchte man eigentlich eine Definition, die sich nicht einfach auf die Physik bezieht; denn welche Physik soll gemeint sein? Diejenige des jetzigen Zeitpunktes oder diejenige eines bestimmten Jahres?

Im ersten Fall wird der Begriff in unerwünschter Weise historisch veränderlich. Ein bestimmtes Jahr zu wählen, ist auch nicht sinnvoll; denn manches, was für uns heute physikalisch ist, wäre es nach dieser Definition doch nicht, und umgekehrt. Die Physik war stets in Veränderung und im Umbau, auch wenn die Menschen immer wieder geglaubt haben, das Wesentliche wäre erledigt. So wird es auch weitergehen.

Schieben wir vorübergehend das Definitionsproblem beiseite und beziehen wir den Begriff „physikalisch" auf die heutige disziplinäre Physik, vielleicht einschließlich Chemie und Physiologie. Auf der Basis einer solchen Sprachregelung hat sich ein Teil der heutigen Teilnehmer an der Geist-Gehirn-Debatte darauf verständigt, daß es keine mentalen Dinge gibt: auch der Geist ist kein Ding. Damit ist *per definitionem* ein gewisser Vorrang des Physikalischen geschaffen: Das Physikalische ist irgendwie elementarer als das Mentale; denn es gibt nichts Mentales ohne Physikalisches.

Einige Dinge dieser Welt haben freilich Eigenschaften, die nicht physikalisch sind, da die heutige Physik sie gar nicht kennt, und die man im allgemeinen Sprachgebrauch „mentale Eigenschaften" nennt. Man kommt dann zu der Frage: sind diese mentalen Eigenschaften nicht aus den physikalischen ableitbar, ist das Mentale nicht auf das Physikalische zu reduzieren? Die in den Einzelheiten unterschiedlich ausgearbeiteten *positiven* Antworten auf diese Frage ergeben die gegenwärtigen reduktionistischen „Physikalismen" der Geist-Gehirn-Debatte.

Wie stehen diese zum Programm der Mikroreduktion? In zwei Hinsichten passen sie nicht so ganz in das Programm. Zum einen, weil es keine mentalen Dinge gibt. Denn im Mikroreduktions-Programm gibt es auf jeder Schicht typische Objekte, die aus den Objekten der tieferen Schicht bestehen. Dieses Verhältnis des Zusammengesetztseins der einen Objekte aus den anderen ist ein Teil der Begriffsreduktion, der bei der Geist-Gehirn-Reduktion fehlt.

Zum anderen fehlt beim Geist-Gehirn-Problem auf der höheren Schicht die hinreichend elaborierte Theorie, die man eigentlich bräuchte, um eine Reduktion als Beziehung zwischen Theorien zu etablieren. Auf der tieferen Schicht hingegen hat man eine Theorie, nachdem man schon vor Eintritt in die Debatte Physisches mit Physikalischem gleichgesetzt hat; es ist die Physik (stillschweigend angereichert um einige Nachbarwissenschaften wie die Chemie, im Mikroreduktions-Programm ohnedies als auf die Physik reduzierbar angesehen).

Ich habe diese beiden Defizite bezüglich einer strengen Auffassung von Mikroreduktion benannt, halte sie aber nicht für einen wesentlichen Punkt in der Debatte. Es geht dann eben nicht um die Reduktion einer umfassenden Theorie des Mentalen (die wir nicht haben), sondern um die Reduktion der verschiedenen, oben aufgezählten mentalen Phänomene, genauer gesagt um ihre Erklärung. Die Frage ist: Wie sind die mentalen Eigenschaften, die wir bei der Beschreibung dieser Phänomene benutzen, physikalisch zu erklären? Dies ist vergleichbar mit der früher geschilderten Problematik bezüglich der Turbulenz, wo es um die Frage geht, wie die Phänomene der Turbulenz auf einer tieferen Ebene zu erklären sind, z.B. als bestimmte Lösungen der Navier-Stokes-Gleichungen. Sind solche Erklärungen gelungen, ist gleichsam die Situation hergestellt, die nach erfolgreicher Reduktion auch im vollen Mikroreduktions-Programm besteht, dadurch daß eine Theorie der höheren Schicht im Prinzip überflüssig gemacht wurde.

Man kann also – abgesehen von relativ unwichtigen Einschränkungen – sagen, daß die gegenwärtigen reduktionistischen Geist-Gehirn-Physikalismen als ein Teil des Mikroreduktions-Programms angesehen werden können. Ich beziehe hier auch die Supervenienztheorie mit ein (siehe dazu Kim 1998). Von Supervenienz wird gesprochen, wenn eine mentale Eigenschaft zwar auf verschiedene Weisen physikalisch instantiiert oder realisiert sein kann, aber stets nach einem gesetzmäßigen Zusammenhang, der die mentale Eigenschaft aus den physikalischen Eigenschaften *alleine* vorhersagen kann, was gleichzeitig heißt, daß die mentale Eigenschaft durch die physikalischen Eigenschaften mittels des gesetzmäßigen Zusammenhangs erklärt ist. Daß Kim die Supervenienztheorie als nichtreduktionistisch bezeichnet, resultiert aus der von ihm zugrunde gelegten sehr engen Auffassung von Brückenprinzipien als Bikonditionalen. Solches aber wird bei den innerphysikalischen Reduktionen keineswegs gefordert. Eine elektrische Polarisation P (verbunden mit dem entsprechenden Unterschied zwischen elektrischer Feldstärke E und elektrischer Verschiebung D) kann mikroskopisch auf ganz verschiedene Weisen instantiiert sein. Wenn die mikroskopische Theorie für alle diese Fälle die Entstehung makroskopischer Polarisation erklären kann, ist die Reduktion gelungen.

Wie das gesamte Mikroreduktions-Programm sind auch die gegenwärtigen reduktionistischen Geist-Gehirn-Physikalismen nur Programm. Es käme, wie beim oben zitierten „fat man", darauf an, die Reduktion wirklich durchzuführen, das heißt in einer hinreichend großen Zahl von Fällen mentale Eigenschaften zu erklären, und zwar mit Hilfe *bekannter* physikalischer Gesetze und einiger zusätzlicher gesetzmäßiger Zusammenhänge als Brückenprinzipien. Gesetzmäßigkeit verlangt dabei auch für die Brückenprinzipien eine gewisse Universalität, das heißt, man darf nicht für jeden Einzelfall ein an diesen angepaßtes Brückenprinzip erfinden. Gemäß dem Stand unserer experimentellen Forschung bietet sich als erklärende physikalische Ebene die Neurophysiologie an mit ihrem gewaltigen Wissen über die Struktur von Neuronen, den in ihnen ablaufenden Prozessen, sowie den elektrischen und chemischen Wechselwirkungen zwischen Neuronen und den daraus resultierenden Netzwerkprozessen. In mathematischer Hinsicht ist dies alles hochgradig nichtlinear mit der bereits in Kap. 3 für die engere Physik konstatierten Konsequenz, daß für alle absehbare Zeit eine Überprüfung der Reduktionshypothese völlig ausgeschlossen ist. Wir werden also nie wissen, ob eine solche Hypothese recht hat oder nicht. Auch philosophischer Disput wird die Frage nicht entscheiden.

Ich habe mich weiter oben vorübergehend auf die Frage eingelassen: Sind die mentalen Eigenschaften nicht aus den physikalischen ableitbar? Dabei konnte „physikalisch" nicht anders als mit Bezug auf die heute existierende Physik gemeint sein. Das Ergebnis der Diskussion der letzten Seiten ist: Die Frage ist nicht entscheidbar. Gehen wir aber nun wieder zurück zu den Überlegungen vom Anfang dieses Kapitels, kommen wir nicht umhin, von dieser Frage überhaupt Abstand zu nehmen. Welchen Sinn macht es denn, sich auf die heutige disziplinäre Physik zu beziehen?

Deshalb sollte man diese Art von „Physikalismus" beiseite legen und nach anderen, fruchtbareren Strategien Ausschau halten. Dabei kann eine kognitive Neurowissenschaft durchaus von der Physik lernen. Ich habe am Ende von Kap. 3 von der Physik als Patchwork oder Flickenteppich gesprochen. Es wird auf allen Ebenen gearbeitet. Begriffe höherer Ebenen werden nicht eliminiert, sie sind auf ihrer jeweiligen Ebene gesetzmäßig verbunden, aber es werden auch Regelhaltigkeiten, Gesetzmäßigkeiten formuliert und erfolgreich eingesetzt, die Begriffe verschiedener Ebenen, verschiedener Bereiche enthalten. Die Theoriestücke und Bereichstheorien sind auch nicht wie ein flächendeckendes Mosaik angeordnet, sondern liegen teilweise übereinander, es gibt übergreifende Theoriestücke. Ein Beispiel gibt die in Kap. 4 skizzierte Situation in der statistischen Thermodynamik.

Diese Patchwork-Struktur endet nicht an den Grenzen einer disziplinär (und damit auch noch zeitabhängig) definierten Physik, sondern setzt sich stetig in die (jeweils) benachbarten Disziplinen hinein fort. Vom Gesichtspunkt dieser Struktur aus gibt es keine erkennbare Grenze (nicht zu einer bestimmten Zeit, und schon gar nicht in historischer Konstanz). Es verschwindet die Frage nach der Reduzierbarkeit der Nachbardisziplinen auf eine disziplinäre Physik und es erübrigt sich das Nachdenken über alle „Physikalismen" der bisher besprochenen Art.

Auch Teile der Psychologie sind bereits in das Patchwork eingebunden und es wird daran gearbeitet, die kognitive Neurobiologie Zug um Zug anzubinden (vgl. Roth 1999, in diesem Band). Dabei brauchen psychische und mentale Begriffe wie Aufmerksamkeit, Erwartung, Erstaunen, Erregung, Lust und Schmerz, Appetenz und Aversion nicht eliminiert zu werden. Selbst nach den neuronalen Korrelaten des Bewußtseins kann geforscht werden (siehe Haynes et al. 1998). Neuromentale Theoriestücke sind am Entstehen, z.B. auf der formalen Basis neuronaler Netzwerke, in die Begriffe der zellulären Neurobiologie, globale Begriffe aus dem Bereich der bildgebenden Verfahren und psychologische Begriffe eingebaut sind.

Dem Patchwork zugrunde liegt eine gemeinsame Methodologie, die sich von der historischen Physik aus in die Nachbarwissenschaften ausgebreitet hat. Deshalb habe ich sie zusammen mit Gerhard Roth (siehe Roth und Schwegler 1995, Schwegler 1998) „nichtreduktionistischen Physikalismus" genannt. Es heißt Wissenschaft „more physico" zu betreiben. Verschiedene empirische Zugänge werden gleichermaßen ernst genommen und zunächst in Bereichstheorien erfaßt, die dann auf vielfältige Weise weiter miteinander verbunden werden. Man könnte von einem Aspektpluralismus reden in starker Verallgemeinerung des in der Geist-Gehirn-Debatte diskutierten Aspektdualismus (Pauen 1996).

Dabei wird das Einheitsstreben, das üblicherweise als Argument für den Reduktionismus ins Feld geführt wird, keineswegs aufgegeben. Aber es handelt sich um eine Einheit in der Vielheit. Das Netz der Regeln und Gesetze ist dabei so zu gestalten, daß ein widerspruchsfreies Argumentieren und Deduzieren möglich ist, aber eben nicht ausschließlich von einer einzigen fundamentalen Schicht aus nach oben, sondern sozusagen überall in alle Richtungen. Wir können sogar im Geiste von Otto Neuraths Einheitswissenschaft (1938) als forschungsleitende Utopie das Ziel eines alles umfassenden Theoriekörpers formulieren, haben dabei aber nicht zu übersehen, daß wir immer nur auf dem Wege sind.

6. Literatur

Beckermann, A. (1996) Eigenschafts-Physikalismus. Zeitschrift für philosophische Forschung 50: 3–25.

Carrier, M. (1995) Reduktion. In: Mittelstraß, J. (Hg.) Enzyklopädie Philosophie und Wissenschaftstheorie, Bd. 3, 516–520. Stuttgart Weimar: Metzler.

Haynes, J.D., Roth, G., Schwegler, H., Stadler, M. (1998) Die funktionale Rolle des bewußt Erlebten. Gestalt Theory 20: 186–213.

Jorda, S. (1998) Teleportation: Fernübertragung à la Quantenmechanik. Phys. Bl. 54: 114.

Kemeny, J.G., Oppenheim, P. (1956) On Reduction. Philosophical Studies 7: 6–19.

Kim, J. (1998) Philosophie des Geistes. Springer: Wien New York.

Krüger, L. (1989) Reduction without Reductionism. In: Brown, J.R. and Mittelstraß, J. (Hg.) An Intimate Relation, 369–390. Boston: Kluwer.

Leggett, A.J. (1992) On the Nature of Research in Condensed-State Physics. Found. Physics 22: 221–233.

Maudlin, T. (1994) Quantum Non-Locality and Relativity. Oxford Cambridge MA: Blackwell.

Nagel, E. (1949) The Meaning of Reduction in the Natural Sciences. In: Stauffer, R.C. (Hg.) Science and Civilization, Madison: Univ. of Wisconsin Press.

Neurath, O. (1938) „Die neue Enzyklopädie". Einheitswissenschaft 6: 6–16. Nachgedruckt in: Hegselmann, R. (Hg.) Wissenschaftliche Weltauffassung, Sozialismus und Logischer Empirismus, Frankfurt: Suhrkamp 1979.

Oppenheim, P., Putnam, H. (1958) Unity of Science as a Working Hypothesis. In: Feigl, H., Scriven, M., and Maxwell, G. (Hg.) Concepts, Theories and the Mind-Body-Problem. Minnesota Studies in the Philosophy of Sciences, vol. 2. Minneapolis: University of Minneapolis Press. Deutsche Übersetzung von V. Scholten in: Krüger, L. (Hg.) Erkenntnisprobleme der Naturwissenschaften, Köln und Berlin: Kiepenheuer und Witsch 1970.

Pauen, M. (1996) Mythen des Materialismus. Die Eliminationstheorie und das Problem der psychophysischen Identität. Dtsch. Z. Philos. 44: 77–99.

Primas, H. (1985) Kann Chemie auf Physik reduziert werden? Chemie in unserer Zeit 19: 109–119 und 160–166.

Roth, G. (1999) Die biologischen Grundlagen von Geist und Bewußtsein. In diesem Band.

Roth, G., Schwegler, H. (1995) Das Geist-Gehirn-Problem aus der Sicht der Hirnforschung und eines nicht-reduktionistischen Physikalismus. Ethik und Sozialwissenschaften 6: 69–156.

Scheibe, E. (1997) Die Reduktion physikalischer Theorien. Teil I: Grundlagen und elementare Theorie. Berlin Heidelberg New York: Springer.

Scheibe, E. (1999) Die Reduktion physikalischer Theorien. Teil II: Inkommensurabilität und Grenzfallreduktion. Berlin Heidelberg New York: Springer.

Scheffler, I. (1965) Comments. In: Cohen, R.S., and Wartofsky, M.W. (Hg.) Boston Studies in the Philosophy of Science, Vol.2, 77–80. New York.

Schwegler, H. (1998) The plurality of systems, and the unity of the world. In: Altmann, G., and Koch, W.A. (Hg.) Systems – New Paradigms. for the Human Sciences, Berlin New York: de Gruyter.

Stöckler, M. (1999) Reduktion/Reduktionismus. In: Sandkühler, H. J. (Hg.) Enzyklopädie Philosophie, Hamburg: Felix Meiner.

Stöckler, M. (1992) Plädoyer für einen pragmatisch eingeschränkten Reduktionismus. In: Deppert, W., Kliemt, H., Lohff, B., und Schäfer, J. (Hg.) Wissenschaftstheorie in der Medizin, 157–183. Berlin New York: de Gruyter.

Michael Pauen

Grundprobleme der Philosophie des Geistes und die Neurowissenschaften

1. Einleitung

Die Philosophie hat bislang nicht sehr viel Glück gehabt, wenn sie sich mit den Fragen eingelassen hat, die auch die empirischen Wissenschaften beschäftigten: Die Naturphilosophie ist zu großen Teilen durch die Physik ersetzt worden, die rationale Psychologie durch die empirische Psychologie, und so könnte man vermuten, daß auch die Philosophie des Geistes früher oder später durch die Neuro- und Kognitionswissenschaften verdrängt werden wird. Hier wie in den anderen genannten Fällen mag die Philosophie den empirischen Wissenschaften den Weg ebnen, sie mag sogar mit ihren Fragen, ihren methodischen Überlegungen und ihren begrifflichen Präzisierungen eine Weile selbst diese Entwicklung fördern, doch es scheint, als wären die eigentlichen Antworten und die wirklich wichtigen Lösungsansätze nicht von den Philosophen, sondern von den Wissenschaftlern zu erwarten. Zuweilen entsteht sogar der Eindruck, als würde die Philosophie die Entwicklung mit müßigen Spekulationen und bloßen Scheinproblemen hemmen: Überlegungen darüber, wie es ist, eine Fledermaus zu sein (Nagel 1974), Gedankenexperimente über invertierte Farbspektren (Palmer 1999, Hardin 1987, 1990, 1997) oder Behauptungen über die Existenz eines unergründlichen ‚Rätsels des Bewußtseins' (Levine 1983, Chalmers 1996a, 1996b) scheinen den Fortschritt bei der Erklärung von Gehirn und Bewußtsein eher zu behindern, als daß sie einen produktiven Beitrag leisten würden.

Ich möchte im folgenden zeigen, daß eine solche Einschätzung der Rolle der Philosophie des Geistes nicht gerecht wird.

Dabei möchte ich mich auf drei Beispiele konzentrieren. Das erste Beispiel betrifft die Interpretation empirischer Erkenntnisse. Selbst perfekte Korrelationen von mentalen und neuronalen Prozessen jeweils eines Typs scheinen nämlich ganz gegensätzliche Interpretationen zu erlauben. Ich möchte zeigen, daß die Philosophie helfen kann, die dadurch entstehenden Unklarheiten zu beseitigen: Eine der drei wichtigsten Varianten kann nämlich durch theoretische Überlegungen zurückgewiesen werden, zwischen den beiden anderen, so wird sich herausstellen, kann auf der Basis weiterer empirischer Erkenntnisse entschieden werden.

Das zweite Problem ergibt sich direkt aus dem interdisziplinären Charakter des Versuches, Geist und Bewußtsein zu erforschen. Ausgangspunkt ist die Überlegung, daß auch eine vollständige neurobiologische Theorie über die elektrochemischen Aktivitäten von Nervenzellen offenbar noch nicht erklären kann, warum diese Aktivität in bestimmten Fällen mit Bewußtsein verbunden ist. Dies hätte zur Folge, daß die Neuro- und Kognitionswissenschaften ausgerechnet in einer zentralen Frage eine unüberwindliche „Erklärungslücke" akzeptieren müßten. Ich möchte im folgenden zeigen, daß philosophische Überlegungen sowohl bei der Problemanalyse wie auch bei der Entwicklung von Lösungsstrategien eine wichtige Rolle spielen können.

Schließlich stellt sich drittens die Frage nach den Konsequenzen der Erkenntnisse der Neuro- und Kognitionswissenschaften für das menschliche Selbstverständnis. Hier wird zu untersuchen sein, inwieweit eine Erkenntnis der neuronalen Mechanismen unser Selbstverständnis als verantwortlich handelnder Subjekte in Frage stellen kann. Wird also die Realität des Bewußtseins gefährdet, wenn wir die neuronalen Prozesse kennen, die dem Bewußtsein zugrunde liegen? Kann man noch von einem einheitlichen Ich sprechen, wenn wir die Vielzahl der Mechanismen verstehen, aus denen unser Selbstbewußtsein hervorgeht? Kann man schließlich eine Person für ihre Handlungen verantwortlich machen, wenn diese Handlungen auf neuronale Prozesse zurückgehen, die durch Naturgesetze determiniert werden?

Selbstverständlich kann es hier genausowenig wie bei den anderen Beispielen darum gehen, mit fertigen Lösungsvorschlägen aufzuwarten. Ich möchte jedoch mögliche Antworten erörtern, wobei die Rolle philosophischer Überlegungen im Mittelpunkt stehen wird. Unnötig dürfte auch die Bemerkung sein, daß es hier nur um Beispiele für die Probleme gehen kann, mit denen sich die Philosophie des Geistes in der Gegenwart befaßt. Dennoch handelt es sich um exemplarische Fragestellungen, die einen ersten Überblick über die Bedeutung philosophischer Überlegungen für die Erforschung des Bewußtseins geben können.

2. Grundfragen

Ein relativ großer Teil der neurobiologischen Forschung konzentriert sich auf die Entdeckung möglichst stabiler und spezifischer Korrelationen zwischen neuronaler Aktivität und Bewußtseinsprozessen. Die jüngsten Fortschritte bei den sogenannten bildgebenden Verfahren haben hier wesentlich genauere Einblicke ermöglicht. Weitere Fortschritte sind von einer Verbesserung der Verfahren selbst, aber auch von einer Kombination unterschiedlicher Ansätze zu erwarten, durch die die Stärken dieser Methoden, etwa die vergleichsweise gute räumliche Auflösung von fMRI und PET und die gute zeitliche Auflösung von MEG und EEG, miteinander kombiniert werden können (Barinaga 1997, Posner & Raichle 1996). Erfolgversprechend ist auch die Messung der Aktivität einzelner Neuronen sowie die Nutzung von besonderen Umständen, die eine sehr genaue Unterscheidung zwischen bewußter und unbewußter Wahrnehmung erlauben, wie dies etwa bei dem sogenannten Hysterese-Phänomen der Fall ist (Kleinschmidt 2000)

Soweit es um den konkreten Zusammenhang von Gehirn und Bewußtsein geht, stoßen all diese Methoden jedoch an eine prinzipielle Grenze: Auch die genauesten Korrelationen zwischen einem gewissen Bewußtseins**zustand**, beispielsweise einem eindeutig beschriebenen Typ von Schmerzerfahrungen, und der Aktivität bestimmter Neuronenpopulationen, sagen wir im vorderen Teil des Gyrus cinguli und im somatosensorischen Kortex,[1] würde immer noch unterschiedliche Interpretationen offenlassen – selbst dann, wenn die neuronale Aktivität einschließlich der relevanten Neurotransmitter und Neuromodulatoren bis hinab zur Molekülebene genauestens beschrieben worden wäre: Zum einen läge der Gedanke nahe, daß wir es hier tatsächlich nur mit *einem einzigen* Vorgang zu tun hätten, daß mentale und neuronale Aktivität also miteinander *identisch* wären. Zweitens wäre es aber auch möglich, daß die Korrelation eine Gesetzmäßigkeit indiziert, die *zwei unterschiedliche* Aktivitäten miteinander verbindet, so wie etwa der Stromfluß durch eine Spule in einer gesetzmäßigen Beziehung zu dem dadurch entstehenden magnetischen Feld steht. Die neuronale Aktivität wäre die Basis der mentalen Prozesse, die ihrerseits wiederum Einfluß auf das weitere Geschehen auf der neuronalen Ebene nehmen könnten. Es bestünde also eine Interaktion zwischen mentalen und neuronalen Prozessen; Schmerzen würden durch ein bestimmtes Muster neuronaler Aktivität entstehen, gleichzeitig könnte das mentale Phänomen Schmerz seinerseits die Ursache einer bestimmten Handlung sein, mit der der schmerzempfindende Organismus auf seine Situation reagiert. Schließlich wäre es drittens denkbar, daß die mentale Aktivität nur als eine zusätzliche, ihrerseits jedoch wirkungslose *Eigenschaft* neuronaler Prozesse aufgefaßt wird: Relevant für die Steuerung des Verhaltens wären also allein die neuronalen Prozesse; diese besäßen zusätzlich noch einen ‚Erlebnisaspekt', der aber keinerlei Einfluß auf das neuronale Geschehen hätte.

Offenbar ist diese Situation unbefriedigend: Natürlich möchten wir wissen, ob wir mit unserer neurobiologischen Beschreibung gleichzeitig auch die mentalen Prozesse erfaßt haben oder ob diese Prozesse ein zusätzliches Phänomen darstellen, das möglicherweise einen ganz eigenständigen Einfluß auf die neuronalen Prozesse ausübt. Außerdem wollen wir nicht nur etwas über die ‚neuronale Basis' mentaler Phänomene wissen, sondern wir wollen *diese Phänomene selbst* erforschen.

---

[1] cf. Rainville et al. 1997, Cross 1994.

Es fragt sich daher, ob die Philosophie etwas dazu beitragen kann, eine Entscheidung zwischen den genannten Interpretationsalternativen zu erleichtern. Immerhin sind alle drei Positionen intensiv in der Philosophie des Geistes diskutiert worden. Die zuerst genannte, monistische Interpretation entspricht der klassischen *Identitätstheorie*, die zweite Interpretation ist die des *interaktionistischen Dualismus,* und die zuletzt genannte Option wird im allgemeinen unter dem Titel *Eigenschaftsdualismus* verhandelt.

Beginnen wir mit dem *Eigenschaftsdualismus*. Wie erwähnt, interpretiert diese Position die eingangs genannte psychophysische Korrelation als das Produkt einer gesetzmäßigen Verbindung zwischen einer neuronalen und einer mentalen Eigenschaft, die jedoch ihrerseits kausal nicht wirksam sein soll. Attraktiv erscheint der Eigenschaftsdualismus nicht zuletzt deshalb, weil er die Eigenständigkeit mentaler Prozesse wahrt, ohne gleichzeitig Behauptungen über die Existenz von geistigen Substanzen zu machen. Anders als der interaktionistische Dualismus umgeht er außerdem das Problem, wie denn mentale Prozesse Einfluß auf physische Vorgänge nehmen können.[2]

Bei näherer Betrachtung werden hier allerdings gravierende Probleme erkennbar. Die Ablehnung psychophysischer Interaktionen hat nämlich zur Folge, daß mentale Prozesse aus der Sicht des Eigenschaftsdualisten nicht zu den Ursachen für physische Prozesse und damit auch nicht zu den Ursachen eines bestimmten Verhaltens gehören können. Konkret bedeutet dies nicht nur, daß meine Schmerzen nicht unter den Ursachen dafür sind, daß ich ein bestimmtes Schmerzverhalten zeige, genausowenig wären sie dafür verantwortlich, daß ich über meine Schmerzen spreche, ja, daß ich mich an sie erinnere: In all diesen Fällen sind physische Prozesse wie die Bewegung von Muskeln, die Aktivität von Neuronen in den Sprachzen-

---

[2] Ein Beispiel für eine eigenschaftsdualistische Position bietet Chalmers 1996a; Diskussionen dieser Position u.a. bei Bieri 1992b und Pauen 2000a. Dort auch eine ausführlichere Darstellung der hier vertretenen Argumentation.

tren oder aber die Anlage von Gedächtnisspuren involviert, doch keiner dieser Prozesse kann von den kausal unwirksamen mentalen Eigenschaften abhängig sein.

Würde das genannte neuronale Aktivitätsmuster aus welchen Gründen auch immer einmal auftreten, *ohne* von Schmerzerfahrungen begleitet zu sein, dann dürfte sich dies im Verhalten der Versuchspersonen in keiner Weise niederschlagen, schließlich wird dieses lediglich von physischen, insbesondere neuronalen Prozessen bestimmt. Problematischer noch dürfte die Tatsache sein, daß auch wir selbst es im Rückblick nicht bemerken würden, sollte die neuronale Aktivität einmal in der Abwesenheit von Schmerzen auftreten: Da die mentalen Phänomene kausal unwirksam sind, hängen die Gedächtnisspuren jenes Ereignisses allein von der neuronalen Aktivität ab. Da diese sich nicht verändert hat, wird sich die Gedächtnisspur nicht von der gewöhnlicher Schmerzereignisse unterscheiden; wir würden also meinen, daß wir die Schmerzen tatsächlich gespürt hätten. Der Eigenschaftsdualist kann somit niemals sicher sein, daß er die mentalen Zustände, an die er sich zu erinnern meint, tatsächlich erfahren hat. Offenbar führt seine Theorie also zu abwegigen Konsequenzen.

Aus diesen Überlegungen ergeben sich zwei Folgerungen: Zum einen kann der Eigenschaftsdualismus nicht als annehmbare Interpretation der eingangs skizzierten empirischen Beobachtungen betrachtet werden. Es wäre also nicht sinnvoll, stabile Korrelationen von Schmerzerfahrungen und neuronaler Aktivität im Gyrus cinguli und im somatosensorischen Kortex so zu interpretieren, als hätten wir es hier mit einer neuronalen Aktivität zu tun, die zusätzlich noch einen mentalen ‚Erlebnisaspekt' hätte. Grundsätzlich wird man zweitens zu dem Ergebnis kommen, daß eine sinnvolle Interpretation empirischer Ergebnisse in den Neuro- und Kognitionswissenschaften von der Annahme ausgehen muß, daß auch mentale Prozesse kausal wirksam sind: Nur so läßt sich gewährleisten, daß sie überhaupt in empirischen Untersuchungen erfaßt werden können. Diese Forderung wird nicht durch den Eigenschaftsdualismus, wohl aber durch die beiden anderen Ansätze erfüllt, also durch die Identitätstheorie und den interaktionistischen Dualismus.

Der *interaktionistische Dualismus* trifft wie der Eigenschaftsdualismus eine Unterscheidung zwischen neuronalen und mentalen Phänomenen; anders als der Eigenschaftsdualismus geht er jedoch von einer Wechselwirkung zwischen beiden Ebenen aus. Im Gegensatz zu einer weitverbreiteten Auffassung muß ein Dualist allerdings nicht die Existenz geheimnisvoller geistiger Substanzen postulieren, verträglich mit seiner Position ist auch die Behauptung, Bewußtseinsprozesse seien eine besondere Art physischer Phänomene, solange *diese* Art physischer Prozesse von den gleichzeitig stattfindenden neuronalen Prozessen unterschieden wird.

Mit ihrem Postulat einer psychophysischen Interaktion entgeht diese Position auch den Problemen des Eigenschaftsdualismus; sie kann also der nur schwer überwindbaren Vorstellung gerecht werden, daß unsere bewußten Entscheidungen unter den Ursachen für unsere Handlungen und unsere Empfindungen unter den Ursachen für unsere Äußerungen über diese Empfindungen sind. Offensichtlich wäre es allerdings nur dann gerechtfertigt, von einer *Interaktion* zwischen mentalen und neuronalen Phänomenen zu sprechen, wenn wir konkrete empirische Belege für eine solche Wechselwirkung hätten. Solche Belege wären insbesondere dort zu erwarten, wo wir mentale Phänomene für ein bestimmtes Verhalten verantwortlich machen, beispielsweise dann, wenn wir aufgrund einer bewußt vollzogenen Willensentscheidung unsere Hand heben.[3]

Der Dualist müßte in diesem Falle erwarten, daß sich die zugrundeliegenden neuronalen Prozesse nicht allein auf neurobiologischer Basis erklären lassen. Dies würde selbstverständlich auch für die physikalistischen Varianten des Dualismus gelten: Gerade dann, wenn man mentale Ereignisse als physische Phänomene versteht, wird man erwarten, daß sie Einfluß auf die neuronalen Prozesse nehmen. Selbstverständlich kann auch der Dualismus stabile psychophysische Korrelationen akzeptieren;[4] doch irgendwo in der Kette zwischen

[3] Einen Vorschlag für ein anderes Experiment macht Libet 1994.

[4] cf. hierzu Carrier & Mittelstraß 1989.

Reiz und Reaktion müßte etwas passieren, das nicht mehr auf der Basis neurobiologischer Erkenntnisse zu erklären wäre, sondern den Rückgriff auf die Willensentscheidung erforderte. Es müßte also innerhalb dieser Kette einen Schritt geben, der auch bei völlig identischen neuronalen Bedingungen anders ausgefallen wäre, sofern es eine andere Willensentscheidung gegeben hätte. Diese Forderung muß der Dualist übrigens unabhängig von seinen Ansichten zum Problem der Willensfreiheit aufstellen: Die bewußte Willensentscheidung muß kausal wirksam sein; dabei kann sie jedoch ihrerseits durch vorangehende mentale oder neuronale Ereignisse determiniert sein. Wenn sich eine solche psychophysische Interaktion nachweisen ließe, dann würde dies den interaktionistischen Dualismus stützen. Erwiese sich ein solcher Nachweis als unmöglich, dann würde dies gegen diese Option sprechen.

Gegenwärtig ist eine endgültige Antwort selbstverständlich noch nicht möglich; immerhin haben sich in den bislang vorliegenden Arbeiten noch keine Hinweise auf eine solche Interaktion gefunden. Wichtiger noch dürfte sein, daß vorliegende Studien zum Ablauf bewußter Entscheidungen gegen die Annahme sprechen, daß die relevanten neuronalen Prozesse von mentalen Willensakten abhängig sind. So hat insbesondere Benjamin Libet (1985) Belege für die Annahme gebracht, daß zumindest bei sehr einfachen Bewegungen das Bewußtsein, eine Entscheidung getroffen zu haben, erst einsetzt, *nachdem* die Bewegung auf der neuronalen Ebene bereits durch den Aufbau eines sogenannten „Bereitschaftspotentials“ im motorischen Kortex eingeleitet worden ist. Sollten sich Libets Resultate, die kürzlich prinzipiell bestätigt worden sind (Haggard & Eimer 1999), auch weiterhin als haltbar erweisen, dann müßten wir zu dem Schluß kommen, daß Handlungen nicht durch die auf sie bezogenen bewußten Willensakte gesteuert werden. Ausgerechnet in einem paradigmatischen Fall ließe sich also die vom Dualismus postulierte psychophysische Interaktion *nicht* nachweisen. Käme man auch in anderen paradigmatischen Fällen zu ähnlichen Ergebnissen, so würde dies entschieden gegen den interaktionistischen Dualismus sprechen.

Doch was ist mit der dritten Alternative, also der Annahme, daß stabile Korrelationen als Indizien für die *Identität* mentaler und neuronaler Prozesse gewertet werden können? Zunächst ist unklar, was es bedeutet, wenn man behauptet, daß zwei Prozesse miteinander identisch sein sollen, geschweige denn zwei Prozesse, die sich so massiv voneinander unterscheiden, wie es Bewußtsein und die Aktivität von einfachen Nervenzellen nun einmal tun.[5] Kann man also auch die Identitätsbehauptung als eine wenig sinnvolle Alternative zurückweisen, so wie dies oben mit dem Eigenschaftsdualismus geschah?

Um diese Frage zu beantworten, verdeutlicht man sich am besten, wie wir Identitätsbehauptungen im Alltag gebrauchen. Um solche Behauptungen geht es, wenn wir in einer Person, die wir gerade getroffen haben, einen Schulkameraden erkennen, den wir seit zehn Jahren nicht mehr gesehen haben. Wir sagen dann, daß die Person *identisch* mit unserem Schulkameraden ist. Ähnliche Probleme treten auf, wenn wir nach dem Verhältnis von Samuel Clemens zu Mark Twain[6] fragen oder wenn wir eine Melodie hören und dann in dem vor uns spielenden Orchester nach dem zugehörigen Instrument suchen. Finden wir das Instrument, dann können wir sagen, es sei *identisch* ist mit demjenigen, das die Melodie spielt. Identitätsbehauptungen spielen also offenbar in solchen Fällen eine besondere Rolle, wo wir zwei unterschiedliche Beschreibungen oder Zugänge haben und dann erkennen, daß sich beide nur auf *ein* Objekt oder *ein* Ereignis beziehen. Der Fall des Musikinstrumentes zeigt überdies, daß die konkreten Wahrnehmungen oder Erfahrungen abhängig von den Zugängen recht unterschiedlich sein können, auch wenn sich beide auf *einen* Gegenstand oder *ein* Ereignis beziehen.

---

5 „Beiläufig gesprochen: Von *zwei* Dingen zu sagen, sie seien identisch, ist ein Unsinn, und von *einem* zu sagen, es sei identisch mit sich selbst, sagt gar nichts.“ Wittgenstein 1984, 62 (Tractatus logico-philosophicus 5.5303).

6 „Mark Twain“ war der Künstlername von Samuel Langhorne Clemens.

Es fällt nicht schwer, diese Überlegungen auf das Verhältnis von Gehirn und Bewußtsein zu übertragen. Immerhin haben wir es auch hier mit zwei unterschiedlichen Zugängen zu tun. Bewußtsein erfahren wir nur aus der Perspektive der ersten Person: Direkt zugänglich sind mir nur meine eigene Schmerzen, meine eigenen Gedanken und meine eigenen Wünsche. Im Gegensatz dazu ist das Gehirn ein aus der Perspektive der dritten Person zugänglicher Gegenstand wissenschaftlicher Auseinandersetzung wie eine Niere, ein Computer oder eine Braunsche Röhre. Wenn wir also die Identität von mentalen und neuronalen Prozessen behaupten, dann meinen wir, daß sich bestimmte neurobiologische Erkenntnisse auf den gleichen Vorgang bzw. die gleichen Eigenschaften beziehen wie gewisse Bewußtseinserfahrungen, die uns aus der Perspektive der ersten Person zugänglich sind.

Damit ist nur die *Bedeutung* von Identitätsbehauptungen geklärt, unklar bleibt aber, unter welchen Bedingungen es *berechtigt* ist, solche Behauptungen aufzustellen. Wenn Mark Twain identisch mit Samuel Clemens ist, dann muß er sich immer dort und nur dort aufgehalten haben, wo Samuel Clemens war: Insofern scheint es in der Tat gerechtfertigt, stabile und spezifische Korrelationen als Indiz für eine Identitätsbeziehung zu interpretieren. Alleine sind sie jedoch unzureichend; so könnte es sich bei Samuel Clemens etwa um einen Privatsekretär handeln, der sich stets am gleichen Ort aufgehalten hat wie Mark Twain. Notwendig ist also außerdem der Ausschluß von Alternativinterpretationen. Im Falle des Verhältnisses von Geist und Bewußtsein wäre der interaktionistische Dualismus eine solche Alternative; Einwände gegen diese Position würden also indirekt die Identitätsbehauptung stützen. Da die Identitätstheorie im Gegensatz zur interaktionistischen Variante des Dualismus keinen Einfluß autonomer[7] mentaler Prozesse auf neuronale Aktivität annimmt, kann die Entscheidung zwischen diesen beiden Positionen auf empirische Erkenntnisse zurückgreifen; sollte es keine Belege für ei-

---

[7] Gemeint sind damit mentale Prozesse, die – anders als es die Identitätstheorie annimmt – nicht gleichzeitig auch auf der physiologischen Ebene beschrieben werden können.

ne psychophysische Interaktion geben, dann spräche das *für* die Identitätsbehauptung.

In jedem Falle hätte diese Theorie eine ganze Reihe von Vorteilen. Wenn geistige Prozesse neuronale Ereignisse sind, dann sind sie selbstverständlich kraft dieser Identität auch in der Lage, andere physische Ereignisse zu beeinflussen.[8] Anders als bei der dualistischen Interaktionstheorie sind hier also keine komplizierten Annahmen über die Wechselwirkung zwischen neuronalen und mentalen Prozessen notwendig. Auch der Erklärungsaufwand scheint geringer zu sein: Wir müßten keine neuen mentalen Entitäten einführen, und es wäre unnötig, jenseits der neuronalen Ebene noch eine ganz andere Art von Prozessen, nämlich autonome mentale Prozesse einzuführen, die dann noch zusätzlich erklärt werden müßten. Dieser Vorteil bliebe auch gegenüber ‚physikalistischen' Varianten des Dualismus bestehen, schließlich wird auch hier eine ganz neue Art physischer Phänomene postuliert. Wenn umgekehrt mentale Prozesse neuronale Prozesse *sind,* dann sind Erklärungen bestimmter neuronaler Prozesse gleichzeitig auch Erklärungen der zugehörigen mentalen Vorgänge: Schließlich haben wir es hier jeweils nur mit *einem* einzigen Prozeß zu tun, den wir nur aus zwei verschiedenen Perspektiven beschreiben können.

Es scheint damit, als wären wir bei der Klärung des ursprünglichen Problems zumindest einen Schritt vorangekommen: Von den drei Interpretationsalternativen, die anfangs zur Verfügung standen, konnte eine, der Eigenschaftsdualismus, aufgrund theoretischer Überlegungen zurückgewiesen werden. Außerdem zeigte sich, daß zwischen den beiden anderen auf der Basis empirischer Befunde unterschieden werden kann: Sollte es nicht möglich sein, die von den Dualisten behauptete

---

[8] Der Unterschied zum interaktionistischen Dualismus sollte klar sein: Für die Identitätstheorie ist jedes mentale gleichzeitig ein neuronales Ereignis, die Wirkung eines mentalen Prozesses läßt sich daher immer auch in den korrepsondierenden physiologischen Kategorien beschreiben. Genau dies gilt für den interaktionistischen Dualismus *nicht:* Da mentale Ereignisse von neuronalen Prozessen unterschieden werden, schließt das Wirksamwerden eines mentalen Prozesses eine gleichzeitige neuronale Beschreibung aus.

Interaktion von mentalen und neuronalen Phänomenen nachzuweisen, dann würde dies entschieden für die Identitätstheorie sprechen.

3. Erklärung mentaler Zustände

Vorausgesetzt wird hier allerdings, daß nicht noch ganz neue Varianten ins Spiel gebracht werden und daß keine wichtigen theoretischen Einwände gegenüber einer der beiden verbliebenen Interpretationsvarianten erhoben werden können. Dies ist nun zumindest bei der Identitätstheorie leider der Fall. Es gibt hier in der Tat eine ganze Reihe von gravierenden Vorbehalten; am wichtigsten scheint mir dabei das sogenannte Erklärungslückenproblem zu sein. Zwar betrifft das Problem nicht ausschließlich die Identitätstheorie, allerdings wirft es für diesen Ansatz besonders gravierende Schwierigkeiten auf. Aufgetaucht ist dieses Problem übrigens nicht erst in den letzten Jahren, es wird vielmehr mit einem sehr instruktiven Gedankenexperiment bereits zu Beginn des achtzehnten Jahrhunderts in Leibniz' MONADOLOGIE (Leibniz 1979, urspr. 1714) erörtert, es steht im Mittelpunkt von Emil Dubois-Reymonds berühmtem IGNORABIMUS Aufsatz (Dubois-Reymond 1974, urspr. 1872), und in der Gegenwart wird es von Philosophen (Levine, Chalmers, Bieri, Beckermann, Kim) ebenso wie von Neurobiologen (Flohr 1993), Neuropsychologen (Rolls 1999, LeDoux 1996) und Psychologen (Windmann & Durstewitz 2000) erörtert. Ausgangspunkt ist dabei die Intuition, daß auch ein vollständiges Wissen über die neuronalen Prozesse im Gehirn nicht erklären würde, warum Bewußtsein entsteht, insbesondere scheint dabei offenzubleiben, warum Zustände des sogenannten ‚phänomenalen Bewußtseins' wie Schmerzen, Farbempfindungen oder Furchtzustände so erfahren werden, wie dies nun einmal der Fall ist. In diesem Sinne heißt es bei Colin McGinn:

> Wie können die Farben des phänomenalen Bewußtseins aus glitschiger, grauer Materie entstehen? Was unterscheidet das Organ, das wir als ‚Gehirn' bezeichnen, so

> radikal von allen anderen körperlichen Organen, z.B. den Nieren, also von jenen Organen, die noch nicht einmal eine Spur von Bewußtsein haben? Wie kann aus der Anhäufung von Millionen jeweils für sich genommen unbewußter Neuronen so etwas wie phänomenales Bewußtsein entstehen?[9]

Auf den ersten Blick erscheint die Frage tatsächlich unlösbar: Es ist einfach nicht zu erkennen, inwiefern Erkenntnisse über neuronale Prozesse uns weiterhelfen sollen, wenn wir etwas über die Entstehung des Bewußtseins und seiner spezifischen Qualitäten erfahren wollen. Wichtig ist dabei zunächst, daß wir es hier nicht mehr mit einem empirischen Problem zu tun haben, das etwa durch eine Erweiterung unseres neurobiologischen Wissens zu lösen wäre. Das Problem scheint vielmehr auch dann bestehen zu bleiben, wenn wir beliebig viel über die neuronalen Prozesse in unserem Gehirn wüßten.[10]

Tatsächlich können philosophische Überlegungen zu einer Lösung dieser Frage beitragen. Wenn ein Problem so rätselhaft erscheint, dann liegt der Verdacht nahe, die Frage sei falsch gestellt oder sie basiere auf sprachlichen oder inhaltlichen Verwirrungen. Genau dies, so möchte ich im folgenden zeigen, ist auch hier der Fall.

Dabei muß man allerdings die beiden oben beschriebenen Ansätze unterscheiden: Sollte sich der Dualismus als richtig herausstellen, dann geht Bewußtsein in einem gewissen Sinne aus neuronaler Aktivität hervor. Wir könnten dann z.B. fragen, warum jene neuronalen Prozesse im somatosensorischen Kortex und im Gyrus cinguli *überhaupt* Bewußtsein hervorbringen, und genauer, warum sie Schmerzen und nicht beispielsweise Furcht oder Freude entstehen lassen. Auf der anderen Seite sollten wir jedoch nicht verwundert sein, daß hier ein Rätsel entsteht: Wenn Bewußtsein ein Phänomen jenseits

---

[9] McGinn 1989, 99.

[10] Man kann also auch nicht behaupten, es handle sich hier um ein Scheinproblem, das sich von selbst auflösen würde, wenn unser neurobiologisches Wissen erst einmal weit genug reichen würde. (Patricia Churchland, 1996).

der bislang bekannten physischen Prozesse ist, dann können wir auch nicht erwarten, daß es sich aus dem bereits vorliegenden physiologischen oder physikalischen Wissen erklären läßt. Wenn es sich hier um eine Erscheinung eines ganz neuen Typs handelt, dann dürfte ihre Erklärung eben auch die Grenzen der Neurobiologie und der Physik sprengen, so wie wir diese Wissenschaften heute kennen. Insofern existiert hier tatsächlich ein Problem, doch es ist leicht zu sehen, warum dieses Problem hier auftreten *muß*. Der Dualist muß diese Schwierigkeiten erwarten, sie stellen daher keinen Einwand gegen seine Theorie dar.

Ganz anders sieht es aus unter den Prämissen der Identitätstheorie: Wenn zwischen mentalen und neuronalen Prozessen eine Identitätsbeziehung besteht, dann dürfte es dieses Rätsel eigentlich gar nicht geben. Wie bereits erwähnt, müßte unter diesen Bedingungen eine physiologische Erklärung der Entstehung eines bestimmten neuronalen Prozesses gleichzeitig auch eine Erklärung für die Entstehung des damit identischen mentalen Prozesses liefern, schließlich wäre der neuronale Prozeß ja gleichzeitig auch ein mentaler Prozeß. Wenn wir wissen, daß Mark Twain identisch mit Samuel Clemens ist, dann muß uns die Krankenakte von Samuel Clemens auch Aufschlüsse über Mark Twain geben. Eventuelle Zweifel wären gleichzeitig Zweifel an der Identität von Mark Twain und Samuel Clemens. Genau diese Zweifel treten nun in der Tat im Falle des Verhältnisses von mentalen und neuronalen Prozessen auf.

Doch worin bestünde das Rätsel unter den Prämissen der Identitätstheorie nun genau? Festzuhalten ist zunächst, daß wir in eine Konfusion geraten, wenn wir einerseits annehmen, mentale Prozesse seien *identisch* mit bestimmten neuronalen Aktivitäten, und dann gleichzeitig nach einer Erklärung dafür verlangen, wie der mentale Zustand aus der neuronalen Aktivität *„hervorgeht“*: Die Frage setzt ja bereits eine Unterscheidung zwischen dem „produzierenden“ neuronalen und dem „produzierten“ mentalen Prozeß voraus, doch diese Unterscheidung kann es nicht geben, wenn die Identitätstheorie zutrifft. Es ist daher kein Wunder, daß wir uns hier mit einer Erklärung schwertun: Die Frage ist einfach falsch gestellt.

Der Identitätstheoretiker kann allenfalls fragen, wie psychologische und neurobiologische *Theorien* sinnvoll aufeinander bezogen werden können. Diese Frage scheint jedoch prinzipiell lösbar zu sein. Zwar kann man keine reibungslosen Übergänge zwischen Theorien erwarten, die auf unterschiedlichen Niveaus der wissenschaftlichen Beschreibung und Erklärung arbeiten.[11] Dennoch haben wir im allgemeinen keine prinzipiellen Probleme mit solchen Übergängen. Dies ist auch dann der Fall, wenn wir nach naturwissenschaftlichen Erklärungen für Phänomene suchen, die uns aus dem Alltag bekannt sind, also wenn wir beispielsweise wissen wollen, warum Wasser bei 0°C friert und bei 100°C kocht. Zwar beziehen sich unsere naturwissenschaftlichen Theorien nur auf eine Substanz namens „H_2O“, doch es fällt uns sehr leicht, das physikalische oder chemische Wissen über H_2O für unsere Alltagserfahrungen mit Wasser nutzbar zu machen.

Genau dies scheint im Verhältnis von mentalen und neuronalen Prozessen schwierig zu sein: Erkenntnisse über die Entstehung eines bestimmten Aktivitätsmusters im Gyrus cinguli und im somatosensorischen Kortex scheinen auch dann keine plausiblen Erklärungen für die konkrete Qualität von Schmerzerfahrung zu liefern, wenn wir ansonsten gute Gründe für die Annahme hätten, daß jene neuronale Aktivität identisch mit der Schmerzerfahrung ist.

Die philosophische Diskussion über dieses Problem hat nun gezeigt, daß der entscheidende Grund für diesen Unterschied zwischen der Erklärung bestimmter Eigenschaften von Wasser und der Erklärung mentaler Phänomene offenbar darin besteht, daß sich Bewußtseinsprozesse und insbesondere Zustände des phänomenalen Bewußtseins im Gegensatz zu Alltagsphänomenen nicht durch ihre relationalen Eigenschaften beschreiben lassen.[12] Solche relationalen Beschreibungen versuchen eine Eigenschaft nicht durch Hinweise auf ihr ‚Wesen' zu erfassen; im Mittelpunkt stehen vielmehr die Beziehungen zu anderen Objekten oder Eigenschaften. Die Durchsichtigkeit von Wasser läßt sich also beschreiben als eine spezifische Be-

---

[11] McCauley 1981, 1986.

[12] Levine 1995.

ziehung zwischen dieser Substanz und bestimmten elektromagnetischen Wellen, seine Dichte als Beziehung zwischen einer bestimmten Menge dieser Substanz und der gleichen Menge anderer Substanzen etc. Entscheidend ist nun, daß sich unser Alltagsbegriff von Wasser offenbar durch solche relationalen Beschreibungen wie ‚flüssig', ‚geruchlos', ‚durchsichtig', ‚Dichte von 1g/cm³ bei 4°C', ‚Siedepunkt von 100°C auf Meereshöhe' etc. explizieren läßt: Es wäre sinnlos zu bezweifeln, daß es sich bei einer Substanz, die diesen Beschreibungen entspricht, um Wasser handelt. Treffen diese Kriterien also auf H_2O zu, dann gibt es kaum mehr einen begründeten Einwand gegen die Identifikation von Wasser und H_2O. Gleichzeitig erscheint es plausibel, eine Erklärung für Kristallisierung von H_2O bei 0°C auch als Erklärung für das Frieren von Wasser zu akzeptieren.[13]

Genau dies scheint nicht für Bewußtsein und insbesondere nicht für das phänomenale Bewußtsein zu gelten. Natürlich gibt es bestimmte Relationen, die charakteristisch für Rotempfindungen sind. Solche Empfindungen werden normalerweise von Objekten wie reifen Tomaten hervorgerufen und führen ihrerseits u.a. zu verbalen Äußerungen wie „dieses Objekt ist rot". Doch während unser Alltagsbegriff „Wasser" vollständig durch solche Beschreibungen erfaßt werden kann, scheint dies bei phänomenalen Erfahrungen nicht möglich zu sein. Der Grund dafür ist recht einfach. Egal wie genau die Beschreibung der Ursachen und Wirkungen einer Rotempfindung auch sein mag, es scheint immer möglich, daß jemand, auf den diese Beschreibung zutrifft, in Wirklichkeit eine ganz andere oder eben auch gar keine Empfindung hat. Eine Person, so lautet das sogenannte „Inverted-Spectrum-Argument", könnte seit ihrer Geburt immer dort Grün sehen, wo wir Rot sehen und umgekehrt, doch sie hat gelernt, das Wort „rot" genauso zu verwenden wie wir es tun, obwohl sie in den entsprechenden Situationen eine Grünerfahrung hat; die Unterschiede können also niemals auffallen. Diese Überlegung würde dafür sprechen, daß phänomenale Erfahrungen einen Kern haben, der sich relationalen Beschreibungen entzieht. Damit würde uns

---

13 Levine 1983, Kim 1998.

das Verbindungsglied zwischen phänomenalen und neuronalen Prozessen fehlen. Infolgedessen wären wir auch nicht in der Lage, die entsprechenden neuronalen Erkenntnisse für die phänomenalen Erfahrungen nutzbar zu machen.

Es gibt einige wichtige Einwände gegen derartige Gedankenexperimente. Sie erwecken den Eindruck, prinzipielle Möglichkeiten, unabhängig von empirischen Bedingungen aufzuzeigen. Tatsächlich geht in sie jedoch immer schon unser Alltagswissen ein. Dieses Wissen aber kann sich verändern und damit das Gedankenexperiment in Frage stellen. Es kommt hinzu, daß eine zentrale Voraussetzung des Inverted-Spectrum-Argumentes bezweifelt werden kann: Da das Farbspektrum nicht symmetrisch ist,[14] müßten sich Inversionen vermutlich doch im Diskriminationsverhalten niederschlagen. Entscheidend ist jedoch, daß es keineswegs sicher ist, ob man Bewußtseinserfahrungen nicht doch relational beschreiben kann. Ich kann hier nur einige Indizien nennen, die dafür sprechen, daß solche relationalen Beschreibungen in der Tat möglich sind. Anschließend werde ich skizzieren, was passieren würde, *wenn* tatsächlich überzeugende relationale Beschreibungen möglich wären.

Festzuhalten ist zum einen, daß es mittlerweile eine ganze Reihe von Hypothesen und empirischen Belegen gibt, die darin übereinkommen, daß Bewußtsein konkrete Funktionen hat: Es dient unter anderem dazu, uns bei wichtigen, neuen Problemen Zugang zu Informationen und Lösungsmöglichkeiten zu geben, die noch nicht in unseren eingeübten Handlungsmustern enthalten sind.[15]

Bei Emotionen sind solche funktionalen Zusammenhänge ein direkter Bestandteil unseres Alltagsvokabulars.[16] Begriffe

---

[14] So kommt es nur zwischen Rot und Orange bei einer Abdunklung zu einem Wechsel des Farbtones über die Helligkeitsveränderung, wir sehen diese Farben dann nämlich als Braun, außerdem scheinen Blau und Grün einen größeren Bereich des Farbspektrums einzunehmen als Rot (Hardin 1997, Einwände bei Palmer 1999 und Nida-Rümelin 1998).

[15] Baars 1997, Roth 1994.

[16] cf. Pauen 1999d.

wie Furcht, Freude, Trauer oder Ekel implizieren Annahmen über Handlungstendenzen, die ein konstitutives Element der emotionalen Erfahrung selbst ausmachen. Ekel beinhaltet eine Tendenz zur Zurückweisung, im Extremfall zum Ausspeien des ekelhaften Objektes; genauso scheint Furcht eine Neigung zur Entfernung, Freude oder Verlangen eine Tendenz zur Annäherung einzuschließen. Wir würden daran zweifeln, ob jemand wirklich weiß, was mit *Ekel* gemeint ist, wollte er behaupten, sein massiver Ekel sei es gewesen, der ihn zur Annäherung an ein Objekt veranlaßt hätte. Genausowenig würden wir erwarten, daß ein Baby, das aufgrund einer „Emotionsinversion" von vornherein Schmerz statt Freude empfindet, so reagieren würde wie ein normales Kind: Anzunehmen wäre vielmehr, daß es bei dem ersten heftigen Schmerz aufschreien würde, auch wenn dieser Schmerz *de facto* durch ein Streicheln ausgelöst worden sein mag.

Diese Annahmen sind bislang zumindest teilweise durch die Emotionspsychologie bestätigt worden[17] und es ist anzunehmen, daß es auch in Zukunft zu einer weiteren Präzisierung und Korrektur dieser Annahmen kommen wird. In diesem Falle müßten sich Bewußtseinszustände auf die Dauer ganz ähnlich durch relationale Beschreibungen erfassen lassen, wie dies oben am Beispiel von Wasser demonstriert wurde. Wir müßten dann nur noch in neurobiologischen Beschreibungen die entsprechenden ‚Gegenstücke' finden, so wie H_2O das naturwissenschaftliche Gegenstück zu Wasser ist. Wenn wir dann erklären könnten, *wie* das Gehirn diese Funktionen zu realisieren vermag, dann hätten wir gleichzeitig auch die Bewußtseinsprozesse erklärt, schließlich haben wir diese ja zuvor durch genau diese Funktionen erfaßt. Solche relationalen Beschreibungen würden somit die gesuchte Brücke zwischen psychologischen Theorien und der Perspektive der Neurobiologie bilden, sie würden es uns ermöglichen, neurobiologische Erkenntnisse zur Beantwortung psychologischer Fragen heranzuziehen.[18]

---

[17] cf. LeDoux 1996, Frijda 1993, Frijda et al. 1989, Plutchik 1993, Rolls 1999; eine kritische Diskussion bei Meyer et al. 1993/1997.

[18] Lewis 1966, 1972, Kim 1998.

Eine Überwindung der Erklärungslücke ist offenbar prinzipiell möglich und es scheint, als würde der Philosophie dabei eine wichtige Rolle zufallen: Zum einen kann sie helfen, Verwirrungen in der Fragestellung zu vermeiden, zum zweiten kann sie auch aus einer Problemanalyse Lösungsstrategien entwickeln. Als entscheidend hatte sich dabei zum einen die Einsicht erwiesen, daß es – unter den Prämissen der Identitätstheorie – nicht um das Verhältnis zweier Prozesse, sondern um die Beziehung zweier Theorien ging, konkret um die Frage, wie neurowissenschaftliche Erkenntnisse für das Verständnis mentaler Prozesse genutzt werden können. Wichtig ist zweitens der Nachweis, daß relationale Beschreibungen eine Verbindung zwischen beiden Theorien herstellen können. Zwar konnte die Frage, ob mentale Prozesse wirklich in solchen Beschreibungen erfaßbar sind, nicht abschließend beantwortet werden, immerhin gibt es jedoch keine prinzipiellen Einwände gegen einen solchen Versuch, vielmehr sprechen Erkenntnisse der Emotionspsychologie ebenso wie funktionale Implikationen unserer Alltagsbegriffe von Emotionen *für* die Erfolgsaussichten eines solchen Unternehmens.

4. Konsequenzen

Nehmen wir also an, es hätte sich herausgestellt, daß mentale Phänomene physische Prozesse sind. Außerdem wäre die „Erklärungslücke" überwunden; für die Entstehung dieser Prozesse stünden also Erklärungen zur Verfügung, wie wir sie bei physischen Prozessen im allgemeinen gewohnt sind.

Unter diesen Voraussetzungen wären unsere geistigen Prozesse „in Wirklichkeit" nur natürliche Phänomene; menschliche Personen wären also in ihrer Bewußtseinserfahrung und in ihrer Subjektivität Naturgesetzen unterworfen, die sich nicht prinzipiell[19] von denjenigen unterscheiden, die für Steine, ein-

[19] Hier muß zwischen Identitätstheorie und physikalistischem Dualismus unterschieden werden: Der Identitätstheorie zufolge wären hier die gleichen Gesetze wirksam, dem Dualismus zufolge, der ja physische Phänomene eines neuen Typs postuliert, könnte man allenfalls von ‚gleichartigen' Gesetzen sprechen.

fache Bakterien oder Computer gelten. Es sieht also so aus, als würden Menschen sich nicht prinzipiell von solchen einfacheren Objekten oder Lebewesen unterscheiden. Mit welchem Recht könnten wir dann aber noch daran festhalten, daß Menschen, anders als diese einfachen Lebewesen oder Artefakte, bewußtseinsfähige und verantwortliche Subjekte sind?

Auch hier handelt es sich um eine Frage, die nicht nur Philosophen beschäftigt hat; dennoch handelt es sich um ein genuin philosophisches Problem. Es geht allerdings nicht – wie in den beiden vorangegangenen Teilen – um Fragestellungen und Voraussetzungen, die empirischen Erkenntnissen *zugrunde liegen*, vielmehr geht es um die *Konsequenzen,* die zu erwarten wären, sollten sich die gemeinsamen Bemühungen der empirischen Wissenschaften und der Philosophie schließlich als erfolgreich erweisen. Tatsächlich ist auch dieser Problemkomplex in der Philosophie immer wieder mit Nachdruck diskutiert worden. Dabei handelt es sich im einzelnen um drei miteinander zusammenhängende Fragen. Sie betreffen die Realität von Bewußtsein, den Status von Subjektivität und schließlich das Problem der Willensfreiheit. Fragen der Subjektivität haben die neuere Philosophie seit dem Florentiner Neuplatonismus immer wieder beschäftigt, das Problem der Willensfreiheit spielt schon bei Augustinus, in Ansätzen sogar bei Aristoteles eine Rolle. Demgegenüber ist die Frage nach der Realität des Bewußtseins erst in der letzten Zeit in den Mittelpunkt getreten. Immerhin läßt sich hier jedoch die konkreteste Antwort geben. Hinsichtlich der beiden anderen Fragen fehlen bislang nicht nur die empirischen Erkenntnisse, auch in der Philosophie sind die möglichen Antworten noch heftig umstritten. Dennoch dürfte sich ein Überblick über diese Diskussion als fruchtbar erweisen, weil er dazu beitragen kann, fehlerhafte Fragestellungen und Vereinfachungen zu vermeiden.

Zunächst also zu der Frage, ob eine naturwissenschaftliche Erklärung mentaler Prozesse die Realität des Bewußtseins in Frage stellt. Die zugrundeliegenden Überlegungen sind recht einfach und haben auf den ersten Blick auch eine gewisse Plausibilität: Wenn wir eine solche naturwissenschaftliche Erklärung hätten, dann wüßten wir endlich, was Bewußtsein „in Wirklichkeit" ist.

Vertreten worden ist diese Argumentation mit großem Nachdruck durch den sogenannten *Eliminativen Materialismus*, den zumindest zeitweilig Autoren wie Willard V. O. Quine (1966b), Paul Feyerabend (1963b), Richard Rorty (1965, 1970a, 1970b), sowie insbesondere Paul Churchland (1979) auf ihre Fahnen geschrieben haben. Churchland zufolge ist unsere Überzeugung, daß es so etwas wie bewußte Phänomene gibt, das Postulat einer vorwissenschaftlichen Theorie, der sogenannten ‚Alltagspsychologie'. Ähnlich wie andere Alltagstheorien wurde sie entwickelt, um Prognosen und Erklärungen für Geschehnisse zur Hand zu haben, denen wir im Alltag begegnen, in diesem Falle eben für das Verhalten anderer Personen. Um dieses Verhalten zu erklären, habe es sich als zweckmäßig erwiesen, unseren Mitmenschen Wünsche und Bedürfnisse zuzuschreiben. Erst später hätten wir dann die Überzeugung ausgebildet, *selbst* solche Bewußtseinserfahrungen zu machen. Eine ausgearbeitete neurobiologische Theorie werde allerdings aussagekräftigere Erklärungen und genauere Prognosen ermöglichen. Damit werde nicht nur die Alltagspsychologie überflüssig, vielmehr würden sich auch die von ihr postulierten Bewußtseinszustände als verzichtbar erweisen. Unsere Nachfahren dürften daher nur noch von neuronalen Zuständen sprechen, ja sie würden auch nur solche Zustände erfahren – auf unsere Glaubenszustände und Wünsche müßten sie genauso mitleidig herabsehen, wie wir heute auf die Essenzen der Alchimie, das Phlogiston oder den Wärmestoff.

Die philosophische Diskussion der letzten Jahre hat einige schwerwiegende Einwände gegen den Eliminativen Materialismus hervorgebracht. Erwähnen möchte ich hier nur, daß auch der Eliminative Materialist irgendeine Art von Zugang zu seinen neuronalen Prozessen gewinnen muß – doch dazu benötigt er schon wieder jene Bewußtseinszustände, deren Existenz er jedoch nicht akzeptiert.

Es kommt hinzu, daß er an seine Theorie *glauben* muß. Leider bestreitet seine Theorie jedoch die Realität von Glaubenszuständen. Genausowenig erscheint es nachvollziehbar, daß eine Gesellschaft, die Wünsche und Bedürfnisse nicht selbst aus der Perspektive der ersten Person kannte, den Verweis auf solche ihr völlig fremden Zustände als Erklärung für ein bestimmtes Verhalten akzeptiert haben sollte.[20]

Aus diesen und anderen Einwänden ergibt sich nun allerdings nicht, daß der Eliminative Materialismus als ein weiterer Beleg für die Nutzlosigkeit philosophischer Spekulation abgetan werden kann. Entscheidend ist vielmehr, daß diese Theorien – letztlich gegen den Willen ihrer Autoren – deutlich gemacht haben, zu welch abwegigen Konsequenzen die Beschränkung auf rein naturwissenschaftliche Ansätze führt. Dabei zeigt sich nicht nur, *daß* es wenig sinnvoll ist, die Realität des Bewußtseins abzustreiten, vielmehr wird hier auch deutlich, *warum* dies der Fall ist. Entscheidend ist, daß wir auch für den Zugang zu neuronalen Prozessen bereits die Existenz von Bewußtseinszuständen voraussetzen müssen.

Genauso wichtig ist allerdings die grundsätzliche Einsicht, daß eine neurobiologische Erklärung mentaler Zustände noch nicht zeigt, daß es sich hier *„in Wirklichkeit"* um physische und *„eigentlich nicht"* um mentale Prozesse handelt. Die wissenschaftstheoretische Diskussion über das Verhältnis von unterschiedlichen Theorien, die sich auf einen Gegenstandsbereich beziehen, hat vielmehr gezeigt, daß es keinen Grund gibt, eine psychologische Theorie zu verwerfen, nur weil wir denselben Sachverhalt auch physiologisch erklären können.[21]

Die Realität des Bewußtseins läßt sich also nur schwer bestreiten. Mit dieser Einsicht ist allerdings noch nicht viel gewonnen, solange es uns darauf ankommt, den besonderen Status menschlicher Personen gegenüber solchen Lebewesen oder Systemen zu begründen, die wir nicht als Personen akzeptieren würden, obwohl sie, wie etwa höhere Tiere, durchaus über Bewußtsein verfügen mögen. Ein entscheidendes Kennzeichen einer Person scheint vielmehr zu sein, daß sie über so etwas wie Subjektivität verfügt, d.h. daß sie sich selbst als einer Person mit einer bestimmten Lebensgeschichte und mit bestimmten charakteristischen Merkmalen bewußt ist, und daß sie die

---

[20] cf. Pauen 1996a.

[21] McCauley 1986, 1981.

von ihr initiierten Handlungen *als* eigene Handlungen erkennt und damit auch die Verantwortung für diese Handlungen übernehmen kann.[22]

Die Diskussion zu dieser Frage wird – wie bereits erwähnt – bis heute sehr kontrovers geführt, und ein Ende dieser Kontroverse ist derzeit nicht in Sicht. Autoren wie Manfred Frank (1991) und Dieter Henrich (1970) verweisen darauf, daß wir immer schon über ein unmittelbares, „präreflexives" Bewußtsein von uns selbst verfügen müssen, bevor wir uns irgendeine Eigenschaft zuschreiben können: Ein Selbst zu sein, sei keine Eigenschaft und auch keine Konstellation von Eigenschaften, von der ich irgendwann einmal erfahren kann, daß sie auf mich zutrifft. Ganz im Gegenteil müsse ich mich schon auf mich selbst beziehen können, bevor ich irgendeine Eigenschaft sinnvoll als *meine* Eigenschaft begreifen kann.[23]

Dieses Argument erscheint plausibel, man mag dennoch zweifeln, ob das präreflexive Selbst wirklich all das umfaßt, was wir meinen, wenn wir von Subjektivität sprechen, schließlich stellt es nur eine *Voraussetzung* für die Selbstzuschreibung von konkreten Eigenschaften dar. Offensichtlich verstehen wir unter einem ‚Ich' aber mehr, nämlich so etwas wie einen vergleichsweise stabilen Kern der Eigenschaften und Ereignisse, die wir uns zuschreiben. Genau dies kann das von Frank postulierte präreflexive Selbst jedoch nicht gewährleisten, schließlich geht es jeder Zuschreibung von Eigenschaften voraus. Seinerseits enthält es jedoch keinerlei Festlegung auf irgendeine konkrete Eigenschaft und vermag daher auch grundlegende Veränderungen der personalen Eigenschaften nicht auszuschließen.[24]

---

22 cf. Fischer 1994, Peter F. Strawson 1972

23 So stellt Frank fest, „daß wir Selbstbewußtsein anders zu beschreiben haben denn als ein Bewußtsein von etwas, wobei ‚etwas' hier für einen einzelnen Gegenstand namens Selbst (oder Ich oder auch Person) stünde. Selbstbewußtsein ist nicht gegenständlich, seine Vertrautheit ist über kein zweites Glied vermittelt, sein ursprünglicher Vollzug geschieht irreflexiv, kriterienfrei und beruht auch nicht auf teilbaren Wahrnehmungsbefunden." Frank 1992, 5.

24 cf. Galen Strawson 1997.

Tatsächlich setzen die Skeptiker an genau diesen Punkten an. Zum einen gibt es sowohl auf der theoretischen wie auf der empirischen Ebene eine ganze Reihe von Indizien, die gegen die Annahme sprechen, es gebe einen realen Kern von Subjektivität, der zum Gegenstand innerer Beobachtung werden könnte. Egal, ob man sich auf die neuronale oder auf die kognitive Ebene bezieht, so scheint Subjektivität das Produkt eines dezentralen, konstruktiven Prozesses zu sein, der die unterschiedlichen und zum Teil sogar widersprüchlichen Motive, Erfahrungen, Wahrnehmungen und Erkenntnisse[25] zu einem ‚Selbstmodell'[26] integriert. Außerdem sprechen einige vor allem von Dennett und Kinsbourne (1992) vorgelegte empirische Ergebnisse für die Annahme, daß wir zumindest innerhalb eines – allerdings recht engen – zeitlichen Rahmens unsere Selbstzuschreibungen ändern, ohne uns dessen bewußt zu sein.

Die Konsequenzen aus diesen Beobachtungen sind Gegenstand einer immer noch andauernden philosophischen Debatte. Während das Selbst für Dennett eine bloße Fiktion ist,[27] stellt es für Frank den Mittelpunkt von Erkenntnis und Erfahrung dar.[28] Ohne hier direkt Stellung zu nehmen, möchte ich doch zumindest auf eine Option hinweisen, die es erlaubt, sowohl an der Realität des Ichs festzuhalten wie auch den relevanten empirischen Erkenntnissen gerecht zu werden. Statt das Ich als eine feste Größe oder gar als eine Art von Objekt zu betrachten, kann man es nämlich – in Anlehnung an Kant[29]

---

[25] cf. Gazzaniga & LeDoux 1978, Nisbett & Wilson 1977, Minsky 1990.

[26] cf. Metzinger 1993.

[27] „The self ... turns out to be a valuable abstraction, a theorist's fiction rather than an internal observer or boss. If the self is ‚just' the Center of Narrative Gravity ... then, in principle, a suitably ‚programmed' robot, with a silicon-based computer brain, would be conscious, would have a self." Dennett 1991, 431.

[28] „Ist Subjektivität nicht in der Tat der helle Punkt, von dem aus sich Licht verbreitet über alle unsre Bezugnahmen auf Gegenstände und Verhältnisse der Welt?" Frank 1992, 7.

[29] „Denn das empirische Bewußtsein, welches verschiedene Vorstellungen begleitet, ist an sich zerstreut und ohne Beziehung auf die Identi-

– auch als das Produkt einer integrativen Leistung sehen. In diesem Falle kann man sowohl den konstruktiven Charakter von Subjektivität wie die Abwesenheit eines „wirklichen Zentrums" akzeptieren, ohne daß sich daraus ein Argument gegen die Realität des Ichs ergeben würde. Statt dessen läßt sich vermuten, daß aus der integrativen Leistung ein „Selbstkonzept" hervorgeht, das neben konkreten Charaktermerkmalen beispielsweise auch das Wissen um die eigene Lebensgeschichte enthalten kann. Aus ihm lassen sich Aussagen über die eigene Person ableiten, gleichzeitig erlaubt es die Zuschreibung weiterer Eigenschaften und Episoden. Gewisse Korrekturen an schon vorgenommenen Zuschreibungen, aber auch Spannungen unter den Eigenschaften, die man sich selbst zuschreibt, würden dabei noch keine Zweifel an der Realität des Selbst begründen.[30]

Keineswegs werden damit sämtliche Zweifel an der Existenz von Subjektivität beseitigt. Dennoch läßt sich der Eindruck nicht ganz vermeiden, daß das Subjekt von einigen Autoren etwas voreilig zu Grabe getragen wurde. Der Nachweis, daß es kein ‚inneres Objekt' namens ‚Ich' gibt, reicht für eine Widerlegung der Subjektivität genausowenig wie gewisse Unstimmigkeiten in der Selbstzuschreibung von Episoden und Eigenschaften.

Ganz ähnliche Probleme treten auf, wenn man nach den empirischen Indizien für das dritte zentrale Moment unserer Konzeption von Personalität, die Willensfreiheit, fragt. Wir gehen im allgemeinen davon aus, daß man einer Person Handlungen zuschreiben und sie gegebenenfalls für eine Handlung auch

---

tät des Subjects. Diese Beziehung geschieht also dadurch noch nicht, daß ich jede Vorstellung mit Bewußtsein begleite, sondern daß ich eine zu der andern hinzusetze und mir der Synthesis derselben bewußt bin. Also nur dadurch, daß ich ein Mannigfaltiges gegebener Vorstellungen in einem Bewußtsein verbinden kann, ist es möglich, daß ich mir die Identität des Bewußtseins in diesen Vorstellungen selbst vorstelle, d.i. die analytische Einheit der Apperception ist nur unter der Voraussetzung irgend einer synthetischen möglich." Kant 1956, 142b (KrV, B 133).

30 cf. Pauen 2000b.

verantwortlich machen kann. Dies scheint allerdings vorauszusetzen, daß sich die Person auch gegen diese Handlung hätte entscheiden können.

Auch dieses Problem ist in der philosophischen Diskussion nach wie vor heftig umstritten, dennoch gibt es einige wichtige Argumente, die in Betracht gezogen werden sollten, wenn es um empirische Indizien für oder gegen die Freiheit des Willens geht. Besondere Bedeutung hat dabei die Frage, ob deterministische Naturgesetze die Möglichkeit von Willensfreiheit ausschließen: Wenn Bewußtsein, so wie zu Beginn dieses Abschnittes angenommen, ein physischer Prozeß ist, der der Geltung von Naturgesetzen unterliegt, dann scheint es keine freien Entscheidungen geben zu können. Menschlichen Wesen würde also ein zentraler Aspekt von Personalität fehlen, nämlich die Fähigkeit zu freiem und verantwortlichem Handeln.

Bei näherer Betrachtung zeigt sich, daß auch diese Schlußfolgerung voreilig ist. Notwendig ist zunächst eine Verständigung darüber, was überhaupt gemeint ist, wenn man von ‚Freiheit' spricht. Unterscheiden lassen sich zwei wichtige Varianten: Zum einen die sogenannte *Handlungsfreiheit*. Frei in diesem Sinne ist eine Person dann, wenn sie so handeln kann, wie es ihren Willensentscheidungen entspricht. Eingeschränkt wird die Handlungsfreiheit in der Regel durch äußere Zwänge; typische Beispiele wären die Situation eines Strafgefangenen oder aber die eines physisch Abhängigen, der gegen seinen Willen weiter zu seiner Droge greifen muß.

Einen wesentlichen Schritt weiter geht der Begriff der *Willensfreiheit*. Hier wird auch gefragt, ob die der Handlung zugrundeliegende *Entscheidung* frei ist, ob die Entscheidung also auch anders hätte ausfallen können. Hier geht es nicht nur um äußere Zwänge, sondern ebenso um psychische Einflüsse: Auch wenn ich nicht unter externen Zwängen stehe, kann meine Entscheidung durch meine psychischen Eigenschaften, meine Erziehung und meine Anlagen so bestimmt werden, daß eine andere Option *de facto* nicht mehr offen steht: Ich hätte mich also nicht anders entscheiden können. Willensfreiheit setzt daher voraus, daß ich in einem letzten Sinne der Urheber meiner Handlungen bin. Auch wenn alle äußeren Umstände völlig identisch wären, müßte ich imstande sein, mich anders zu entscheiden.

Genau dies scheint jedoch durch den Determinismus ausgeschlossen zu werden: Wenn Entscheidungsprozesse wie andere mentale Prozesse auch physische Prozesse sind, dann unterliegen sie den Naturgesetzen. Sofern es sich hier um deterministische Gesetze handelt, bestehen im konkreten Fall offenbar keine Entscheidungsalternativen.[31] Auf der anderen Seite fragt sich aber auch, ob eine Zurückweisung des Determinismus oder der Nachweis, daß mentale Prozesse keine physischen Prozesse sind, unseren Spielraum für freie Entscheidungen vergrößern könnten.

In den letzten Jahren hat es jedoch gerade in diesem Punkt wesentliche Einwände gegeben: Zum einen liegt hier offenbar ein Mißverständnis über die Rolle von Naturgesetzen vor: Diese *bestimmen* nicht etwa das Verhalten von Planeten, fallenden Kugeln oder Neuronen oder zwingen ihnen gar ein Verhalten auf, das diese am Ende gar nicht ‚wollten', vielmehr *beschreiben* sie nur, was diese Objekte ‚von sich aus' tun.[32] Auf der anderen Seite würde auch der bloße Wegfall deterministischer Reaktionszusammenhänge – beispielsweise im Gehirn – uns keinesfalls berechtigen, von einer ‚freien Handlung' zu sprechen; es scheint vielmehr, daß wir es dann nur mit einem *zufälligen* Geschehen zu tun haben. Insofern dürften sich die vielfach geäußerten Hoffnungen auf makroskopische Konsequenzen der Quantenphysik[33] als trügerisch erweisen. Von einer freien Handlung verlangen wir schließlich nicht nur, daß sie nicht determiniert ist, notwendig ist auch, daß *wir selbst* es waren, die die Entscheidung getroffen haben. Genau diese Form von Selbstbestimmung kann durch den bloßen Wegfall des Determinismus offenbar nicht gewährleistet werden.

Dies scheint auf den ersten Blick in ein Dilemma zu führen: Wenn der Determinismus gilt, sind wir offenbar nicht frei, weil unsere Handlungen durch Naturgesetze bestimmt werden; gilt der Determinismus nicht, dann bleibt uns nur der

---

[31] cf. Van Inwagen 1982

[32] cf. Schlick 1978.

[33] Kane 1989.

Zufall. Tatsächlich kann es eine Handlung, die in einem letzten Sinne selbstbestimmt ist, gar nicht geben: Um überhaupt irgendeine freie Entscheidung treffen zu können, müssen wir bereits über bestimmte Minimalvoraussetzungen verfügen, doch wir können nicht der Urheber dieser Voraussetzungen, also letztlich unser eigener Urheber sein. [34]

Nagel (1986, 1990) und Galen Strawson (1989) haben daraus gefolgert, die Existenz freier Handlungen sei prinzipiell ausgeschlossen, und zwar ganz unabhängig davon, wie die physische Realität nun beschaffen ist. Es wären damit also keine empirischen Erkenntnisse, sondern theoretische Einsichten, die gegen die Realität von Freiheit sprechen. Bei näherer Betrachtung zeigt sich jedoch, daß man hieraus auch ein wichtiges Argument *für* die Freiheit ableiten kann: Wenn von vornherein klar ist, daß Freiheit in dem oben skizzierten Sinne noch nicht einmal *theoretisch möglich* ist, dann handelt es sich vielleicht gar nicht um eine sinnvolle Erklärung dessen, was wir meinen, wenn wir von „freien Handlungen" sprechen. Es scheint vielmehr, als sei diese Konzeption von Freiheit in sich selbst unstimmig; sie kann daher keinen sinnvollen Maßstab für unser Urteil über die Existenz freier Handlungen bilden.

Doch gibt es hierzu eine Alternative? Freiheit, so wurde oben gesagt, ist Selbstbestimmung. Dann allerdings scheint es kaum sinnvoll, die Überzeugungen, Wünsche und sonstigen Eigenschaften der Person, die sich hier selbst bestimmt, als Einschränkungen ihrer Freiheit zu begreifen. Wenn es also zu meinen ureigensten Überzeugungen gehört, daß Diebstahl verwerflich ist, do daß man sagen könnte, diese Überzeugung bilde einen Teil dessen, was konstitutiv für mein „Selbst" ist, dann würde man eine Handlung, die dieser Überzeugung folgt, nicht als unfrei bezeichnen können. Insofern scheint sich eine Möglichkeit abzuzeichnen, solche Entschlüsse als „frei" zu bezeichnen, die aus den personalen Merkmalen des Handelnden hervorgehen.[35]

Damit ist die Entscheidung über die Existenz freier Handlungen wieder an die empirischen Wissenschaften zurückver-

---

[34] cf. Galen Strawson 1989, Nagel 1986, 1990.

[35] cf. hierzu ausführlicher: Pauen 2001b

wiesen: Sollte es bewußte Entschlüsse geben, die sich auf personale Merkmale wie Überzeugungen oder Charaktereigenschaften zurückführen lassen, dann wären die aus diesen Entschlüssen hervorgehenden Handlungen tatsächlich frei.

Die bereits erwähnten Ergebnisse von Benjamin Libet werfen hier jedoch ein schwerwiegendes Problem auf: Aus seinen Experimenten scheint sich nämlich zu ergeben, daß unser Handeln eben *nicht* von unseren bewußten Entschlüssen, sondern von vorbewußt ablaufenden neuronalen Prozessen, nämlich dem Aufbau des Bereitschaftspotentials abhängt. Erst infolge dieser Aktivität entstünde dann das – illusorische – Bewußtsein, eine Entscheidung getroffen zu haben. Damit wäre eine zentrale Bedingung des skizzierten Begriffes von Freiheit verletzt: Die eigentlich Entscheidung scheint nicht auf personalen Merkmalen zu basieren, sondern auf vorbewußten, neuronalen Prozessen. Das Bewußtsein, eine Entscheidung zu treffen, würde erst dann entstehen, wenn die Handlung schon eingeleitet, die Entscheidung somit getroffen ist. Von Selbstbestimmung könnte also keine Rede sein, vielmehr wären wir in unseren Entscheidungen abhängig von neuronalen Prozessen.[36]

Libets Ergebnisse sind allerdings aus unterschiedlichen Gründen umstritten:[37] Zum einen ist nicht klar, ob es wirklich, so wie von ihm angenommen, einen genau bestimmbaren Moment der Entscheidung gibt, oder ob Entscheidungen nicht eher prozessualen Charakter haben. In diesem Falle könnte der Aufbau des Bereitschaftspotentials von bewußten Vorentscheidungen abhängen, die bereits vor dem Einsetzen der von ihm vorgenommenen Messungen gefallen waren. Es kommt hinzu, daß Libet (1985) selbst die Existenz eines bewußten „Vetos“ belegen zu können glaubt, das die Handlung noch bis wenige Millisekunden vor der eigentlichen Ausführung zu verhindern vermag. Würde man die Freiheit an die Unterlaßbarkeit einer Handlung binden, dann wäre also auch unter

---

[36] cf. Roth 1998, Birnbacher 1995.

[37] Siehe dazu die Diskussion im Anschluß an Libet (1985) sowie Gomes 1999, Walter 1998, 299-308 und Hartmann 1998, 242-244.

den von Libet beschriebenen Bedingungen ein zentrales Kriterium freier Handlungen erfüllt.

Offensichtlich ist auch bereits für die Interpretation der Ergebnisse Libets eine Verständigung darüber notwendig, was denn überhaupt unter einer Entscheidung zu verstehen ist. Handelt es sich um einen momentanen Akt, der zeitlich auf Millisekunden genau zu verorten ist, oder haben wir es mit einem Prozeß zu tun, der sich über einen mehr oder weniger genau bestimmbaren Zeitraum erstreckt und sich möglicherweise in mehrere Phasen unterteilen läßt? Mehr noch dürfte die Notwendigkeit einer solchen Verständigung für die Frage nach der Willensfreiheit im allgemeinen gelten: Offenbar ist die Suche nach empirischen Belegen für die Existenz freier Handlungen solange problematisch, wie wir nicht wissen, was denn überhaupt die entscheidenden Kriterien eines freien Willensaktes wären. Von besonderer Bedeutung dürfte dabei die Frage sein, wie wir mit den Problemen umgehen, die sich aus der traditionellen Vorstellung einer vollständig freien bzw. selbstbestimmten Handlung ergeben.

Unnötig sein dürfte dabei der Hinweis, daß solche philosophischen Diskussionen sich immer eng an den vorliegenden empirischen Ergebnissen orientieren müssen: Eine überzeugende und für die Interpretation der Experimente Libets relevante Antwort auf die Frage nach dem Ablauf eines Entscheidungsprozesses wird man trivialerweise nur von Theoretikern erwarten können, die diese Experimente kennen.

5. Fazit

Es scheint also, als würde die Philosophie des Geistes nicht nur müßige Spekulationen anstellen, die früher oder später durch solide wissenschaftliche Erkenntnisse ersetzt werden. Philosophische Überlegungen können offenbar bei der Interpretation empirischer Ergebnisse helfen, indem sie die Konsequenzen und Voraussetzungen der einzelnen Varianten deutlich machen, sie können aber auch dazu beitragen, Fehler in Fragestellungen aufzuspüren oder Erklärungsstrategien zu entwickeln, schließlich kann die Philosophie auch versuchen, die künftigen Entwicklungen und ihre mutmaßlichen Konsequenzen zu skizzieren. Dabei geht es nicht um philosophische Science-Fiction, sondern um ein Abschätzen der Konsequenzen der wahrscheinlichsten Entwicklungen – in dem oben vorgestellten Fall also um die Frage, ob bzw. unter welchen Bedingungen die zu erwartenden Erkenntnisse in den Neuro- und Kognitionswissenschaften zu fundamentalen Veränderungen des menschlichen Selbstverständnisses führen können.

Natürlich wird es in vielen Fällen möglich und oft sogar sehr sinnvoll sein, empirische Untersuchungen so zu gestalten, daß die philosophisch relevanten Fragen nicht berührt werden. Schwierig dürfte dies allerdings werden, sobald die fundamentalen Probleme des Zusammenhangs von Geist und Gehirn betroffen sind. Es ist heute sicherlich noch nicht klar, ob wir auf diese Fragen einmal eine zufriedenstellende Antwort finden werden. Sollte dies aber möglich sein – und einiges spricht dafür – dann dürfte die Philosophie des Geistes daran nicht ganz unbeteiligt sein.

6. Literatur

Baars, B. J., (1996) Understanding Subjectivity: Global Workspace Theory and the Resurrection of the Observing Self. Journal of Consciouness Studies 3: 211–216.

– (1997) In the Theatre of Consciousness. Global Workspace Theory. A Rigorous Scientific Theory of Consciousness. Journal of Consciousness Studies 3: 292–309.

Barinaga, M. (1997) New Imaging Methods Provide a Better View Into the Brain. Science 276: 1974–1976.

Bieri, P. (1982) Nominalismus und innere Erfahrung. Zeitschrift für philosophische Forschung 36: 3–24.

– (1989) Schmerz: Eine Fallstudie zum Leib-Seele-Problem. In: Pöppel (Hg.) Gehirn und Bewußtsein.

– (1992a) Was macht Bewußtsein zu einem Rätsel? Spektrum der Wissenschaft, Oktober 1992: 48–56.

– (1992b) Trying Out Epiphenomenalism. Erkenntnis 36: 283–309.

Bieri, P. (Hg.) (1987) Analytische Philosophie der Erkenntnis. Weinheim.

– (1993) Analytische Philosophie des Geistes. Bodenheim.

Birnbacher, D. (1990) Das ontologische Leib-Seele-Problem und seine epiphänomenalistische Lösung. In: Bühler, K.-E. (Hg.), Aspekte des Leib-Seele-Problems. Philosophie, Medizin, Künstliche Intelligenz. Würzburg.

– (1995) Die philosophische Brisanz der Neurowissenschaften wird unterschätzt. In: Ethik und Sozialwissenschaften 6: 83–85.

Block, N. (Hg.) (1980) Readings in Philosophy of Psychology. 2 Bde. London.

Bubner, R. (Hg.) (1970) Hermeneutik und Dialektik. Aufsätze (H.-G. Gadamer zum 70. Geburtstag.). Tübingen.

Carrier, M. & Mittelstraß, J. (1989) Geist, Gehirn, Verhalten. Das Leib-Seele-Problem und die Philosophie der Psychologie. Berlin New York.

Chalmers, D. J. (1995) Facing up to the Problem of Consciousness. Journal of Consciousness Studies 2: 200–219.

– (1996a) The Conscious Mind. In Search of a Fundamental Theory. New York Oxford.

– (1996b) Das Rätsel des bewußten Erlebens. In: Spektrum der Wissenschaft, Februar 1996: 40–47.

Churchland, P. M. (1979) Scientific Realism and the Plasticity of Mind. London New York Melbourne.

– (1981) Eliminative Materialism and the Propositional Attitudes. In: Goldman, Readings in Philosophy.

– (1985) Reduction, Qualia, and the Direct Introspection of Brain States. Journal of Philosophy 82: 8–28.

– (1988) Perceptual Plasticity and Theoretical Neutrality: A Reply to Jerry Fodor. In: Goldman, Readings in Philosophy.

– (1992) Matter and Consciousness. A Contemporary Introduction to the Philosophy of Mind. Cambridge MA London.

– (1995) The Engine of Reason, the Seat of the Soul. A Philosophical Journey into the Brain. Cambridge MA London.

Churchland, P. S. (1996) The Hornswoggle Problem. In: Journal of Consciousness Studies 3: 402–408.

Clark, A. (1993): Sensory Qualities. Oxford.

Cross, S. A. (1994) Pathophysiology of Pain. Mayo Clinic Proceedings 69: 375–383.

Davidson, D. (1970) Mentale Ereignisse. In: Bieri, Analytische Philosophie des Geistes.

– (1993) Thinking Causes. In: Heil & Mele, Mental Causation.

Davies, M. & Humphreys, G. W. (Hg.) (1993) Consciousness. Psychological and Philosophical Essays. Oxford Cambridge MA.

Dennett, D. C. (1982) Mechanism and Responsibility. In: Watson, Free Will.

– (1991) Consciousness Explained. Boston New York Toronto.

Dennett, D. C. & Kinsbourne, M. (1992) Time and the observer: The Where and When of Consciousness in the Brain. The Behavioral and Brain Sciences 15: 183–247.

Dubois-Reymond, E. (1974) Vorträge über Philosophie und Gesellschaft. Hamburg.

Esken, F. & Heckmann, H. D. (1998) Bewußtsein und Repräsentation. Paderborn.

Feigl, H. (1967) The ‚Mental' and the ‚Physical'. The Essay and the Postscript. Minneapolis.

Feyerabend, P. K. (1963a) Materialism and the Mind-Body Problem. In: Christensen & Turner, Folk Psychology.
– (1963b) Mentale Ereignisse und das Gehirn. In: Bieri, Analytische Philosophie des Geistes.
Fischer, J. M. (1994) The Metaphysics of Free Will. An Essay on Control. Oxford Cambridge.
Flohr, H. (1993) Die physiologischen Bedingungen des Bewußtseins. In: Lenk & Poser, Neue Realitäten.
– (1994) Denken und Bewußtsein. In: Fedrowitz, Matejovski, Kaiser, Neuroworlds.
Frank, M. (1991) Selbstbewußtsein und Selbsterkenntnis. Essays zur analytischen Philosophie der Subjektivität. Stuttgart.
– (1994a) Vorwort. In: ders., Analytische Theorien.
– (1994b) Selbstbewußtsein und Rationalität. In: Kolmer & Korten Grenzbestimmungen.
Frank, M. (Hg.) (1991) Selbstbewußtseinstheorien von Fichte bis Sartre. Frankfurt.
– (1994) Analytische Theorien des Selbstbewußtseins. Frankfurt.
Frankfurt, H. G. (1969) Alternate Possibilities and Moral Responsibility, in: Journal of Philosophy 66.
– (1971) Freedom of the Will and the Concept of a Person, in: Journal of Philosophy 68, dt. in Bieri, Analytische Philosophie des Geistes.
– (1988a) Identification and Wholeheartedness, in: ders., The Importance of What We Care About.
– (1988b) The Importance of What We Care About. Philosophical Essays. Cambridge.
– (1999) Necessity, Volition, and Love. Cambridge.
Frijda, N. H. (1993) Moods, Emotion Episodes, and Emotions. In: Lewis & Haviland, Handbook of Emotions.
Frijda, N. H., Kuipers, P., ter Schure, E. (1989) Relations Among Emotion, Appraisal, and Emotional Action Readiness. Journal of Personality and Social Psychology 57: 212–228.
Gazzaniga, M. S. & LeDoux, J. E. (1978) The Integrated Mind. New York London.
Goldman, A. I. (Hg.) (1993) Readings in Philosophy and Cognitive Science. Cambridge MA London.
Gomes, G. (1999) Volition and the readiness potential. Journal of Consciousness Studies 6: 59–66.

Haggard, P. & Eimer, M. (1999) On the Relation Between Brain Potentials and the Awareness of Voluntary Movements. Experimental Brain Research 126: 128–133.

Hardin, C. L. (1987) Qualia and Materialism. Closing the Explanatory Gap. Philosophy and Phenomenological Research 47: 281–298.

– (1990) Color and Illusion. In: Lycan, Mind and Cognition.

– (1997) Reinverting the Spectrum. In: Byrne & Hilbert, Readings on Color, Bd. I.

Hartmann, D. (1998) Philosophische Grundlagen der Psychologie. Darmstadt.

Heil, J. & Mele, A. (Hg.) (1993) Mental Causation. Oxford.

Henrich, D. (1970) Selbstbewußtsein. Kritische Einleitung in eine Theorie. In: Bubner, Hermenutik und Dialektik Bd. I.

Jackson, F. (1982) Epiphenomenal Qualia. Philosophical Quarterly 32: 127–136.

Kane, R. (1989) Two Kinds of Incompatibilism. Philosophy and Phenomenological Research 1: 219–254.

Kant, I. (1956) Kritik der reinen Vernunft. Hamburg.

Kim, J. (1966) On the Psycho-physical Identity Theory. American Philosophical Quarterly 3: 227–235.

– (1989) The Myth of Nonreductive Materialism. In: Warner & Szubka, The Mind-Body-Problem.

– (1990a) The Nonreductivist's Troubles With Mental Causation. In: ders., Supervenience.

– (1990b) Postscripts on Mental Causation. In: ders., Supervenience.

– (1993c) Noncausal Connections. In: ders., Supervenience.

– (1996) Philosophy of Mind. Boulder.

– (1998) Mind in a Physical World. An Essay on the Mind-Body Problem and Mental Causation. Cambridge.

– (im Druck): Reduction, Reductive Explanation, and the Explanatory Gap: A Current Perspective on Physical Explanation of Mentality.

Kleinschmidt, A. (2000), Wahrnehmungskoirrelierte Hirnaktivität. In: Newen & Vogeley, Selbst und Gehirn.

Kripke, S. A., (1993) Name und Notwendigkeit. Frankfurt.

– (1994) Identität und Notwendigkeit. In: Frank, Analytische Theorien.

Lanz, P. (1996) Das phänomenale Bewußtsein. Eine Verteidigung. Frankfurt.

LeDoux, J. E. (1996) The Emotional Brain. The Mysterious Underpinnings of Emotional Life. New York.

Leibniz, G. W. (1979) Monadologie. Übers. und eingel. v. Hermann Glockner. Stuttgart.

Lenk, H. & Poser, H. (Hg.) (1995) Neue Relitäten – Herausforderung der Philosophie. XVI. Deutscher Kongreß für Philosophie. Vorträge und Kolloquien. Berlin.

Levine, J. (1983) Materialism and Qualia: The Explanatory Gap. Pacific Philosophical Quarterly 64: 354–361.

– (1991) Cool Red. Philosophical Psychology 4: 27–39.

– (1993) On Leaving Out What It's Like. In: Davies & Humphreys, Consciousness.

– (1995) Qualia: intrinsisch, relational – oder was? In: Metzinger, Bewußtsein.

Lewis, D. (1966) An Argument for the Identity Theory. Journal of Philosophy 63: 17–25.

– (1972) Psychophysical and Theoretical Identifications. In: Block, Readings in Philosophy of Psychology Bd. I.

Lewis, M. & Haviland, J. M. (Hg.) (1993) Handbook of Emotions. New York London.

Libet, B. (1985) Unconscious Cerebral Initiative and the Role of Conscious Will in Voluntary Action. The Behavioral and Brain Sciences 8: 529–539.

– (1994) A Testable Field Theory of Mind-Brain Interaction. Journal of Consciousness Studies 1: 119–126.

– (1996) Solutions to the Hard Problem of Consciousness. Journal of Consciousness Studies 3: 33–35.

Lycan, W. G. (Hg.) (1990) Mind and Cognition. A Reader. Oxford Cambridge MA.

McCauley, R. N. (1981) Hypothetical Identities and Ontological Economizing: Comments on Causey's Program for the Unity of Science. Philosophy of Science 48: 218–227.

– (1986) Intertheoretic Relations and the Future of Psychology. In: Christensen & Turner, Folk Psychology.

McGinn, C. (1989) Can We Solve the Mind-Body Problem? In: Warner & Szubka, The Mind-Body Problem.

Metzinger, T. (1993) Subjekt und Selbstmodell. Die Perspektivität phänomenalen Bewußtseins vor dem Hintergrund einer naturalistischen Theorie mentaler Repräsentation. Paderborn.

Metzinger, T. (Hg.) (1996) Bewußtsein. Beiträge aus der Gegenwartsphilosophie. Zweite Auflage. Paderborn.

Meyer, W. U., Schützwohl, A. Reisenzein, R. (1993/1997) Einführung in die Emotionspsychologie 2 Bde. Bern Göttingen.

Minsky, M. (1990) Mentopolis. Stuttgart.

Nagel, T. (1974) What Is It Like to Be a Bat? Philosophical Review 83: 435–450, dt. in Frank, Analytische Theorien.

– (1986) The View from Nowhere. New York Oxford.

– (1990) Was bedeutet das alles? Eine ganz kurze Einführung in die Philosophie. Stuttgart.

Newen, A. & Vogeley, K. (Hg.) (2000) Selbst und Gehirn: Menschliches Selbstbewußtsein und seine neurobiologischen Grundlagen. Paderborn.

Nida-Rümelin, M. (1998) Vertauschte Sinnesqualitäten und die Frage der Erklärbarkeit von Bewußtsein. In: Esken & Heckmann, Bewußtsein und Repräsentation

Nisbett, R. E. & Wilson, T. D. (1977) Telling More Than We Can Know: Verbal Reports on Mental Processes. Psychological Review 84: 231–59.

Oeser, E. & Seitelberger, F. (1988) Gehirn, Bewußtsein und Erkenntnis. Darmstadt.

Palmer, S. E. (1999) Color, Consciousness, and the Isomorphism Constraint. The Behavioral and Brain Sciences 22.

Pauen, M. (1996a) Mythen des Materialismus. Die Eliminationstheorie und das Problem der psychophysischen Identität. Deutsche Zeitschrift für Philosophie 44: 77–100.

– (1996b) Wahrnehmung und Mentale Repräsentation. Philosophische Rundschau 43: 243–264.

– (1998a) Is There an Empirical Answer to the Explanatory Gap Argument? Consciousness and Cognition 7: 202–205.

– (1998b) Die Sprache der Bilder. Bestimmung und Funktion piktorialer Formen mentaler Repräsentation. In: Sachs-Hombach & Rehkämper, Bild-Bildwahrnehmung, Bildverarbeitung. Wiesbaden.

– (1999a) Materialismus und Metaphysik. Können naturwissenschaftliche Erkenntnisse Bewußtsein und Subjektivität in Frage stellen? Neue Rundschau 110: 29–47.
– (1999b) Phenomenal Experience and Science: Separated by a ‚Brick Wall'? The Behavioral and Brain Sciences 22.
– (1999c) Reality and Representation. Qualia, Computers, and the ‚Explanatory Gap.' In: Riegler & Peschl, Understanding Representation.
– (1999d) Das Rätsel des Bewußtseins. Eine Erklärungsstrategie. Paderborn.
– (2000a) Painless Pain. Property Dualism and the Causal Role of Phenomenal Consciousness. American Philosophical Quarterly 37: 51–64.
– (2000b) Selbstbewußtsein: Ein metaphysisches Relikt? Philosophische und empirische Befunde zur Konstitution von Subjektivität. In: Newen & Vogeley, Selbst und Gehirn.
– (2001a) Grundprobleme der Philosophie des Geistes. Eine Einführung. Frankfurt.
– (2001b) Freiheit und Verantwortung. Wille, Determinismus und der Begriff der Person. Allgemeine Zeitschrift für Philosophie.

Pauen, M. & Stephan, A. (Hg.) (2001) Phänomenales Bewußtsein. Paderborn.

Popper, K. R. & Eccles, J. C. (1989) Das Ich und sein Gehirn. München.

Place, U. T., (1956) Is Consciousness a Brain Process? In: Chappell, The Philosophy of Mind.

Plutchik, R. (1993) Emotions and their Vicissitudes: Emotions and Psychopathology. In: Lewis & Haviland, Handbook of Emotions.

Posner, M. L. & Raichle, M. E. (1996) Bilder des Geistes. Hirnforscher auf den Spuren des Denkens. Heidelberg Berlin Oxford.

Pothast, U. (1987) Die Unzulänglichkeit der Freiheitsbeweise. Zu einigen Lehrstücken aus der neueren Geschichte von Philosophie und Recht. Frankfurt.

Pothast, U. (Hg.) (1978) Seminar: Freies Handeln und Determinismus. Frankfurt.

Quine, W. V. O. (1966a) The Ways of Paradox and Other Essays. New York.

– (1966b) On Mental Entities. In: ders., The Ways of Paradox.
– (1985) States of Mind. Journal of Philosophy 82: 5–8.
Rainville, P., Duncan, G. H., Price, D. D., Carrier, B., Bushnell, M. C. (1997) Pain Affect Encoded in Human Anterior Cingulate But Not Somatosensory Cortex. In: Science 277: 968–971.
Rolls, E. T. (1999) The Brain and Emotion. Oxford New York.
Rorty, R. (1965) Leib-Seele Identität, Privatheit und Kategorien. In: Bieri, Analytische Philosophie des Geistes.
– (1970a) Unkorrigierbarkeit als Merkmal des Mentalen. In: Frank, Analytische Theorien.
– (1970b) In Defense of Eliminative Materialism. Review of Metaphysics 24: 112–121.
– (1976) Realism and Reference. The Monist 59: 321–340.
– (1987) Der Spiegel der Natur. Eine Kritik der Philosophie. Frankfurt.
Roth, G. (1991a) Die Konstitution von Bedeutung im Gehirn. In: Schmidt, Gedächtnis.
– (1994) Das Gehirn und seine Wirklichkeit. Kognitive Neurobiologie und ihre philosophischen Konsequenzen. Frankfurt.
– (1998) Ist Willensfreiheit eine Illusion. Biologie unserer Zeit 28: 6–15.
Roth, G. & Schwegler, H. (1995) Das Geist-Gehirn-Problem aus der Sicht der Hirnforschung und eines nicht-reduktionistischen Physikalismus. Ethik und Sozialwissenschaft 6: 69–77.
Roth, G. & Prinz, W. (Hg.) (1996) Kopf-Arbeit. Gehirnfunktionen und kognitive Leistungen. Heidelberg Berlin Oxford.
Schlick, M. (1978) Freier Wille, in: Pothast, Seminar.
Schmidt, S. J. (1991) Gedächtnis. Probleme und Perspektiven der interdisziplinären Gedächtnisforschung. Frankfurt.
Spaemann, R. (1996) Personen. Versuche über den Unterschied zwischen ‚etwas' und ‚jemand'. Stuttgart.
Strawson, P. F. (1972) Einzelding und logisches Subjekt. Ein Beitrag zur deskriptiven Metaphysik. Stuttgart.
– (1982) Freedom and Resentment. In: Watson, Free Will; dt. in Pothast, Seminar.
Strawson, G. (1986) Freedom and Belief. Oxford.
– (1989) Consciousness, Free Will, and the Unimportance of Determinism. Inquiry 32: 3–27.

– (1997) The Self. Journal of Consciousness Studies 4: 405–428.
– (1998) Free Will. Artikel in: Routledge Encyclopedia of Philosophy.
Van Gulick, R. (1995) Who's in Charge Here? And Who's Doing All the Work? In: Heil & Mele, Mental Causation.
Van Inwagen, P. (1982) The Incompatibility of Free Will and Determinism, in: Watson, Free Will.
Walter, H. (1996) Die Freiheit des Deterministen. Chaos und Neurophilosophie. Zeitschrift für philosophische Forschung 50: 364–385.
– (1998) Neurophilosophie der Willensfreiheit. Von libertarischen Illusionen zum Konzept natürlicher Autonomie. Paderborn.
Watson, G. (Hg.) (1982) Free Will. Oxford New York.
Windmann, S. & Durstewitz, D. (2000) Phänomenales Erleben: Ein fundamentales Problem für die Psychologie und die Neurowissenschaften. Psychologische Rundschau 51: 75–82.
Wittgenstein, L. (1984) Tractatus logico-philosophicus. Tagebücher 1914–1916. Philosophische Untersuchungen. Frankfurt (=Werkausgabe Bd. I).

Achim Stephan

Emergenz in kognitionsfähigen Systemen

1. Einleitung

Die englischen Ausdrücke ‚to emerge' oder ‚emergence' haben eine alltagssprachliche sowie unterschiedlich starke technische Bedeutungen: So wird mitunter von der ‚emergence of *x*' gesprochen und damit lediglich das ‚Erscheinen' oder ‚Auftauchen' von *x* gemeint. In einem solchen Sinne sind Buchtitel wie z.B. *The emergence of symbols* (Bates 1979) zu verstehen. Natürlich ließe sich auf diese Weise auch von der ‚emergence of cognitive systems' reden. Um diesen alltagssprachlichen Gebrauch des Begriffs der Emergenz soll es im folgenden aber nicht gehen.

Vielmehr will ich mich dem technischen Begriff der Emergenz zuwenden. Dieser bezeichnet eine Eigenschaft ‚zweiter Stufe', indem er Eigenschaften erster Stufe als ‚emergent' auszeichnet und damit von anderen, den ‚nicht-emergenten' Eigenschaften, unterscheidet. In der Fachwelt gibt es jedoch ganz unterschiedliche Auffassungen darüber, nach welchen Kriterien emergente von nicht-emergenten Phänomenen zu unterscheiden sind. Einige Kriterien sind sehr streng, so daß nur wenige, vielleicht gar keine Eigenschaften unter den entsprechenden Begriff fallen, andere fördern einen eher inflationären Gebrauch des Emergenzbegriffs mit dem Ergebnis, daß sehr viele, wenn nicht alle Systemeigenschaften ‚emergent' genannt werden müßten. Die Folge ist, daß zur Zeit eine beträchtliche Verwirrung darüber herrscht, was genau gemeint ist, wenn in so verschiedenen Bereichen wie Theorien der Selbstorganisation, der Philosophie des Geistes, der Theorie dynamischer Systeme, der Kreativitätsforschung oder dem Konnektionismus von emergenten Eigenschaften die Rede ist.

Der zweite Abschnitt gilt deshalb einer systematischen Erörterung verschieden starker Emergenzbegriffe und -theorien. Dabei wird sich zeigen, daß schwächere Varianten mit einer eigenschaftsreduktionistischen Position vereinbar sind, während stärkere Varianten genau dies vermeiden; ebenfalls wichtig ist die Unterscheidung zwischen synchronen und diachronen Emergenztheorien.

Im dritten Abschnitt werden die unterschiedlichen Emergenzbegriffe in verschiedenen für die Kognitionswissenschaften wichtigen Bereichen erprobt. Dabei zeigt sich, daß sie unterschiedliche Aufgaben zu erfüllen haben und man sich daher klar darüber sein sollte, was man aus welchem Grund als ‚emergent' bezeichnen möchte. Z.B. wird in der Philosophie des Geistes, insbesondere im Rahmen der Qualia-Debatte, ein stärkerer Emergenzbegriff benötigt als bei der Diskussion von ‚emergenten' Eigenschaften in konnektionistischen Netzen.

2. Schwache, synchrone und diachrone Emergenz

Unter den verschiedenen Spielarten des Emergentismus sind drei Theorien besonders hervorzuheben: der *synchrone* Emergentismus, der *diachrone* Emergentismus und eine *schwache* Form des Emergentismus. Während für den synchronen Emergentismus das zeitlos betrachtete Verhältnis zwischen den Eigenschaften eines Systems und dessen Mikrostruktur, also der Anordnung und den Eigenschaften der Systembestandteile, im Mittelpunkt des Interesses steht und im Rahmen dieser Theorie eine Systemeigenschaft dann als emergent gilt, wenn sie *irreduzibel* ist, also nicht auf die Anordnung und die Eigenschaften der Systemteile zurückgeführt werden kann, richtet der diachrone Emergentismus sein Augenmerk auf die *Vorhersagbarkeit* neuartiger Eigenschaften. In dessen Rahmen gelten diejenigen Eigenschaften als emergent, die vor ihrem erstmaligen Auftreten prinzipiell nicht hätten vorhergesagt werden können. Diese beiden ‚stärkeren' Formen des Emergentismus sind im übrigen nicht unabhängig voneinander, da irreduzible Eigenschaften eo ipso vor ihrem erstmaligen Auftreten unvorhersagbar sind. Synchron emergente Eigenschaften sind also auch diachron emergent, das Umgekehrte gilt freilich nicht.

Beide Emergenztheorien basieren auf einer ‚schwachen' Theorie, die derzeit vor allem im Konnektionismus und in Theorien der Selbstorganisation die emergenztheoretischen Betrachtungen durchzieht. Deren drei Grundmerkmale, die *These des physischen Monismus*, die *These der systemischen Eigenschaften* und die *These der synchronen Determiniertheit*, sind auch mit reduktionistischen Ansätzen problemlos vereinbar. Die stärkeren Emergenztheorien ergeben sich aus dem *schwachen Emergentismus* durch das Hinzufügen weiterer Thesen.

Der schwache Emergentismus

Das erste Merkmal zeitgenössischer Emergenztheorien – die *These des physischen Monismus* – ist eine These über die *Beschaffenheit der Systeme*, die emergente Eigenschaften haben. Sie besagt, daß die Träger der emergenten Eigenschaften ausschließlich aus physischen Bestandteilen bestehen. Mögliche Kandidaten für emergente Eigenschaften, wie ‚lebendig zu sein' oder ‚in einem mentalen Zustand zu sein', werden nach dieser These allein durch materielle Systeme mit einer hinreichend komplexen Mikrostruktur instantiiert. Ausgeschlossen werden damit *vitalistische* Positionen, denen zufolge die Eigenschaft, lebendig zu sein, erst durch die Verbindung eines Organismus mit einer übernatürlichen Entität wie einer ‚Entelechie' oder einem ‚élan vital' instantiiert werden kann.[1] Ebenso abgelehnt werden damit substanzdualistische Positionen, die das Haben kognitiver Zustände auf übernatürliche Träger wie eine ‚res cogitans' zurückführen möchten. Die *These des physischen Monismus* schließt folglich aus, daß für das Haben emergenter Eigenschaften *übernatürliche* Komponenten verantwortlich sind. Im besonderen bedeutet dies, daß die Systeme, die lebendig sind oder Geist haben – seien sie natürliche

---

[1] Übernatürliches wird hier als unabhängig von der physischen Natur und den in ihr geltenden Gesetzen aufgefaßt.

oder artifizielle Systeme –, aus den gleichen basalen Bausteinen bestehen wie die unbelebten Dinge der Natur. Es bestehe kein Grund zu der Annahme, daß es *spezifische Komponenten* gebe, die genau denjenigen Systemen zukämen, die lebendig oder kognitionsfähig seien, aber den unbelebten bzw. kognitionsunfähigen fehlten. Vielmehr seien es nichts anderes als *bestimmte Konstellationen* physikalisch-chemischer Prozesse, die lebendiges Verhalten zeigen oder geistige Qualitäten haben.

(PM) *Physischer Monismus.* Die im Universum vorhandenen und entstehenden Entitäten bestehen ausschließlich aus materiellen Bestandteilen. Auch die als emergent zu charakterisierenden Eigenschaften, Dispositionen, Verhaltensweisen oder Strukturen werden nur von solchen Systemen instantiiert, die ausschließlich aus physischen Bausteinen bestehen.

Mit der Übernahme der *naturalistischen* Position unterstreichen Emergenztheoretiker ihren empirisch-wissenschaftlichen Anspruch, ohne sich damit auch schon einem reduktionistisch-physikalistischen Ansatz verpflichtet zu fühlen.

Während die erste These die Diskussion emergenter Eigenschaften und Strukturen in den Rahmen eines physikalistisch-naturalistischen Rahmens stellt, der insbesondere hinsichtlich künstlicher Systeme auch kaum anders zu denken ist, grenzt die zweite These den Typ der Eigenschaften ein, die überhaupt als mögliche Kandidaten emergenter Phänomene in Frage kommen. Es ist die *These der systemischen Eigenschaften.*

Dieser These liegt die Annahme zugrunde, daß die *allgemeinen* Eigenschaften komplexer Entitäten in zwei verschiedene Gruppen zerfallen:[2] (i) in solche Eigenschaften, die auch einige der Bestandteile haben, und (ii) in solche, die kein Bestandteil des Systems hat. Beispiele für Elemente der ersten

---

[2] Unter „allgemeinen Eigenschaften" verstehe ich hier Eigenschaften eines generellen Typs wie: ‚ein Gewicht zu haben' oder ‚flüssig zu sein', nicht aber spezifische Eigenschaften wie: ‚ein Gewicht von 3,264 kg zu haben' oder ‚bei einer Temperatur von 1000 °C flüssig zu sein'.

Gruppe sind Eigenschaften wie ‚ausgedehnt zu sein' oder ‚eine Geschwindigkeit zu haben'; sie werden mitunter ‚erbliche' Eigenschaften (allerdings nicht im biologischen Sinne) genannt. Beispiele für die zweite Gruppe sind u.a. ‚zu laufen', ‚sich selbst duplizieren zu können', ‚zu atmen' oder ‚eine Schmerzempfindung zu haben'. Diese werden als *systemische* oder kollektive Eigenschaften bezeichnet.

(SE) *Systemische Eigenschaften.* Emergente Eigenschaften sind *systemische* Eigenschaften. Eine Systemeigenschaft heißt genau dann *systemisch*, wenn kein Bestandteil des Systems eine Eigenschaft dieses Typs hat.

Daß es sowohl künstliche als auch natürliche Systeme mit systemischen Eigenschaften gibt, dürfte unstrittig sein. Wer dies leugnen wollte, müßte die Auffassung vertreten, daß *alle* Systemeigenschaften ‚erbliche' Eigenschaften sind, also auch von einigen der Systembestandteile exemplifiziert werden. Dem widersprechen zahllose Beispiele.

Während die erste These den Typ der Bausteine eingrenzt, aus denen sich Systeme mit emergenten Eigenschaften zusammensetzen, und die zweite These den Typ der Eigenschaften näher charakterisiert, die für ‚Emergenz' in Frage kommen, spezifiziert die dritte These den Typ des Verhältnisses, das zwischen der Mikrostruktur eines Systems und dessen emergenten Eigenschaften besteht, als eines der *synchronen Determiniertheit*:

(SD) *Synchrone Determiniertheit.* Die Eigenschaften und Verhaltensdispositionen eines Systems hängen von dessen Mikrostruktur, d.h. den Eigenschaften seiner Bestandteile und deren Anordnung ab. Es kann keinen Unterschied in den systemischen Eigenschaften geben, ohne daß es zugleich Unterschiede in den Eigenschaften der Bestandteile des Systems oder in deren Anordnung gibt.

Vollmer hat diesen Sachverhalt an einem aus der Chemie stammenden Beispiel verdeutlicht: Das System ‚Graphit' besteht aus Kohlenstoffatomen in einer Waben-Schicht-

Anordnung. Wählt man bei gleichen atomaren Bausteinen eine tetraedrische Anordnung, so erhält man ein anderes System, nämlich ‚Diamant', mit anderen systemischen Eigenschaften. Wählt man für diese Anordnung andere atomare Bestandteile, so erhält man erneut ein anderes System, z.B. ‚Siliziumkristall'. In jedem dieser Fälle hängen die systemischen Eigenschaften von den Eigenschaften der Systembestandteile und deren spezifischer Anordnung ab (vgl. Vollmer 1988, 93). Jemand, der bereit wäre, die These der synchronen Determiniertheit der Systemeigenschaften abzulehnen, müßte entweder ‚frei schwebende' Eigenschaften zulassen, die nicht an die Eigenschaften und die Anordnung der Bestandteile ihres Trägers gebunden sind, oder annehmen, daß ein anderer, in diesem Falle nichtnatürlicher Faktor für die unterschiedlichen Dispositionen struktur- und baustein-identischer Systeme verantwortlich ist. Im oben dargestellten Falle müßte er zulassen, daß es zum Beispiel Gegenstände geben könnte, die dieselben Bestandteile wie Diamanten in derselben Anordnung haben könnten, ohne jedoch deren Härte zu haben, denen auf der Mohs-Skala vielleicht nur die Härte 2 anstelle der Härte 10 zukäme. Das erscheint völlig unplausibel. Ebensowenig scheint vorstellbar zu sein, daß es zwei identische Organismen gibt, von denen der eine lebensfähig ist, der andere aber nicht. Im Falle geistiger Phänomene mögen die Intuitionen weiter auseinanderklaffen, doch scheint eines klar zu sein: Wer z.B. bereit ist zu glauben, daß von zwei struktur- und baustein-identischen Lebewesen das eine farbenblind sein könne, während das andere in gewöhnlicher Weise Farben unterscheiden kann, der vertritt keine naturalistisch-physikalistische Position mehr.[3]

Der bisher skizzierte *schwache* Emergentismus vereint die Minimalanforderungen an emergente Eigenschaften und ist die gemeinsame Grundlage auch aller stärkeren Theorien. Darüber hinaus – und das legt es nahe, ihn als eigenständige Theorie auszuzeichnen – wird er heute nicht nur von einigen

---

[3] Für intentionale Einstellungen gelten entsprechende Überlegungen freilich nur, solange man kein Externalist ist, also nicht annimmt, daß der Inhalt z.B. von Überzeugungen wesentlich von der Beschaffenheit der Gegenstände in der Umgebung desjenigen abhängt, der diese hat.

Philosophen (z.B. von Bunge und Vollmer), sondern auch von Kognitionswissenschaftlern (z.B. von Hopfield, Rosch, Varela und Rumelhart) in eben dieser schwachen Form vertreten. Seine drei Merkmale – die These des physischen Monismus, die These der systemischen Eigenschaften und die These der synchronen Determiniertheit – sind ohne weiteres mit den zeitgenössischen reduktionistischen Positionen vereinbar.

Der synchrone Emergentismus

Wir kommen nun zu den zentralen Merkmalen der anspruchsvolleren emergentistischen Theorien, der These der *Nichtdeduzierbarkeit* sowie der These der *Unvorhersagbarkeit* bestimmter systemischer Eigenschaften. Zwischen diesen beiden Thesen besteht ein enger Zusammenhang: Systemische Eigenschaften, die irreduzibel sind, sind eo ipso vor ihrer ersten Exemplifizierung nicht vorhersagbar und zwar im Prinzip nicht. Doch außer den irreduziblen scheint es auch noch Eigenschaften zu geben, die aus anderen Gründen vor ihrem ersten Auftreten nicht vorhergesagt werden können. Insofern beschreibt die Unvorhersagbarkeitsthese einen komplexeren Sachverhalt als die These der Nichtdeduzierbarkeit. Es empfiehlt sich daher, zunächst die einfacher zu analysierende Irreduzibilitätsthese und mit ihr den *synchronen* Emergentismus zu diskutieren.

Als geradezu klassisch darf die von Broad vorgeschlagene Formulierung der These der Nichtdeduzierbarkeit systemischer Eigenschaften gelten. Sie lautet:

> Put in abstract terms the emergent theory asserts that there are certain wholes, composed (say) of constituents *A*, *B*, and *C* in a relation *R* to each other; that all wholes composed of constituents of the same kind as *A*, *B*, and *C* in relations of the same kind as *R* have certain characteristic properties; that *A*, *B*, and *C* are capable of occurring in other kinds of complex where the relation is not the same kind as *R*; and that the characteristic properties of the whole *R(A,B,C)* cannot, even in the-

> ory, be *deduced* from the most complete knowledge of the properties of *A*, *B*, and *C* in isolation or in other wholes which are not of the form *R(A,B,C)*. (1925, 61)

Nach dieser Definition ist eine systemische Eigenschaft, von der vorausgesetzt wird, daß sie gemäß der These der *synchronen Determiniertheit* von der Mikrostruktur des Systems *S*, das sie hat, abhängt, dann *irreduzibel* und damit *emergent*, wenn sie nicht aus der Anordnung, die die Bestandteile in *S* haben, und den Eigenschaften, die diese isoliert oder in von *S* verschiedenen Systemen haben, deduziert werden kann.

Obwohl es auf den ersten Blick so aussieht, als habe Broad mit seiner Explikation einen klaren und einheitlichen Begriff für die Nichtdeduzierbarkeit oder Irreduzibilität einer systemischen Eigenschaft vorgeschlagen, zeigt eine nähere Betrachtung, daß sich hinter ihr zwei verschiedene Formen der Irreduzibilität verbergen, die ganz unterschiedliche Konsequenzen haben. Das Versäumnis, die beiden Varianten der Irreduzibilität auseinanderzuhalten, hat die neuere Debatte über die Emergenz von Eigenschaften nachhaltig verwirrt. Um hier Abhilfe zu schaffen, wende ich mich zunächst der Frage zu, wann eine systemische Eigenschaft überhaupt als *reduzierbar* gelten kann. Dazu scheinen zwei verschiedene Bedingungen erfüllt sein zu müssen: Die erste fordert, daß sich allein aus dem Verhalten der Bestandteile des Systems *S* ergibt, daß *S* die Eigenschaft *E* hat. Die zweite fordert, daß sich aus dem Verhalten, das die Bestandteile von *S* in anderen (einfacheren) Systemen oder isoliert zeigen, ergibt, daß sie in *S* genau das Verhalten zeigen, das sie dort tatsächlich zeigen. Sind beide Bedingungen erfüllt, so ergibt sich aus dem Verhalten der Bestandteile von *S* in anderen Kontexten, daß *S* die systemische Eigenschaft *E* hat, *E* mithin reduzierbar ist. Da die beiden Bedingungen unabhängig voneinander sind, ergeben sich daraus zwei völlig verschiedene Möglichkeiten für das Vorkommen *irreduzibler* systemischer Eigenschaften:

(IR_1) Eine systemische Eigenschaft *E* eines Systems *S* ist *irreduzibel*, wenn sich aus dem Verhalten der Systembestandteile von *S* *nicht* ergibt, und zwar im Prinzip nicht, daß *S* die Eigenschaft *E* hat.

(IR_2) Eine systemische Eigenschaft *E* eines Systems *S* ist *irreduzibel*, wenn sich aus dem Verhalten, das die Systembestandteile von *S* in anderen Konstellationen als der in *S* bestehenden Anordnung zeigen, *nicht* ergibt, und zwar im Prinzip nicht, wie sie sich in *S* verhalten.

Eine notwendige Voraussetzung für die Reduzierbarkeit einer systemischen Eigenschaft ist demnach, daß sich das ‚Instantiiertsein' derselben aus dem Verhalten der Bestandteile des betrachteten Systems ergibt. Mit anderen Worten: Allein aus dem Verhalten der Bestandteile des Systems müßte folgen, daß es alle charakteristischen Merkmale hat, die für das Haben der systemischen Eigenschaft wesentlich sind. Diese im ersten Reduzibilitätskriterium enthaltene Bedingung sieht Broad beispielsweise im Falle der charakteristischen Eigenschaften chemischer Verbindungen und lebensfähiger Organismen durchweg als erfüllt an. Irreduzibel könnten deren Eigenschaften daher allenfalls durch eine Verletzung der zweiten Bedingung sein. Aus dem Verhalten der Bestandteile in anderen Systemen als dem betrachteten dürfte sich dann nicht ergeben, wie sie sich in diesem verhalten. Dagegen folge die Irreduzibilität der sekundären Qualitäten und phänomenalen Bewußtseinserlebnisse bereits aus einer Verletzung der ersten Bedingung, da jene weder durch das makroskopische noch durch das mikroskopische Verhalten der Systembestandteile adäquat charakterisierbar seien, und zwar im Prinzip nicht. Denn wenn wir sagten, daß ein bestimmter Gegenstand rot sei oder eine chemische Substanz wie Salmiakgeist rieche, dann meinten wir damit einfach nicht, daß sich die Bestandteile der entsprechenden Systeme auf eine bestimmte Weise *verhielten* oder *bewegten*. Kein Fortschritt in den Wissenschaften könne daran etwas ändern.[4] Broad hat diesen für ihn fundamentalen Unterschied zwischen – behavioral – *analysierbaren* und *nicht-analysierbaren* Eigenschaften mehrfach am Beispiel sekundärer Qualitäten und charakteristischer Eigenschaften von Lebewesen diskutiert.[5]

Lassen sich sekundäre und phänomenale Qualitäten prinzipiell nicht behavioral analysieren, dann besteht auch keine Aussicht, daß durch einen Zuwachs an wissenschaftlicher Kompetenz die Lücke zwischen physischen Vorgängen und sekundären Qualitäten bzw. zwischen physiologischen Vorgängen und phänomenalen Bewußtseinszuständen geschlossen werden kann.

Andererseits können aber auch ‚analysierbare' systemische Eigenschaften irreduzibel und damit emergent sein. Sie sind es dann, wenn das zweite Reduzibilitätskriterium verletzt wird, d.h. wenn das Verhalten, das die Bestandteile innerhalb eines bestimmten Systems zeigen, nicht aus deren Verhalten in anderen Konstellationen folgt. Broad hält das Vorkommen solch *irreduzibler* Verhaltensweisen sowohl in chemischen Verbindungen als auch in Organismen für möglich. Die Kernidee ist dabei, daß die Bestandteile innerhalb einer völlig ‚neuen' Struktur, wie sie z.B. ein Organismus im Vergleich zu anorganischen Verbindungen darstellt, ein Verhalten zeigen können, das nicht aus ihrem Verhalten in den übrigen Konstellationen ableitbar ist. Implizit wird damit behauptet, daß sich das Verhalten mehrfach wechselwirkender Komponenten nicht in jedem Fall aus ihrem je paarweise betrachteten Verhalten ergibt.

---

[4] Die Frage, ob eine Bezugnahme auf unseren Sprachgebrauch Fragen der Reduzierbarkeit endgültig beantwortet, ist allerdings umstritten. Insbesondere Paul Churchland hat Argumenten des Broadschen Typus heftig widersprochen (vgl. 1988, 29 ff.).

[5] Die hier der Einfachheit halber ‚nicht-analysierbar' genannten Eigenschaften könnten freilich auf andere Weise als durch behaviorale Merkmale charakterisiert werden; z.B. könnte ein bestimmter Geruch als eine Mischung der Gerüche von Moschus und Fischmehl ‚analysiert' werden. Dies wäre jedoch keine Analyse auf der Basis von Bewegungs- und Verhaltensbegriffen. Die gegenwärtige Debatte um eine angemessene Funktionalisierung phänomenaler Qualitäten bietet eine Neuauflage der Broadschen Argumentation (vgl. unten, Abschnitt 3.).

Ist das Verhalten einiger Systemteile in dieser Hinsicht irreduzibel, so sind damit auch die von deren Verhalten abhängigen systemischen Eigenschaften (wie z.B. sich fortpflanzen zu können) irreduzibel.

Eine Verletzung des zweiten Reduzibilitätskriteriums, die sich in der Irreduzibilität des Komponentenverhaltens manifestiert, hat jedoch nicht eine Verletzung des ersten Reduzibilitätskriteriums zur Folge. Systemische Eigenschaften, die nicht reduziert werden können, weil das Verhalten der Systemteile irreduzibel ist, können ihrerseits durchaus behavioral analysierbar sein. Die beiden Reduzibilitätskriterien bzw. die auf ihrer jeweiligen Verletzung basierenden Irreduzibilitäten sind folglich voneinander unabhängig.

Zusammenfassend ergibt sich die folgende Fassung für das Merkmal der Irreduzibilität systemischer Eigenschaften:

(IR) *Irreduzibilität.* Eine systemische Eigenschaft ist irreduzibel, wenn sie (i) weder mikro- noch makroskopisch behavioral analysierbar ist, oder wenn sich (ii) das spezifische Verhalten der Systemkomponenten, über dem die systemische Eigenschaft superveniert,[6] nicht aus dem Verhalten ergibt, das jene Komponenten isoliert oder in einfacheren Konstellationen zeigen.

---

[6] Die Relation der ‚Supervenienz' ist eine (asymmetrische) Kovarianzbeziehung, die zwischen zwei Eigenschaftsfamilien *A* und *B* genau dann besteht, wenn Ununterscheidbarkeit hinsichtlich der (subvenienten) Basiseigenschaften aus *B* Ununterscheidbarkeit hinsichtlich der (supervenienten) Eigenschaften aus *A* impliziert: Man sagt, daß *A* über *B* *superveniert*, wenn sich zwei Gegenstände, die sich in ihren *A*-Eigenschaften unterscheiden, auch in mindestens einer *B*-Eigenschaft unterscheiden bzw. wenn es keine zwei Gegenstände gibt, die dieselben *B*-Eigenschaften haben, sich aber in ihren *A*-Eigenschaften unterscheiden. Der Begriff der Supervenienz wurde in den letzten Jahren eingehend analysiert; für einen ersten Überblick vgl. Stephan (1994, 314–319) oder Beckermann (1999, 203–215); umfassende Darstellungen bieten Kim (1993) sowie Savellos und Yalcin (1995).

Wir haben damit zwei völlig verschiedene Formen der Irreduzibilität systemischer Eigenschaften zu unterscheiden. Ebenso verschieden scheinen aber auch die Konsequenzen zu sein, die sich daraus ergeben. Ist eine systemische Eigenschaft irreduzibel, weil das Verhalten der Systemteile, über dem sie superveniert, selbst irreduzibel ist, so scheint dies zu implizieren, daß ein Fall von ‚abwärts gerichteter Verursachung' vorliegt. Denn wenn sich das Verhalten der Komponenten nicht auf deren Anordnung und das von ihnen in anderen Systemen gezeigte Verhalten zurückführen läßt, dann scheint es einen vom System bzw. seiner spezifischen Struktur selbst ausgehenden ‚abwärts gerichteten' kausalen Einfluß auf das Verhalten seiner Teile zu geben. Freilich wäre, wenn es denn diese Form der abwärts gerichteten Verursachung geben sollte, damit kein Bruch allgemeiner Annahmen wie z.B. des Prinzips der kausalen Abgeschlossenheit des physischen Bereiches verbunden. Innerhalb des physischen Bereichs wären neben den basalen Wechselwirkungen lediglich weitere Formen der kausalen Einflußnahme zu akzeptieren.

Das Vorkommen nicht-analysierbarer Eigenschaften impliziert dagegen keine Form der ‚downward causation'. Weder müssen Systeme, von deren Mikrostruktur nicht-analysierbare Eigenschaften abhängen, derart beschaffen sein, daß das Verhalten ihrer Bestandteile irreduzibel ist – eine von der Struktur des Systems ausgehende abwärts gerichtete Verursachung wird demnach nicht impliziert –, noch ist anzunehmen, daß von den nicht-analysierbaren systemischen Eigenschaften selbst ein abwärts gerichteter kausaler Einfluß auf die Teile des Systems ausgeht. Eher ist zu fragen, inwiefern die nicht-analysierbaren Eigenschaften überhaupt eine kausale Rolle spielen können. Da sie nicht behavioral analysierbar sind, also weder einem ‚Mechanismus' zu entsprechen noch aus einem zu resultieren scheinen, ist auch nicht zu sehen, mittels welcher Mechanismen sie selbst wirksam sein könnten. Wenn aber nicht zu sehen ist, *wie* den nicht-analysierbaren systemischen Eigenschaften eine kausale Rolle zukommen könnte, dann scheint es, als bliebe ihnen nur der Status eines Epiphänomens.

Der diachrone Emergentismus

In einer systematischen Untersuchung, die von den charakteristischen Eigenschaften der in unserer Welt befindlichen Systeme ausgeht – also z.B. von deren chemischen, vitalen oder kognitiven Eigenschaften –, steht eindeutig die Frage nach der Reduzierbarkeit dieser Eigenschaften im Zentrum des Interesses, während die Frage nach deren Vorhersagbarkeit gleichsam ohne Belang ist. Dagegen scheint sich im Rahmen evolutionärer Emergenztheorien das Verhältnis zwischen den beiden Fragestellungen umzukehren: Während die Frage nach der Reduzierbarkeit der neu entstehenden Eigenschaften hier weniger bedeutsam erscheint, steht nun die Frage im Vordergrund, was in einem früheren Stadium der Entwicklung des Universums wenigstens im Prinzip über die in seinen späteren Phasen zu erwartenden Systeme sowie deren Eigenschaften prognostiziert werden kann. Ebenso scheint auch bei der Entwicklung neuer Artefakte die Vorhersagbarkeit der zu erwartenden Eigenschaften eine wichtige Rolle zu spielen. Dabei geht es jedoch weniger um Fragen der prinzipiellen Vorhersagbarkeit, als vielmehr um handfeste pragmatische Interessen – für Automobilkonzerne wäre es einfach besser, schon vor einem ‚Elchtest' zu wissen, ob ein neu konstruiertes Auto diesem standhalten wird oder nicht. Unvorhergesehene Ereignisse dieses Typs haben allerdings wenig mit Emergenz in einem theoretisch interessanten Sinne zu tun.

Allen diachronen Emergenztheorien liegt eine These über das Auftreten von genuin *Neuartigem* in der Evolution – seien es Eigenschaften oder Strukturen – zugrunde; mit dieser These werden zugleich alle präformationistischen Positionen ausgeschlossen.

(NA) *Neuartigkeit.* Im Universum kommt es wiederholt zur Exemplifizierung von ‚genuin Neuartigem'. Im Laufe der Evolution ergeben sich zwischen den jeweils vorhandenen Bausteinen neue Konstellationen; es bilden sich neue Strukturen aus, die neue Entitäten mit neuen Eigenschaften und Verhaltensweisen konstituieren.

Das bloße Hinzufügen der Neuartigkeitsthese macht jedoch aus einer *schwachen* noch keine starke Emergenztheorie, da der reduktive Physikalismus auch mit dieser Spielart des Emergentismus kompatibel bleibt. Erst die weitere These der prinzipiellen *Unvorhersagbarkeit* der neuartigen Eigenschaften führt zu stärkeren *diachronen* Emergenztheorien.

Eine kurze Überlegung zeigt, daß systemische Eigenschaften aus zwei fundamental verschiedenen Gründen prinzipiell unvorhersagbar sein können: Sie können unvorhersagbar sein, weil bereits die Mikrostruktur des Systems, das sie erstmals instantiieren wird, unvorhersagbar ist. Denn wenn die Mikrostruktur eines neu entstehenden Systems unvorhersagbar ist, so sind auch die von ihr abhängigen Eigenschaften unvorhersagbar. Eine Eigenschaft kann aber auch unvorhersagbar sein, obwohl die Mikrostruktur des neuartigen Systems vorhersagbar ist, und zwar dann, wenn sie irreduzibel ist: Sind systemische Eigenschaften irreduzibel, so sind sie eo ipso vor ihrem erstmaligen Auftreten unvorhersagbar. Damit ist natürlich nicht ausgeschlossen, daß ihr weiteres Auftreten jeweils zutreffend prognostiziert werden kann. Da im zweiten Fall die Kriterien für unvorhersagbare Eigenschaften mit denen für irreduzible Eigenschaften identisch sind, bietet ein so verstandener Begriff der Unvorhersagbarkeit gegenüber dem der Irreduzibilität allerdings keinen theoretischen Zugewinn. Ein Unterschied im Umfang der beiden Begriffe ergäbe sich allenfalls für Eigenschaften, die, obwohl reduzierbar, doch als vor ihrem erstmaligen Erscheinen unvorhersagbar anzusehen sind, und zwar deshalb, weil sich das Verhalten der Systemkomponenten, über dem sie supervenieren, nicht aus deren Verhalten in den *bis zum Vorhersagezeitpunkt* entstandenen Systemen ergibt. Ein auf diese Weise erweiterter Begriff der Unvorhersagbarkeit wäre allerdings auf sehr kontingente Weise von der Reihenfolge der in der Evolution entstandenen Systeme abhängig und sollte aus diesem Grund keine besondere Rolle bei der Bestimmung des Emergenzbegriffes spielen.

Wenden wir uns deshalb dem ersten Fall, der *Strukturunvorhersagbarkeit*, etwas näher zu. Diese Variante der Unvorhersagbarkeit hat in der ‚klassischen' emergenztheoretischen Literatur zwar kaum Beachtung gefunden, sie gewinnt jedoch angesichts des starken Interesses an dynamischen Systemen und chaotisch ablaufenden Vorgängen zunehmend an Bedeutung.

Die Struktur eines neu entstehenden Systems kann selbst wiederum aus verschiedenen Gründen unvorhersagbar sein. So impliziert z.B. die Annahme eines indeterministischen Universums unmittelbar die Unvorhersagbarkeit neuer Strukturbildungen. Aus emergenztheoretischer Perspektive wäre es jedoch eher uninteressant, wenn die Bildung einer neuen Struktur nur deshalb als unvorhersagbar gelten müßte, weil ihr Entstehen indeterminiert wäre. Davon abgesehen gehen die meisten Emergentisten ohnehin davon aus, daß auch die Bildung neuer Strukturen nach deterministischen Gesetzen erfolgt. Aber auch determiniert ablaufende Strukturbildungen können für uns Menschen *prinzipiell unvorhersagbar* sein, und zwar dann, wenn sie nach Gesetzen verlaufen, die dem deterministischen Chaos zuzurechnen sind.

Ein wesentliches Ergebnis der Chaostheorie ist nämlich, daß es – sogar sehr einfache – mathematische Funktionen gibt, deren eigenes Verhalten nicht vorhergesagt werden kann. Erst das Aufkommen der ‚experimentellen Computer-Mathematik' hat z.B. die Eigenschaften von verschiedenen logistischen Funktionen preisgegeben. Deren intra-mathematische Unvorhersagbarkeit hängt mit dem aperiodischen Verhalten dieser Funktionen zusammen, bei dem minimal verschiedene Startwerte zu radikal verschiedenen Funktionsverläufen führen können. So sieht es ganz so aus, als habe uns ausgerechnet die exakteste aller Wissenschaften zu einem der Ausgangspunkte des Emergentismus zurückgeführt. Während wir heute – nach den bahnbrechenden Erfolgen der Chemie und Physik – die Eigenschaften und Dispositionen chemischer Verbindungen nicht mehr zu den *synchron* emergenten Phänomenen rechnen, legt die Erforschung des deterministischen Chaos die Existenz von Systemen nahe, die prinzipiell unvorhersagbare Strukturen entwickeln und damit *strukturemergentes* Verhalten zeigen können.

Zwar ließe sich einwenden, daß ein ‚Laplacescher Dämon' auch bei chaotischen Prozessen korrekte Vorhersagen treffen könnte. Ob das tatsächlich so wäre, ist aber noch nicht ausgemacht und hängt vor allem davon ab, welche Informationsbasis einer solchen Phantasiegestalt zugestanden wird. Da chaotische Vorgänge nicht-periodisch sind, läßt sich aus dem bis zum Vorhersagezeitpunkt stattgefundenen Weltverlauf nicht auf eindeutige Weise eine Formel bestimmen, nach der dessen Fortgang berechnet werden könnte. Obwohl der weitere Gang der Welt deterministischen Gesetzen folgt, ergibt sich aus den früheren Ereignissen nicht, nach *welchen* Gesetzmäßigkeiten dies geschieht; ganz verschiedene Fortsetzungen scheinen mit dem jeweils früheren Weltverlauf verträglich zu sein. Deshalb könnte sogar ein Laplacescher Dämon mit seinen Vorhersagen scheitern. Gesteht man diesem jedoch zu, *alle* Details der früheren Weltzustände – ‚bis auf unendlich viele Stellen nach dem Komma' – zu kennen und zugleich *a priori* zu wissen, *welche* Prozesse nach welchen *spezifischen* chaotischen Gesetzen verlaufen, nun, dann wäre er natürlich in der Lage, die sich nach diesen Gesetzen vollziehenden Strukturbildungen korrekt zu prognostizieren. Ich will es hier einmal offenlassen, ob ein solches Wissen selbst einem Fabelwesen sinnvollerweise zugesprochen werden kann.[7] Für Vorhersagende mit unseren geistigen Kapazitäten können wir diese Möglichkeit jedoch ausschließen und annehmen, daß es dort, wo es Chaos gibt, auch prinzipiell nicht vorhersagbare Strukturen geben wird, mithin *Strukturemergenz* in unserem Sinne.

(SU) *Strukturunvorhersagbarkeit*. Das Entstehen neuartiger Strukturen ist dann unvorhersagbar, wenn die Bildung der Strukturen den Gesetzen des deterministischen Chaos folgt. Ebenso sind die eventuell neuartigen Eigenschaften, die durch jene Strukturen instantiiert werden, nicht vorhersagbar.

Eine *systemische Eigenschaft* kann daher vor ihrem erstmaligen Auftreten *unvorhersagbar* sein, weil sie irreduzibel ist oder

---

[7] Laplace selbst dachte zwar daran, daß sein ‚Dämon' *alle* den Lauf der Natur bestimmenden Gesetze kenne, verstand unter diesen jedoch die Gesetze der Newtonschen Mechanik. Von nicht-periodischen chaotischen Abläufen war zu seiner Zeit noch nichts bekannt.

weil die Struktur, die sie instantiiert, vor ihrem ersten Entstehen unvorhersagbar ist. Obwohl die Unvorhersagbarkeit einer Struktur folglich stets auch die Unvorhersagbarkeit der von ihr instantiierten Eigenschaften impliziert, impliziert sie damit nicht deren Irreduzibilität. Insofern ist mit der Unvorhersagbarkeit einer systemischen Eigenschaft durchaus deren Reduzierbarkeit auf das Verhalten der Bestandteile des Systems, das sie hat, verträglich.

Synopsis

Die folgende Abbildung stellt die logischen Beziehungen dar, die zwischen den einzelnen Spielarten des Emergentismus bestehen:

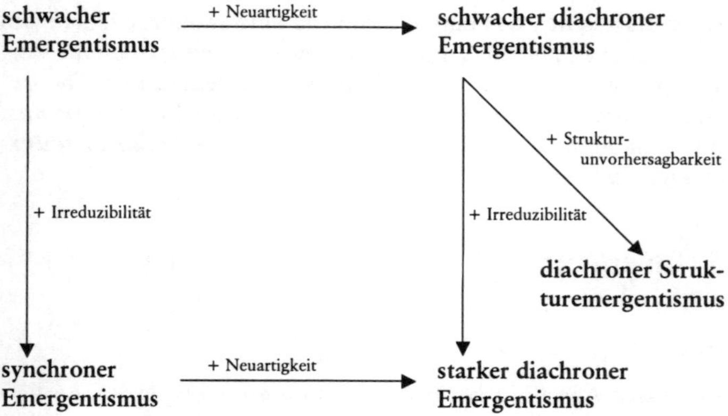

Der *schwache diachrone* Emergentismus entsteht aus dem *schwachen* Emergentismus durch Hinzufügen der zeitlichen Dimension in Form der Neuartigkeitsthese. Beide Versionen sind mit dem reduktiven Physikalismus kompatibel. Schwache Emergenztheorien finden derzeit vor allem in den Kognitionswissenschaften, besonders zur Charakterisierung systemischer Eigenschaften in konnektionistischen Netzen sowie in

Theorien der Selbstorganisation Verwendung. Der *synchrone* Emergentismus, der aus dem *schwachen* Emergentismus durch Hinzufügen der Irreduzibilitätsthese hervorgeht, feiert in der zeitgenössischen Debatte um den nichtreduktiven Physikalismus eine Renaissance. Diese Theorie ist nicht mehr mit dem reduktiven Physikalismus verträglich. Der *starke diachrone* Emergentismus unterscheidet sich nur unwesentlich durch die Berücksichtigung der zeitlichen Dimension in Form der Neuartigkeitsthese vom *synchronen* Emergentismus. Dagegen ist der *Strukturemergentismus* völlig unabhängig vom synchronen Emergentismus und entsteht aus dem *schwachen diachronen* Emergentismus durch Hinzufügen der These der Strukturunvorhersagbarkeit. Obwohl er die prinzipiellen Prognosegrenzen physikalistischer Ansätze betont, ist er mit dem reduktiven Physikalismus vereinbar und insofern schwächer als der synchrone Emergentismus. Die Theorie des determinierten Chaos (in dynamischen Systemen) kann als eine moderne Form des *Strukturemergentismus* aufgefaßt werden. Ebenso ist seine Perspektive für die Evolutionsforschung von Bedeutung. Theoretisch interessant sind vor allem der *schwache Emergentismus*, der *synchrone Emergentismus* sowie der *diachrone Strukturemergentismus*.

3. Emergenz in der Qualia-Debatte, dem Konnektionismus und in Theorien der Selbstorganisation

In diesem Abschnitt betrachte ich nun an exemplarischen Fällen die Anwendbarkeit der verschieden starken Emergenzbegriffe. Dabei wird sich zeigen, daß es in einer der zentralen Debatten innerhalb der zeitgenössischen Philosophie des Geistes, nämlich der Debatte um das sogenannte Qualia-Problem, um einen starken Begriff der Emergenz geht, wie ihn der synchrone Emergentismus zur Verfügung stellt. Dagegen kommen im Konnektionismus und in Theorien der Selbstorganisation erheblich schwächere Emergenzbegriffe zum Tragen.

Emergenz in der Qualia-Debatte

In der neueren Qualia-Debatte sind u.a. Thomas Nagel, Colin McGinn, Frank Jackson, Joseph Levine und David Chalmers mit Argumenten hervorgetreten, die sich gegen die Reduzierbarkeit qualitativer mentaler Phänomene auf physische oder funktionale Zustände wenden. Sind die Argumente erfolgreich, so implizieren sie emergenztheoretische oder auch substanzdualistische Positionen. Am interessantesten und stärksten erscheint mir Levines sogenanntes ‚explanatory gap'-Argument, dem ich mich im folgenden zuwende.

Bei der Explikation seines Argumentes geht Levine von einem Vergleich der Aussage ‚Schmerz ist das Feuern von C-Fasern' mit der Aussage ‚Wärme ist die Bewegung von Molekülen' aus. Der entscheidende Unterschied zwischen den beiden Identitätsaussagen bestehe darin, daß die zweite im Gegensatz zur ersten *vollständig explanatorisch* sei.[8] Dagegen lasse die erste etwas Wesentliches unerklärt: „there is a ‚gap' in the explanatory import of these statements" (1983, 357). Die zweite Identitätsaussage sei deshalb ‚vollständig explanatorisch', weil wir aufgrund der Kenntnis der physikalischen Gesetze verstehen könnten, weshalb die Bewegung von Molekülen genau die kausale Rolle habe, die der Wärme zugeschrieben werde. Dabei wird vorausgesetzt – und das ist von großer Bedeutung –, daß der makrophysikalische Wärmebegriff durch diese kausale Rolle vollständig bestimmt werden kann. Der Grund dafür, daß auf der anderen Seite die erste Aussage nicht vollständig explanatorisch ist, liegt Levine zufolge darin, daß sich der Begriff des Schmerzes (wie der jedes anderen phänomenalen Zustandes) nicht in dessen kausaler Rolle erschöpft. Der entscheidende Punkt ist, daß es nichts zu geben scheint, was dafür spricht, daß das Feuern von C-Fasern besser zu der für Schmerzen typischen Erlebnisqualität paßt als zu irgendeiner anderen Empfindung.

---

[8] Die Rede vom ‚Feuern der C-Fasern' hat ihren festen Platz in der einschlägigen Literatur zum Qualia-Problem, ist aber nur als ein Platzhalter für eine adäquate neurophysiologische Analyse von Schmerzen anzusehen.

Versuchen wir, uns darüber klar zu werden, woran es liegt, daß sich Qualia gegenüber einer reduktiven Erklärung so sperrig verhalten. Levine zufolge erfordert explanatorisches Reduzieren ein zweistufiges Vorgehen: „Stage 1 involves the (relatively? quasi?) *a priori* process of working the concept of the property to be reduced ‚into shape' for reduction by identifying the causal role for which we are seeking the underlying mechanisms. Stage 2 involves the empirical work of discovering just what those underlying mechanisms are" (1993, 132).

Behauptet man, daß eine explanatorische Reduktion *im Prinzip* nicht möglich sei, wie im Falle der Qualia, so kann damit niemals ein prinzipielles Scheitern der zweiten Teilaufgabe gemeint sein. Gemeint ist ein prinzipielles Scheitern des ersten Schrittes. Offenbar gelingt es nicht, phänomenale Eigenschaften über ihre kausale Rolle zu individuieren: „What seems to be responsible for the explanatory gap, then, is the fact that our concepts of qualitative character do not represent, at least in terms of their psychological contents, causal roles. Reduction is explanatory when by reducing an object or property we reveal the mechanisms by which the causal role constitutive of that object or property is realized. Moreover, this seems to be the only way that a reduction could be explanatory. Thus, to the extent that there is an element in our concept of qualitative character that is not captured by features of its causal role, to that extent it will escape the explanatory net of a physicalistic reduction" (1993, 134). Levines *synchroner Qualia-Emergentismus* basiert somit auf zwei Thesen:

(1) Die Reduktion einer systemischen Eigenschaft *E* ist dann und nur dann explanatorisch, wenn die Realisierungsbasis dieser Eigenschaft genau die kausale Rolle ausfüllt, die für *E* konstitutiv ist.

(2) Die phänomenalen Eigenschaften (oder Zustände) sind nicht vollständig durch die Merkmale ihrer kausalen Rolle erfaßbar.[9]

Auf diese Analyse sind verschiedene Reaktionen möglich: Man versucht die emergenztheoretische Position zu vermeiden, indem man entweder zeigt, wie Eigenschaften, die nicht vollständig über kausale Rollen erfaßbar sind, doch explanatorisch reduziert werden können, oder indem man zeigt, daß phänomenale Eigenschaften über kausale Rollen adäquat erfaßbar sind. Diese beiden Varianten sind jedoch über erste Ansätze oder bloße Absichtserklärungen noch nicht hinausgekommen. Oder man akzeptiert die beiden Thesen und damit eine Spielart des starken Emergentismus. Damit werden aber weitere Fragen aufgeworfen: Zu welchem Typ psychophysischer Theorien gehört der synchrone Qualia-Emergentismus? Ist es noch eine physikalistische oder schon eine eigenschaftsdualistische Position? Und: Welche Lösung bietet eine emergenztheoretische Position für das Problem der mentalen Verursachung?

Emergenz im Konnektionismus

In den letzten zwanzig Jahren ist in den Kognitionswissenschaften der konnektionistische Ansatz in den Mittelpunkt der Diskussion gerückt. Dessen Kernidee ist die Annahme eines Netzwerkes elementarer Einheiten, die einen gewissen Aktivitätsgrad haben. Die Einheiten sind untereinander vernetzt, aktive Einheiten, d.h. solche, deren Aktivitätsgrad über einem bestimmten Wert liegt, können andere Einheiten aktivieren oder hemmen. Das Netzwerk wird in der Regel als ein dynamisches System aufgefaßt, in dem die durch Inputs angeregten Einheiten entsprechend ihrer gewichteten Verbindungen auf andere Einheiten hemmend oder verstärkend wirken.

---

[9] Man beachte die Analogie zu den beiden Irreduzibilitätskriterien im vorigen Abschnitt.

Um zu sehen, inwiefern emergenztheoretische Überlegungen für die Diskussion des konnektionistischen Ansatzes relevant sind, betrachten wir die verschiedenen Parameter, die ein Netz bestimmen, etwas näher. Jedes konnektionistische Netz wird durch drei Komponenten wesentlich bestimmt: (a) durch die Anzahl der Einheiten und die zwischen diesen bestehenden gerichteten Verbindungen; (b) durch die Funktion, nach der die Aktivität einer Einheit berechnet und bestimmt wird; und (c) durch die Regel, nach der sich das Gewicht der Verbindungen verändert.

Die jeweils fest gewählten Einheiten und die zwischen diesen festgelegten Verbindungen bilden gewissermaßen das ‚Skelett' eines Netzwerks; dieses ist statisch: Weder verändert sich die Anzahl der Einheiten, noch verändert sich die *Struktur* ihrer Verbindungen. Die eigentliche Dynamik eines Netzes ergibt sich aus dessen Möglichkeit, die Gewichte der zwischen den Einheiten bestehenden Verbindungen zu modifizieren. Durch diesen fortwährenden Anpassungsprozeß findet das statt, was aus makroskopischer Perspektive als ein Lernvorgang bezeichnet werden kann. Ein konnektionistisches Netz ‚lernt' daher durch die (lokal determinierten) Veränderungen der Gewichte der zwischen seinen Einheiten bestehenden Verbindungen und nicht etwa dadurch, daß einige Propositionen zu seiner Datenbasis hinzugefügt werden. Eine große Herausforderung für die konnektionistische Forschung besteht darin, Netze zu konstruieren, die durch geeignete Optimierungsverfahren die Gewichte ihrer internen Verbindungen in einer ‚Trainingsphase' von selbst so ändern können, daß sie vorgegebene Outputs liefern. Nach dieser Phase werden nur noch die Inputvektoren eingegeben, und das Netzwerk berechnet (bei meist stabilen Gewichten) die Outputs: seine ‚Antworten'. Die größten Leistungen erbringen konnektionistische Netze in der *Mustererkennung* und der *Generalisierung* (dem Erwerb von *Regeln* und dem Aufbau von *Schemata*).[10]

[10] Der Ausdruck ‚Schema' (‚schemata') bezeichnet wie die mit ihm verwandten Ausdrücke (‚scripts', ‚frames') kohärente Wissensstrukturen, von denen angenommen wird, sie stellten die Basis unseres vernünftigen Umgangs mit der Welt dar.

Die Eigenschaften und das Verhalten konnektionistischer Netze geben auf mehrfache Weise zu emergenztheoretischen Überlegungen Anlaß. Drei Aspekte sind besonders zu unterscheiden: Erstens haben konnektionistische Netze offenbar *systemische* Eigenschaften, also Eigenschaften, die ihre Bestandteile nicht haben. Insofern sind diese Eigenschaften *schwach* emergent. Zu klären ist jedoch, ob die systemischen Eigenschaften der konnektionistischen Netze noch in einem stärkeren Sinne, nämlich *synchron* emergent sind. Zweitens scheinen viele der systemischen Netzeigenschaften *phänomenologisch* emergent zu sein. Damit meine ich, daß sie bei geeigneten Stimuli der Netze *von selbst* entstehen oder ‚in Erscheinung treten'. Dieser Sachverhalt wird im Englischen ebenfalls zutreffend durch das Wort ‚emergent' beschrieben – allerdings in dessen alltagssprachlicher Bedeutung; eine spezifische ‚Theorie' der Emergenz ist damit nicht verbunden. Da aber einige Konnektionisten im Rahmen ihrer Erläuterung des technischen Ausdruckes der ‚Emergenz' zugleich von ‚emergenten' Phänomenen im zweiten Sinne sprechen, ist es nötig, diese beiden Aspekte auseinanderzuhalten. Und schließlich erwerben konnektionistische Netze während der Lernphase – in einem gleichsam ‚mini-evolutionären' Prozeß – ihre ‚weichen' Strukturen; darunter verstehe ich die spezifische Verteilung der Gewichte der Verbindungen. Über diesen Strukturen supervenieren die unter den ersten beiden Aspekten diskutierten systemischen Eigenschaften der Netze. Zu fragen ist, ob es sich bei dieser Strukturbildung um einen interessanten Fall von *Strukturemergenz* handelt.

Diskutieren wir zunächst das Verhältnis der globalen Netz-Eigenschaften zu ihrer Realisierungsbasis, den Eigenschaften der Bestandteile und der Struktur des Netzes. Aus der Beschreibung des Aufbaus und der Arbeitsweise eines konnektionistischen Netzes ergibt sich, daß nur trainierte Netze die typischen makroskopischen Eigenschaften wie das ‚Anwenden' einer Regel, das ‚Erfassen' eines Schemas oder das ‚Erkennen' eines Musters zeigen. Untrainierte Netze verfügen nicht über diese (kognitiven) makroskopischen Eigenschaften, sondern nur über die Disposition, solche zu erwerben. Die makroskopischen Eigenschaften eines trainierten Netzes supervenieren über der gegebenen *harten* sowie der erworbenen *weichen Struktur* eines Netzes. Sie sind explanatorisch vollständig auf die Organisation des Netzes, die Eigenschaften der Einheiten (Aktivitätsformel) und die Eigenschaften der Verbindungen (Verteilung der Gewichte, Gewichtsformel) zurückführbar. Kennt man diese Größen, so läßt sich das Output-Verhalten eines Netzes exakt prognostizieren und erklären. Es ist wohl kaum nötig zu betonen, daß kein Bestandteil eines Netzes (also keine Einheit und keine Verbindung) eine jener makroskopischen (kognitiven) Eigenschaften hat; insofern sind die Eigenschaften, die ein Netz während der Trainingsphase erwirbt, typisch *systemische* Eigenschaften. Da sie aber keine *irreduzibel* systemischen Eigenschaften sind, sondern vollständig aus den Eigenschaften der Einheiten, den Eigenschaften der Verbindungen und der Struktur des Netzes abgeleitet werden können, sind die systemischen Eigenschaften eines Netzes nur in einem *schwachen* Sinne emergent. Sie sind *nicht* synchron emergent.

Bei der Erörterung des Verhaltens konnektionistischer Systeme mischt sich mitunter der technische Gebrauch des Emergenzbegriffes mit einer eher alltagssprachlichen Verwendung. So sprechen Rumelhart und McClelland wiederholt davon, daß makroskopische Eigenschaften aus den Interaktionen der Bestandteile ‚emergieren': „[M]any of the constructs of macrolevel descriptions such as schemata, prototypes, rules, productions, etc. can be viewed as *emerging* out of interactions of the microstructure of distributed models" (1986, 125; Hvh. v. Vf.). Mit dieser Charakterisierung soll vor allem unterstrichen werden, daß sich die *systemischen* Eigenschaften eines Netzes aus dem komplexen Verhalten seiner Bestandteile *von selbst* ergeben: Regeln und Schemata können zur Verfügung stehen, ohne daß sie zuvor *explizit* eingegeben wurden. Der Verweis auf *emergente* Regeln oder *emergente* Schemata dient hier vor allem zur Abgrenzung vom ‚klassischen' Repräsentationalismus, demzufolge alle Regeln und Schemata *explizit* einzugeben sind (vgl. Horgan und Tienson 1996).

Konnektionistische Netze haben noch ein weiteres Merkmal, das emergenztheoretische Überlegungen herausfordert:

Während der Trainings- oder Lernphase durchläuft das konnektionistische System einen ‚mini-evolutionären' Prozeß – die Gewichte der Verbindungen werden so angepaßt, daß das Netzwerk in die Lage versetzt wird, die vorgesehenen Aufgaben zu bewältigen. In dieser Phase entsteht die sogenannte ‚weiche Struktur' des Netzes. Diese hängt von zwei Faktoren ab: der harten Struktur des Netzes und den Inputs, den externen Einwirkungen auf das Netz. Erst wenn die Gewichte richtig eingestellt sind, verfügt das Netz über die gewünschten Makroeigenschaften, kann es Schemata bilden, Muster erkennen oder Regeln anwenden. Diese werden nicht explizit implementiert wie in symbolverarbeitenden Rechnern, sondern aus dem angebotenen Material extrahiert. Dabei handelt es sich jedoch nicht um einen echten Fall von Strukturemergenz: Die Gewichtsverteilung folgt nicht nur deterministischen Prinzipien, die Veränderungen der Gewichte lassen sich sogar genau berechnen, wenn die Lernregel, die Aktivitätsformel, die Aktivitätswerte der Einheiten, die zufällig gewählten Anfangsgewichte sowie die Inputs bekannt sind.

Auch wenn deshalb nicht von *Strukturemergenz* im eigentlichen Sinn gesprochen werden kann, zeigen konnektionistische Netze im Vergleich zu vielen anderen Systemen – auch dynamischen – eine große Plastizität in ihrer (weichen) Struktur. Chemische Verbindungen (z.B. aus Kohlenstoff) besitzen keine Freiheitsgrade, um ihre interne Struktur zu verändern. In dieser Hinsicht unterscheiden sich konnektionistische Netze deutlich von vermeintlichen Analoga wie den Diamanten, auf die Rumelhart und McClelland verwiesen haben, um ‚emergente' Systemeigenschaften zu erläutern (vgl. 1986, 128). Ein Diamant ist kein dynamisches System, das erst nach vielen Iterationsschritten die Eigenschaft, hart zu sein, realisiert; diese Eigenschaft des Diamanten ist stets manifest, sie *emergiert nicht*.

Zusammenfassend ist festzuhalten, daß es in konnektionistischen Systemen keine *starke* Emergenz gibt. Weder sind die *Eigenschaften* konnektionistischer Netze *synchron* emergent, noch ist der Aufbau der weichen Struktur ein Fall von *Strukturemergenz*. In dem *schwachen* Sinn, in dem die makroskopischen Eigenschaften konnektionistischer Netze emergent sind,

sind alle *systemischen* Eigenschaften komplexer Systeme emergent. Ein Unterschied zu vielen anderen Systemen besteht allenfalls in der Plastizität konnektionistischer Systeme und deren Fähigkeit, je nach Aufgabe und entsprechendem Training unterschiedliche Attraktoren *von selbst* zu entwickeln. Die damit einhergehenden makroskopischen Eigenschaften werden erst im Verarbeitungsprozeß (vorübergehend) manifest. Diese Eigenschaft zweiter Stufe könnte man mit gewissem Recht als *phänomenologische* Emergenz charakterisieren; sie kommt nur einigen dynamischen Systemen zu.

Emergenz – ein Modeterminus in den Theorien der Selbstorganisation

Der Begriff der Emergenz erlebt derzeit nicht nur in der Philosophie des Geistes und in den Kognitionswissenschaften eine Renaissance; in verschiedenen Theorien der Selbstorganisation fungiert er geradezu als ein Modeterminus. Als ein typisches Beispiel für diese Entwicklung kann der von Wolfgang Krohn und Günter Küppers herausgegebene Band *Emergenz: Die Entstehung von Ordnung, Organisation und Bedeutung* gelten, in dem Systemtheorien verschiedener Disziplinen miteinander verglichen werden. Den gemeinsamen ‚Fokus' dieser Theorien glauben die Autoren im ‚Problem der Emergenz' gefunden zu haben. Doch welche Rolle spielt der Emergenzbegriff in diesen Theorien? Was ist damit gemeint, wenn makroskopische Eigenschaften sich selbst organisierender Systeme ‚emergent' genannt werden? In ihrer Einleitung geben die Herausgeber einen ersten Hinweis: „Emergenz bezeichnet das plötzliche Auftreten einer neuen Qualität, die jeweils nicht erklärt werden kann durch die Eigenschaften oder Relationen der beteiligten Elemente, sondern durch eine jeweils besondere *selbstorganisierende Prozeßdynamik*" (1992, 7–8). In dieser Passage charakterisieren Krohn und Küppers den Begriff der Emergenz im wesentlichen durch zwei Merkmale: durch eine These der *Neuartigkeit* und durch eine These *eingeschränkter Nicht-Reduzierbarkeit*. Als selbstverständlich wird angenommen, daß die ‚neuen' Qualitäten oder Eigenschaften, die von selbstorganisierten Systemen instantiiert werden, im technischen Sinne des Ausdrucks *systemisch* sind: Die Systeme haben sie, aber es sind keine Eigenschaften oder Dispositionen der Systembestandteile. Ferner darf davon ausgegangen werden, daß die Selbstorganisationstheoretiker die *These des physischen Monismus* akzeptieren: Der Begriff ‚*Selbst*-Organisation' soll ja gerade zum Ausdruck bringen, daß sich die Strukturmodifikationen der entsprechenden Systeme von *selbst* vollziehen – ohne Einfluß eines externen Organisators, insbesondere keines *übernatürlichen*.

Der in selbstorganisierten Systemen zur Charakterisierung emergenter Phänomene verwendete Begriff des Neuen zielt jedoch nicht auf in der Evolution erstmals auftretende, *absolut* neuartige Qualitäten und Eigenschaften; vielmehr kennzeichnet er die spontane Strukturbildung, die sich an Instabilitätspunkten vollziehen und zu makroskopischen Qualitäten führen kann, die das System vor Erreichen des Instabilitätsbereiches nicht zeigte. Aus diesem Grund sollte man die mit den Theorien der Selbstorganisation einhergehenden Emergenztheorien nicht dem *diachronen* Emergentismus zurechnen, in dem es vor allem um historisch Neu*artiges* ging. Dagegen haben die von Selbstorganisationstheorien untersuchten Systeme schon kraft ihres Aufbaus die Disposition, an bestimmten Instabilitätspunkten ihr makroskopisches Verhalten zu modifizieren und zuvor nicht instantiierte Eigenschaften nun zu zeigen. Dies spricht dafür, daß es Krohn, Küppers und den anderen Autoren eher um *synchrone* Emergenz geht, also um die Nicht-*Erklärbarkeit* systemischer Eigenschaften (oder systemischen Verhaltens). Entsprechend grenzen sie im Glossar den von ihnen bevorzugten ‚modernen' Emergenzbegriff von dem ihrer Ansicht nach ‚klassischen' ab:[11]

> Im ‚klassischen' Sinne bedeutet Emergenz die Entstehung neuer Seinsschichten (Leben gegenüber unbelebter Natur oder Geist gegenüber Leben), die *in keiner Weise*

---

[11] Krohn und Küppers übersehen freilich, daß bereits der ‚klassische Emergentismus' *synchrone* Emergenztheorien kannte; vgl. dazu Stephan (1999, besonders Abschnitt 3.5.).

> aus den Eigenschaften einer darunter liegenden Ebene ableitbar, erklärbar oder voraussagbar sind. Daher werden sie als ‚unerwartet', ‚überraschend' usw. empfunden. In einer modernen Version spricht man von Emergenz, wenn durch mikroskopische Wechselwirkung auf einer makroskopischen Ebene eine neue Qualität entsteht, die nicht aus den Eigenschaften der Komponenten herleitbar (kausal erklärbar, formal ableitbar) ist, die aber dennoch allein in der Wechselwirkung der Komponenten besteht (1992, 389).

Vergleicht man den Text des Glossars mit der zuvor zitierten Stelle, so zeigt sich, daß die Explikation des ‚modernen' Emergenzbegriffes schwankt: In der Einleitung heißt es, daß die systemischen Eigenschaften eines selbstorganisierten Systems nicht durch die Eigenschaften *oder* Relationen der Systembestandteile erklärt werden könnten, wohl aber durch die jeweils vorherrschende Prozeßdynamik. Im Glossar wird die zugelassene Erklärungsbasis dagegen auf die Eigenschaften der Systemkomponenten eingeschränkt und zugleich betont, daß die systemischen Eigenschaften ‚allein durch die Wechselwirkung der Komponenten entstünden'.

Hier macht es sich nachteilig bemerkbar, daß Krohn und Küppers weder Broads Bestimmung des Emergenzbegriffes noch die späteren Präzisierungsvorschläge von Hempel, Oppenheim und Nagel zur Kenntnis genommen haben. Da sie Theorien anbieten, die unter Berücksichtigung der ‚jeweils besonderen Prozeßdynamik' das makroskopische Verhalten der von ihnen diskutierten Systeme erklären können, handelt es sich bei den sogenannten ‚neuen Qualitäten' jedenfalls *nicht* um *synchron* emergente Phänomene. Denn *relativ* zu diesen (Selbstorganisations-)Theorien sind die ‚neuen Qualitäten' nicht irreduzibel. Je nach Interpretation des von Krohn und Küppers verwendeten Relationen-Begriffs ist sogar offen, ob die Eigenschaften der selbstorganisierten Systeme überhaupt in ihrem eigenen Sinne emergent sind. Rechnet man nämlich auch die Wechselwirkungen zu den Relationen, die zwischen den einzelnen Systembestandteilen bestehen, so ist die Prozeßdynamik bei Berücksichtigung des Einflusses der Kontrollparameter sogar auf die entsprechenden Relationen zurückführbar.[12] Damit wären – im Gegensatz zur Ansicht von Krohn und Küppers – die neuen Qualitäten durch die Eigenschaften und Relationen der Komponenten (und der Kontrollparameter) erklärbar. Bleibt dagegen – wie im Glossar – auch die Struktur des Systems unberücksichtigt, so läßt sich *keine* systemische Eigenschaft erklären – sei sie von selbstorganisierten Systemen oder von einer einfachen chemischen Verbindung instantiiert. Ein so verstandener Emergenzbegriff wäre deshalb noch nicht einmal in der Lage, die vermeintlich emergenten Eigenschaften selbstorganisierter Systeme gegenüber den systemischen Eigenschaften anderer Systeme auszuzeichnen.

4. Fazit

Im ersten Teil dieses Beitrages habe ich verschieden starke Varianten emergenztheoretischer Positionen voneinander unterschieden. Als für die derzeitige Debatte besonders wichtig wurden der *schwache* und der starke *synchrone* Eigenschaftsemergentismus sowie der *diachrone* Strukturemergentismus ausgezeichnet. Unter Naturwissenschaftlern stößt jedoch vor allem die Position des starken Emergentismus auf unverhohlene Skepsis. Oft wird verlangt, diese ‚Theorie' durch die Angabe einschlägiger Beispiele zu rechtfertigen. Ein Verweis auf Qualia oder phänomenale Bewußtseinserlebnisse als mögliche Kandidaten für irreduzible und somit synchron emergente Systemeigenschaften wird dabei selten akzeptiert, da sich gerade diese Phänomene einer rein naturwissenschaftlich ausgerichteten Forschung entzögen.[13] Nun ist aber zum einen höchst bestreitbar, daß nur (prinzipiell) naturwissenschaftlich traktier-

---

[12] Die von den selbstorganisierten Systemen instantiierten Eigenschaften supervenieren offenbar über der sich selbst organisierenden Struktur des Systems, den Eigenschaften der Systembestandteile *und* den jeweiligen Kontrollparametern.

[13] Dessen ungeachtet scheint die Suche nach den neuronalen *Korrelaten* der phänomenalen Qualitäten derzeit – im Dezennium des Gehirns – geradezu zu ‚boomen'.

bare Phänomene überhaupt als emergente Entitäten sollen in Frage kommen können. Denn für Philosophen stellt die Frage nach dem Status der phänomenalen Qualitäten auch dann noch ein seriöses Problem dar, wenn diese *als solche* einer naturwissenschaftlichen Betrachtung unzugänglich bleiben sollten. Zum anderen spielt der *starke* Emergentismus innerhalb der Philosophie des Geistes eine wichtige konzeptuelle Rolle bei der Unterscheidung verschieden starker nicht-reduktiv physikalistischer Positionen bzw. bei deren Abgrenzung von eigenschaftsdualistischen Theorien, und das ganz unabhängig davon, ob dieser Begriff für die Naturwissenschaften eine leere Vokabel darstellt oder nicht. Daher spricht nichts für einen vorschnellen Verzicht auch schon der exakten Formulierung der starken Position.

Viel eher mag man sich fragen, weshalb der Begriff der Emergenz in seiner *schwachen* Form ein derart großes Interesse hervorgerufen hat und immer noch zu erwecken scheint. Wie wir bei der Diskussion des Emergenzbegriffes im Konnektionismus und in Selbstorganisationstheorien gesehen haben, sind alle der in diesen beiden Bereichen als emergent charakterisierten Eigenschaften zumindest im Prinzip auf die Eigenschaften der Bestandteile und die Mikrostruktur ihres jeweiligen Trägers zurückführbar und insofern nur *schwach* emergent. Zwar glauben einige Befürworter des schwachen Emergentismus, daß ihre Position mit einer reduktionistischen unvereinbar sei, übersehen dabei jedoch in der Regel, daß sie selbst von einem überaus starken Reduktionsbegriff ausgehen, dem zufolge keine einzige systemische Eigenschaft reduzierbar wäre. Der Sache nach angemessener und weniger konnotativ belastet wäre es deshalb, hier nicht von *emergenten*, sondern – etwas schlichter – nur von *systemischen* oder *kollektiven* Eigenschaften zu sprechen. Ich selbst habe den Begriff des *schwachen* Emergentismus vor allem deshalb eingeführt, weil sich diese mit reduktionistischen Vorstellungen kompatible Variante seit geraumer Zeit sehr großer Beliebtheit erfreut und ich mich nicht außerhalb eines bereits stark etablierten Sprachgebrauchs stellen wollte.

5. Literatur

Bates, E. 1979. The Emergence of Symbols. New York: Academic Press.

Beckermann, Ansgar (1999) Analytische Einführung in die Philosophie des Geistes. Berlin, New York: de Gruyter.

Broad, Charles Dunbar (1925) The Mind and its Place in Nature. London: Kegan Paul, Trench, Trubner & Co.

Churchland, Paul (1988) Matter and Consciousness. Revised Edition. Cambridge, Ma., London: MIT Press.

Horgan, Terence und John Tienson (1996) Connectionism and the Philosophy of Psychology. Cambridge MA: MIT Press.

Kim, Jaegwon (1993) Supervenience and Mind. Cambridge: Cambridge University Press.

Krohn, Wolfgang und Küppers, Günter (1992) „Glossar", in: dieselben (Hg.) Emergenz: Die Entstehung von Ordnung, Organisation und Bedeutung. Frankfurt: Suhrkamp, 388–395.

Küppers, Günter und Krohn, Wolfgang (1992) Selbstorganisation. Zum Stand einer Theorie in den Wissenschaften. In: W. Krohn und G. Küppers (Hg.) Emergenz: Die Entstehung von Ordnung, Organisation und Bedeutung. Frankfurt: Suhrkamp, 7–26.

Levine, Joseph (1983) Materialism and Qualia: The Explanatory Gap. Pacific Philosophical Quarterly 64: 354–361.

– (1993) On Leaving Out What It's Like. In: M. Davies und G. W. Humphreys (Hg.) Consciousness. Oxford, Cambridge MA: Blackwell, 121–136.

Rumelhart, David E. und James L. McClelland (1986) PDP Models and General Issues in Cognitive Science. In: D. E. Rumelhart, J. L. McClelland, and the PDP Research Group: Parallel Distributed Processing. Explorations in the Microstructure of Cognition. Vol. 1. Cambridge MA: MIT Press, 110–146.

Savellos, Elias und Umit Yalcin (1995) (Hg.) Supervenience: New Essays. Cambridge: Cambridge University Press.

Stephan, Achim (1994) Wie unplausibel ist der nichtreduktive Materialismus? In: H. Pape (Hg.), Kreativität und Logik. Frankfurt: Suhrkamp, 308–39.

– (1999) Emergenz. Von der Unvorhersagbarkeit zur Selbstorganisation. Dresden, München: Dresden University Press.

Vollmer, Gerhard (1988) „Evolutionäre Erkenntnistheorie und Leib-Seele-Problem“, in: ders., Was können wir wissen? Band 2. Die Erkenntnis der Natur. Stuttgart: Hirzel, 66–99.

Gerhard Roth

Die neurobiologischen Grundlagen von Geist und Bewußtsein

1. Einleitung

Die Frage, was geistige Zustände wie Bewußtsein, Denken, Vorstellen, Erinnern und Handlungsplanung sind und wie sie zustande kommen, bildet seit jeher ein Kernstück der Philosophie und seit Mitte des vorigen Jahrhunderts der Psychologie. Sofern Psychologie sich etwa im Sinne des Behaviorismus als empirische Wissenschaft oder gar als Naturwissenschaft verstand, lehnte sie – wenn nicht gar die Existenz – so doch die Beschäftigung mit „geistigen" Zuständen als *nichtbeobachtbaren Größen* strikt ab. Aus ganz anderen Gründen schien sich bisher für viele Philosophen und Psychologen der Bereich geistiger Zustände naturwissenschaftlichen Erklärungsmöglichkeiten ebenfalls völlig zu entziehen. Die Forderung nach einer „Physik des Geistes" oder einer „Neurobiologie des Bewußtseins" war und ist für sie etwas Befremdliches, begriffslogisch ausgedrückt ein „Kategorienfehler", indem Unvergleichbares zusammengebracht werden soll. Gedanken, Vorstellungen, Erinnerungen, Wahrnehmungen, Gefühle – so heißt es – kann man nicht anfassen, messen, wiegen oder auf irgendeine Weise registrieren. Sie unterliegen ganz offensichtlich nicht den Naturgesetzen, sie verbrauchen keine Energie und scheinen keinen eindeutigen Ort zu besitzen, auch ihre Zeithaftigkeit ist merkwürdig. Diese Erfahrung des *radikalen Anderssein des Geistigen* gegenüber dem Stofflichen hat bekanntlich um die Jahrhundertwende zu der folgenreichen Unterscheidung zwischen Geistes- und Naturwissenschaften geführt.

Mit der stürmischen Entwicklung der Hirnforschung innerhalb der vergangenen zwei Jahrzehnte hat sich in den Augen vieler Zeitgenossen an dieser Situation Entscheidendes geändert. Wichtige Erkenntnisfortschritte bei der Aufklärung der neuronalen Grundlagen von Wahrnehmungsleistungen und geistigen Zuständen aufgrund neuartiger Methoden und einer fast unüberschaubar gewordenen Fülle empirischer Daten der kognitiven Neurowissenschaften scheinen den vorgeblich unüberbrückbaren Abgrund zwischen Geist und Materie überspannen zu können.

Im folgenden möchte ich mich mit der Frage beschäftigen, was die Neurobiologie bzw. die Hirnforschung zum Phänomen des Bewußtseins sagen kann. Dies setzt zuerst eine genauere Festlegung des Phänomens voraus, das behandelt werden soll. Es ist dabei zu fragen, welche Arten von Bewußtseinszuständen empirisch zu unterscheiden sind, in welchem Zusammenhang welche Bewußtseinszustände regelmäßig auftreten bzw. wobei Bewußtsein nötig ist und wobei nicht. Anschließend soll untersucht werden, welche Teile des Gehirns in welcher Weise aktiv sind, wenn wir die verschiedenen Bewußtseinszustände erleben. Schließlich erhebt sich die Frage, welche Funktion oder Funktionen aus biologischer Sicht Bewußtseinszustände haben. All dies sollte zur Beantwortung der Frage beitragen, ob und in welchem Maße Bewußtsein und „Geist" Phänomene sind, die mit naturwissenschaftlichen, d.h. physikalisch-chemisch-physiologischen Methoden erfaßt und gegebenenfalls in diesem Rahmen erklärt werden können.

2. Kleine Phänomenologie des Bewußtseins

In der philosophischen Diskussion wird gern von „dem" Bewußtsein gesprochen. Dies entspricht jedoch nicht den Erkenntnissen der Neurologie und Neuropsychologie. Vielmehr umfaßt Bewußtsein eine Vielzahl unterschiedlicher Zustände, die lediglich darin übereinstimmen, daß sie von einem Individuum *erlebt* werden. Die allgemeinste Form von Bewußtsein ist der Zustand der Wachheit oder *Vigilanz*. Dem stehen Zustände verringerten Bewußtseins wie natürlich reduzierte Bewußtheit („Dösen"), Somnolenz (Benommenheit), Stupor (Antriebslosigkeit) und die verschiedenen Stufen des Koma gegenüber, vom „Wachkoma" (Coma vigile) bis zur tiefen Bewußtlosigkeit.

Wachheit bildet den Hintergrund zu allen Bewußtseinsinhalten. Hinzu kommen Bewußtseinszustände, die im Normalzustand ebenfalls spezifischere Bewußtseinsinhalte begleiten. Hierzu gehört das *Körperbewußtsein* (d.h. das Gefühl, daß der Körper, der mich umgibt, *mein* Körper ist), das *Bewußtsein der eigenen Identität* (d.h. die Gewißheit, daß ich heute derjenige bin, der ich gestern war), das Gefühl der *Autorschaft und Kontrolle der eigenen Handlungen und mentalen Akte*, das Gefühl der *Verortung des Selbst* und des *Körpers in Raum und Zeit*, und schließlich der *Realitätscharakter von Erlebtem* und damit zusammenhängend die *Unterscheidung zwischen Realität und Vorstellung.*

Zu diesen Zuständen von *Hintergrundbewußtsein* treten konkrete, stark wechselnde Bewußtseinsinhalte. Hierzu gehören (a) Sinneswahrnehmungen von Vorgängen in der Umwelt und im eigenen Körper, die in ihren Inhalten, Intensitäten und Kombinationen fast unendlich variieren können, (b) mentale Zustände und Tätigkeiten wie Denken, Vorstellen und Erinnern, (c) Emotionen, Affekte und Bedürfniszustände, und (d) Handlungsplanungen und -vorsätze (Intentionen, Willensakte), und das bewußte Ausführen von Handlungen.

All diese verschiedenen Inhalte von Bewußtsein können nach Schädigung bestimmter Gehirnteile, insbesondere solcher der assoziativen Großhirnrinde (siehe unten), mehr oder weniger unabhängig – und ohne daß die Wachheit insgesamt verloren geht – voneinander ausfallen. Dies deutet auf eine *modulare*, d.h. räumlich und funktional getrennte Organisation von Bewußtseinsinhalten hin. Diese Modularität besteht auch innerhalb der genannten Bereiche; so kann innerhalb des Bewußtseins für Sinneswahrnehmungen das Erleben visueller Eindrücke unabhängig von denjenigen auditorischer Eindrükke ausfallen, und noch spezieller die bewußte Wahrnehmung von Bewegtem unabhängig von der bewußten Wahrnehmung von ruhenden Objekten. Gleiches gilt für das bewußtseinsfähige („deklarative" bzw. episodische und semantische – s.u.) Gedächtnis, in dem nach lokalen Hirnschädigungen eng umgrenzte Gedächtnisinhalte wie Gesichter, Farben, Klassen von

Gegenständen und ihre Bezeichnungen unabhängig voneinander nicht mehr bewußt erinnert werden können. Das Gefühl der „Meinigkeit" des eigenen Körpers, der autobiographischen Identität oder die Überzeugung, Herr der eigenen Gedanken und Handlungen zu sein, können ebenfalls unabhängig voneinander schwinden. So gibt es Patienten, die völlig normale Wahrnehmungen, Erinnerungen und Vorstellungen haben, aber der Überzeugung sind, daß ihr rechter Arm oder gar ihr ganzer Körper nicht zu ihnen gehört. Andere Patienten haben ein ungestörtes Körper- und Umwelterleben, wissen aber nicht, wer sie sind oder wo sie sich befinden.

Aufmerksamkeit spielt im Zusammenhang mit dem Phänomen Bewußtsein eine besondere Rolle. Zum einen ist Aufmerksamkeit der generelle Zugang zum Bewußtsein: Alles, worauf wir nicht unsere Aufmerksamkeit richten, ist uns nur gering oder überhaupt nicht bewußt, auch wenn es unsere Wahrnehmung, unsere Gefühle oder unser Handeln beeinflussen mag. Zum anderen ist Aufmerksamkeit als „Konzentration" eine Steigerung konkreter Bewußtseinszustände, die mit erhöhten und gleichzeitig räumlich, zeitlich und inhaltlich eingeschränkten („fokussierten") Sinnesleistungen oder mentalen Zuständen einhergeht. Der *Fokus der Aufmerksamkeit* wird entweder durch physisch auffällige oder unerwartete äußere Ereignisse bestimmt, oder er ist innengeleitet durch Erwartungen oder willentliche Kontrolle. Jeder von uns kann folgendes an sich beobachten: Je mehr wir auf ein einzelnes Geschehen unsere Aufmerksamkeit richten, desto mehr schwinden andere Geschehnisse aus unserem Bewußtsein. Dies ist die berühmte „Enge des Bewußtseins", die allerdings stark variieren kann. Mit einem flachen Bewußtsein können wir gleichzeitig viele Dinge verfolgen, wenngleich nicht detailreich.

Wesentlich für das Bewußtsein und eng verwandt mit Aufmerksamkeit ist das *Arbeitsgedächtnis*. Es hält für wenige Sekunden einen bestimmten Teil der Wahrnehmungen und die hiermit verbundenen Gedächtnisinhalte und Vorstellungen im Bewußtsein und konstituiert dadurch den typischen „Strom des Bewußtseins". Man nimmt an, daß das Arbeitsgedächtnis Zugriff zu den unterschiedlichen, in aller Regel unbewußt arbeitenden Systemen für Sinnes- und Gedächtnisleistungen und für die Handlungssteuerung hat und nach bestimmten Kriterien Informationen aus diesen Systemen „einlädt"; diese werden dann aktuell bewußt. Auch das Arbeitsgedächtnis ist modularartig aufgebaut; dies zeigt sich daran, daß wir verschiedene Dinge um so besser für kurze Zeit in unserem Gedächtnis behalten können, je unähnlicher sie in ihren physikalischen Eigenschaften und ihren Inhalten sind. Während ich vom Telefonbuch zum Telefon gehe, kann ich meine Wohnungseinrichtung oberflächlich betrachten, ohne die nachgeschlagene Telefonnummer zu vergessen. Wird mir jedoch dabei zufällig eine zweite Telefonnummer zugerufen, so ist die erste meist unweigerlich fort. Bei der Kapazität des Arbeitsgedächtnisses gibt es allerdings individuelle Unterschiede und Übungseffekte. Umstritten ist, ob diese Enge, Beschränkung und Langsamkeit aus der begrenzten Kapazität des Arbeitsgedächtnisses selbst herrührt oder aus der zeitlichen und/oder inhaltlichen Beschränktheit des Zugriffs und Abrufens von Informationen aus den Sinnes-, Gedächtnis- und Handlungssteuerungssystemen.

Spektakuläre Bewußtseinsveränderungen sind *Agnosien*, d.h. die teilweise oder gänzliche Unfähigkeit, bestimmte Wahrnehmungsinhalte bewußt wahrzunehmen (z.B. von Gesichtern, Farben, Objektbewegungen); *Neglect* bzw. *Hemineglect*, d.h. die Nichtbeachtung oder das Leugnen der Existenz von Teilen der Umwelt oder des eigenen Körpers (z.B. der linken Gesichts- oder Körperhälfte); *Anosognosie*, d.h. das Leugnen von Fehlleistungen und Erkrankungen im Bereich der Wahrnehmung, des Körperschemas und der Handlungen; *Blindsehen* (engl. *Blindsight*), d.h. der Zustand, daß Patienten bestimmte visuell gesteuerte Aufgaben vollbringen können, ohne sich dessen bewußt zu sein; *Bewußtseinsspaltungen* bei Schizophrenen oder bei Patienten mit durchtrenntem Balken (Corpus callosum), bei denen die linke und die rechte Großhirnhemisphäre unterschiedliche Bewußtseinszustände haben können.

3. Wozu brauchen wir Bewußtsein und wozu nicht?

In der Diskussion um die Natur und die Funktionen von Bewußtsein wird oft übersehen, daß das meiste von dem, was um, in und mit uns geschieht, *nicht* von Bewußtsein begleitet ist. Grundsätzlich unbewußt ist das gesamte Geschehen in unserem Körper auf der molekularen und zellulären Ebene. Dies gilt bemerkenswerterweise auch für unser Gehirn: Es ist schmerzunempfindlich, und bekanntlich können Hirnoperationen ohne Betäubung durchgeführt werden. Kopfschmerzen rühren von den Hirnhäuten und den Blutgefäßen im Gehirn her, aber nicht vom Nervengewebe selbst. Vom eigenen Erleben her kämen wir nie darauf, daß wir überhaupt ein Gehirn besitzen. Ebensowenig nehmen wir die Funktionen unserer meisten anderen Organe, der Niere, der Leber usw. wahr; dies geschieht nur dann, wenn sie schmerzhaft erkranken oder verletzt werden.

Im Gegensatz hierzu erleben wir in aller Regel dasjenige, was unsere Sinnesorgane im Zusammenhang mit Sehen, Hören, Tasten, Riechen, Gleichgewichtssinn, Wärme-Kälte-Empfindungen, Muskelspannung, Gelenkstellung usw. tun. Allerdings nehmen wir nicht die Tätigkeit der Sinnesorgane und der nachgeschalteten Gehirnzentren wahr, sondern nur das „Endprodukt", die fertige Wahrnehmung. Was beim Sehen im Auge und den optischen Nerven, in den visuellen Zentren des Zwischen- und Mittelhirns, aber auch innerhalb der Großhirnrinde in den primären und sekundären visuellen Arealen passiert, ist uns verschlossen. Zugänglich ist nur das, was die sog. assoziativen Rindenareale (siehe weiter unten) mit den Informationen aus den vorgeschalteten Zentren und den Gedächtnisinhalten tun. Dasselbe gilt natürlich für alle anderen Sinnessysteme. Alles, was in unserem Gehirn sonst noch passiert und nicht mit irgendeiner Aktivität des assoziativen Kortex verbunden ist, ist uns völlig unzugänglich, so wichtig es auch sein mag.

Es gibt viele Geschehnisse, die über unsere Sinnesorgane in unser Gehirn dringen und unser Können und Handeln beeinflussen, ohne daß sie uns bewußt werden. Das herausragendste

Beispiel hierfür ist wohl die Entwicklung einer syntaktisch wie semantisch hochkomplexen Sprache durch das Kleinkind zu einem Zeitpunkt (nämlich ab dem dritten Lebensjahr), an dem sich das für uns Erwachsene charakteristische Bewußtsein noch kaum herausgebildet hat. Die experimentelle Analyse solch *impliziten Lernens* ist schwierig, und entsprechend herrscht über die Eigenschaften unbewußter, impliziter Wahrnehmung und impliziten Lernens unter Fachleuten Uneinigkeit (für eine ausführlichere Darstellung siehe Merikle und Daneman 1996; Merikle & Joordens 1997; Goschke 1996). Während die einen davon ausgehen, daß auch sehr komplexe Geschehnisse und Inhalte unbewußt wahrgenommen werden können, betonen andere – und wohl die Mehrzahl der Fachleute –, daß unbewußte Wahrnehmung nur zu einer „flachen" Informationsverarbeitung führt, so zum Beispiel zu einer Verarbeitung einfacher bzw. auffallender physischer Merkmale, zum Erkennen abstrakter Regeln, zur Konstitution von Prototypen im Gegensatz zum Erfassen von individuellen Objekten und Vorgängen, konkreten Details, komplexen Zusammenhängen und Bedeutungen. Auch scheint implizit erworbenes Wissen nicht oder nicht in derselben Weise wie bewußtes, explizites Wissen auf andere Zusammenhänge übertragbar zu sein, sondern ist wohl an den Kontext gebunden, in dem es erworben wurde. Die Auffassung, daß unbewußtes, implizites Wahrnehmen und Lernen nicht nur eine einfachere Ausgabe des bewußten, expliziten Wissens ist, sondern eine andere Kategorie von Wahrnehmen und Lernen, die mit dem Erwerb von motorisch-manipulatorischen Fähigkeiten verwandt ist, wird auch durch Befunde aus der Neuropsychologie unterstützt, die zeigen, daß für beide Formen unterschiedliche Gehirnsysteme zuständig sind (s.u.).

Implizit erworbenes Wissen ist nicht oder nur sehr unzulänglich berichtbar. Jedoch ist auch das meiste von dem, was *im Prinzip* bewußtseinsfähig und sprachlich oder durch bestimmte Reaktionen berichtbar ist, uns *aktuell* nicht bewußt. Dies gilt für alles, was einmal bewußt erlebt und anschließend in den unterschiedlichen Gedächtnissen des Gehirns niedergelegt wurde. Manches davon (dasjenige, was zum sog. deklarativen Gedächtnis gehört) können wir mit oder ohne Anstrengung willentlich „abrufen“; anderes, von dem wir wissen, daß es einmal bewußt von uns erlebt wurde, ist unwiederbringlich verloren, wenn nicht spezielle Abruftechniken (z.B. Hypnose) angewandt werden oder wenn es nicht – scheinbar – ganz zufällig wieder auftaucht, z.B. im Zusammenhang mit Wahrnehmungen oder anderen Erinnerungen. Jedoch gilt: Alles, was sich im Gedächtnis befindet, wirkt in unterschiedlichem Maße auf unser gegenwärtiges Befinden ein, aber wir merken nichts davon.

Viele Dinge, und zwar hauptsächlich solche, die der Übung bedürfen, benötigen am Anfang Konzentration und Aufmerksamkeit. Es ist für uns unmöglich, Fahrradfahren, Klavierspielen oder eine komplizierte Maschine betätigen zu lernen, ohne uns darauf zu konzentrieren. Nicht umsonst werden wir von unseren Lehrern dabei ermahnt: Konzentriere dich bitte, sonst lernst du es nie! Ebenso geraten wir „ins Schwitzen“, wenn die zu bewältigende neue Aufgabe zu schwierig wird und wir hinsichtlich unserer Konzentration überfordert sind. Nach und nach jedoch reduziert sich mit zunehmender Übung der Aufwand an Konzentration und Aufmerksamkeit, und wir brauchen unser Bewußtsein nur noch auf die größeren Abschnitte und ihre Reihenfolge zu lenken, bis schließlich alles „wie geschmiert“ abläuft. Wir erleben bewußtseinsmäßig dann nur noch, *daß* wir eine bestimmte Handlung ausführen, wenn wir sie nicht gar völlig automatisiert tun. Lenken wir unsere Aufmerksamkeit auf Details dieser Handlung, so stören wir häufig sogar den „glatten“ Ablauf. So sollte man beim Klavierspielen nicht auf die Bewegungen seiner einzelnen Finger achten oder beim Fahrradfahren nicht auf die Ausgleichsbewegungen des Körpers und der Hände am Lenker. Generell gilt, daß uns die Details solcher Fertigkeiten nicht bewußt sind, sie können aber zum Teil wieder vergegenwärtigt werden.

Die oben genannten spezielleren Bewußtseinszustände treten dementsprechend in all den Fällen auf, in denen das kognitiv-emotionale System mit Geschehnissen und Problemen konfrontiert ist, die zum einen (aus welchen Gründen auch immer) hinreichend *wichtig* und zum anderen hinreichend *neu* sind. Dies setzt ein un- bzw. vorbewußt arbeitendes System voraus, welches alles, was unser Gehirn wahrnimmt, nach den

Kriterien *wichtig-unwichtig* sowie *bekannt-unbekannt* klassifiziert, und zwar aufgrund eines sehr schnellen Zugriffs zu den verschiedenen Gedächtnisarten. Dinge, die unbewußt als *unwichtig* eingestuft wurden, treten entweder überhaupt nicht oder nur sehr undeutlich in unser Bewußtsein, gleichgültig ob sie bekannt oder unbekannt sind; Dinge, die als *wichtig* und *bekannt* klassifiziert wurden, führen zur Aktivierung von Verarbeitungsinstanzen, die sich bereits mit ihnen befaßt haben. Entsprechend erleben wir bestimmte Wahrnehmungen als „mühelos", falls sie überhaupt bewußt werden, und wir führen bestimmte Handlungen automatisch und unbewußt oder höchstens mit begleitendem Bewußtsein ohne Wissen um die Details aus. Nur wenn ein Geschehnis oder eine Aufgabe als *neu* und *wichtig* eingestuft wurde, z.B. im Zusammenhang mit dem Erfassen neuer, insbesondere neuartiger Sachverhalte, neuer Bedeutungen von Objekten, Geschehnissen, Sätzen, dem Erlernen neuer motorischer Fertigkeiten, dem Vorstellen und Erinnern neuer, komplexer Inhalte, dem Aussprechen neuer, komplizierter Sätze, dem Ausführen neuer Bewegungen, dem Lösen schwieriger Probleme, verwickelter Handlungsplanung, dem aktiven Erinnern von „Wissen" usw., dann wird das langsam arbeitende Bewußtseins- und Aufmerksamkeitssystem eingeschaltet, und wir erleben die dabei und in Folge vollbrachten bewußten Leistungen als „Mühe" und „Arbeit", und zwar um so mehr, je ungewohnter das Geschehen oder die Aufgabe ist. In dem Maße, in dem die Leistungen wiederholt werden, sich einüben und schließlich mehr oder weniger automatisiert werden, schwindet auch der Aufwand an Bewußtsein und Aufmerksamkeit, bis schließlich – wenn überhaupt – nur ein begleitendes Bewußtsein übrigbleibt.

Wir können aufgrund dieser Gegebenheiten idealtypisch zwei Arten oder Systeme der Informationsverarbeitung unterscheiden, ein bewußt-explizit und ein unbewußt-implizit ablaufendes System. Das erste System arbeitet überwiegend seriell, langsam (d.h. im Bereich von Sekunden und Minuten) und „mühevoll", ist in seiner Kapazität beschränkt und fehleranfällig; seine Informationsverarbeitung ist jedoch „tief", d.h. auf die Verarbeitung komplexer und bedeutungshafter Inhalte ausgerichtet, es ist flexibel und kann entsprechend neue oder neuartige Leistungen vollbringen. Es ist beim Menschen eng mit der Fähigkeit zum sprachlichen Bericht verbunden. Das zweite System ist in seiner Kapazität nahezu unbeschränkt, arbeitet überwiegend parallel, schnell, weitgehend fehlerfrei, es ist in seiner Informationsverarbeitung jedoch „flach", d.h. es verarbeitet Informationen anhand einfacher, z.B. physikalischer Merkmale oder einfacher Bedeutungen und ist relativ unflexibel bzw. bewegt sich innerhalb vorgegebener Alternativen. Es ist nicht an Sprache gebunden oder einer sprachlich-bewußten Beschreibung gar nicht zugänglich. Hierunter fällt alles, was mit „implizitem Lernen" zu tun hat, mit Objektidentifikation anhand äußerlicher Merkmale, Einüben durch langwierige Praxis, unbewußter Imitation, Gruppierung nach Ähnlichkeiten, mit dem Erfassen einfacher Regeln usw. Zwischen beiden Systemen gibt es Übergänge. Wie bereits geschildert, „sinken" in aller Regel die Leistungen und Fähigkeiten aus dem expliziten System mit zunehmender Vertrautheit und Übung in das implizite System „ab" und verschwinden aus dem Bewußtsein (zumindest was Details betrifft), sie können mit entsprechendem Aufwand jedoch wieder explizit gemacht werden.

4. Neuronale Grundlagen von Geist und Bewußtsein

Bevor wir uns etwas genauer die verschiedenen, an der Entstehung von Bewußtsein beteiligten Hirnzentren ansehen, sind einige Grundinformationen über den Bau und die funktionale Organisation des menschlichen Gehirns nötig.

Das menschliche Gehirn besteht wie die Gehirne aller Tiere aus Nervenzellen (*Neuronen*) und Gliazellen. Letztere bilden ein Stütz- und Versorgungsgewebe für die Nervenzellen, nehmen aber auch an der neuronalen Erregungsverarbeitung teil. Nervenzellen bestehen aus einem Zellkörper (Soma), Dendriten, über die sie Erregungen aufnehmen, und einem Axon oder mehreren Axonen, über die sie Erregungen an andere Nervenzellen weitergeben (Abb. 1). Allerdings gibt es viele Nervenzellen, die axonlos sind und bei denen die Erregungsverarbeitung direkt zwischen den Dendriten verläuft. Die Gestalt der Neurone ist außerordentlich verschieden, es gibt im menschlichen Gehirn etwa hundert verschiedene Typen von Neuronen.

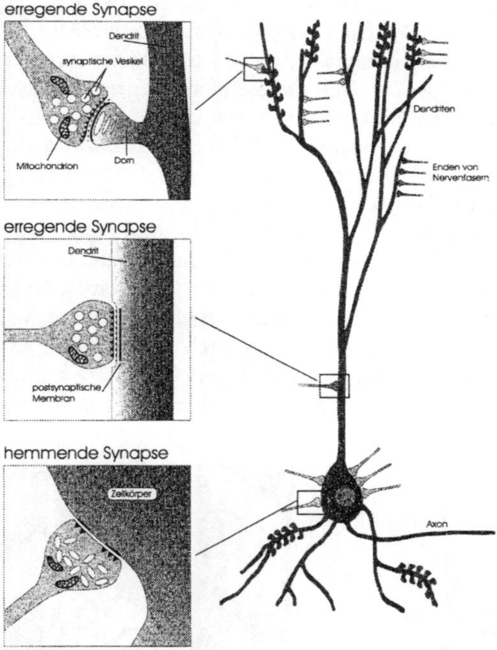

Abb. 1: Aufbau einer idealisierten Nervenzelle und von Synapsen. Die Dendriten (oben) dienen der Erregungsaufnahme, das Axon (unten) ist mit der Erregungsweitergabe an andere Zellen (Nervenzellen, Muskelzellen usw.) befaßt. Links drei verschiedene Synapsentypen (vergrößert): oben eine erregende Synapse, die an einem „Dorn" eines Dendriten ansetzt („Dornsynapse"); in der Mitte eine erregende Synapse, die direkt an einem Dendriten ansetzt; unten eine hemmende Synapse, die am Zellkörper ansetzt.

Eine einzelne Nervenzelle ist über winzige Kontaktstellen, Synapsen mit Tausenden anderer Nervenzellen verbunden (Abb. 2). Diese Synapsen setzen meist an den Dendriten an, in geringerem Maße auch an den Zellkörpern. An ihnen wird die Erregung teils über chemische Botenstoffe, Transmitter genannt, teils direkt elektrisch übertragen. Bei den chemischen Synapsen wird der Ausstoß eines Transmitters durch die elektrische Erregung ausgelöst, wobei die Stärke der Erregung in etwa der Menge des freigesetzten Transmitters entspricht. Der Transmitter wandert dann über einen winzigen Spalt zur Zellmembran der nächsten Zelle und ruft dort direkt oder über komplizierte chemische Prozesse eine elektrische Erregung hervor. Die Wirkung eines Transmitters hängt nicht nur von seiner chemischen Natur ab, sondern auch von der Beschaffenheit der Zellmembran der nachgeschalteten Zelle; ein Transmitter kann demnach unter bestimmten Bedingungen erregend und unter anderen Bedingungen hemmend wirken. Die gängigen, im Millisekundenbereich wirkenden Transmitter sind Glutamat (meist erregend) und Gamma-Aminobuttersäure, GABA (meist hemmend). Daneben gibt es teils erregend,

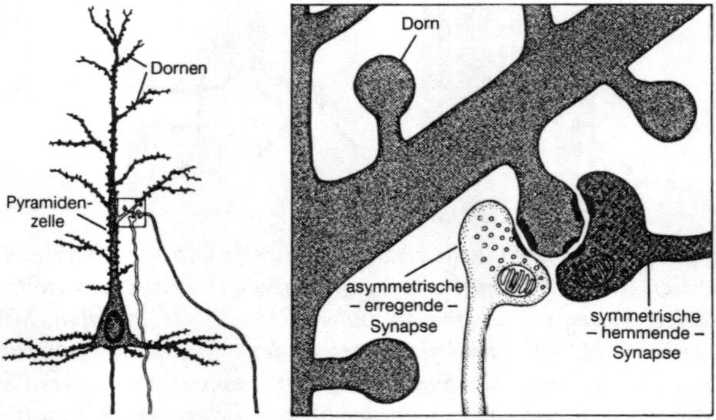

Abb. 2: Pyramidenzelle der Großhirnrinde mit sog. Dornensynapsen, die an einem Dendritenast ansetzen. Rechts: Dornensynapse im Detail. An einem dendritischen Dorn setzen eine erregende und eine hemmende axonale Endigung von anderen Nervenzellen der Großhirnrinde an. Aus Spektrum der Wissenschaft/Scientific American 1994, verändert.

teils hemmend wirkende Neuromodulatoren wie Dopamin, Noradrenalin, Serotonin und Acetylcholin, sowie eine Vielzahl von Neuropeptiden, welche die Wirkungsweise der schnellen Transmitter beeinflussen können.

Das menschliche Gehirn wiegt rund 1,3 kg und enthält nach neueren Schätzungen zwischen hundert Milliarden und einer Billion Nervenzellen. Es besteht von hinten (caudal) nach vorn (rostral) aus dem verlängerten Mark (Medulla oblongata), der Brücke (Pons, bei einigen Wirbeltieren nicht vorhanden), dem Kleinhirn (Cerebellum), dem Mittelhirn (Mesencephalon), dem Zwischenhirn (Diencephalon) und dem Endhirn (Telencephalon). Das *verlängerte Mark* gliedert sich in einen oberen (*dorsalen*) Bereich, der mit der ersten Stufe der Verarbeitung von Sinnesinformationen im Bereich des Hörens (auditorische Wahrnehmung), der Tast- und Körperempfindungen (somatosensorische Wahrnehmung), der Geschmacksempfindungen (gustatorische Wahrnehmung) und des Gleichgewichtes (vestibuläre Empfindungen) befaßt ist, und einen unteren (*ventralen*) Bereich, der mit der Steuerung von Körperbewegungen (Motorik) zu tun hat sowie mit vegetativen Funktionen im Bereich von Schlafen, Wachen, Kreislauf, Atmung, Blutdruck und Wärmehaushalt. Die *Brücke* koordiniert neben anderem die Aktivitäten von Großhirnrinde und Kleinhirn im Zusammenhang mit der Bewegungssteuerung. Das *Mittelhirn* hat ebenfalls einen dorsalen Teil, Tectum oder Vierhügelplatte genannt, der visuelle, auditorische und somatosensorische Information verarbeitet und integriert, und einen ventralen Teil, das Tegmentum, der Zentren enthält, die sensorische Prozesse in motorische Aktionen umsetzen. Im Tegmentum sowie in der Brücke und dem verlängerten Mark befinden sich Zentren, die zusammen die *retikuläre Formation* bilden und mit der Kontrolle unseres Bewußtseinszustandes und unserer Aufmerksamkeit zu tun haben. Diese werden uns deshalb noch ausführlicher beschäftigen.

Das *Kleinhirn* ist beim Menschen trotz seines Namens von beträchtlicher Größe und betreibt den komplizierten Abgleich der Bewegungskommandos, die von den unterschiedlichen motorischen Zentren einlaufen, sowie zwischen diesen Kommandos und den sensorischen Rückmeldungen aus der Körperperipherie. Es ist ein wichtiger Ort motorischen Lernens; nach neuesten Erkenntnissen nimmt es auch an kognitiven Leistungen einschließlich der Sprache und der Handlungsplanung teil.

Das *Zwischenhirn* liegt beim Menschen tief im Innern des Endhirns (Abb. 3a). Es gliedert sich in vier Teile: (1) den Epithalamus, der die Epiphyse trägt, von der Descartes irrigerweise meinte, hier träfen Geist und Materie aufeinander; (2) den Thalamus, der Umschaltkerne sensorischer und motorischer Bahnen zwischen Großhirnrinde und Hirnstamm sowie „limbische" Kerne enthält, von denen noch die Rede sein wird; (3) den Subthalamus/Nucleus subthalamicus, der funktionell zu den Basalkernen gerechnet wird; und (4) den Hypothalamus, der wie das verlängerte Mark, die Brücke und das Mittelhirntegmentum mit der Regulation vegetativer Funktionen wie Schlafen, Wachen, Kreislauf, Atmung, Blutdruck und

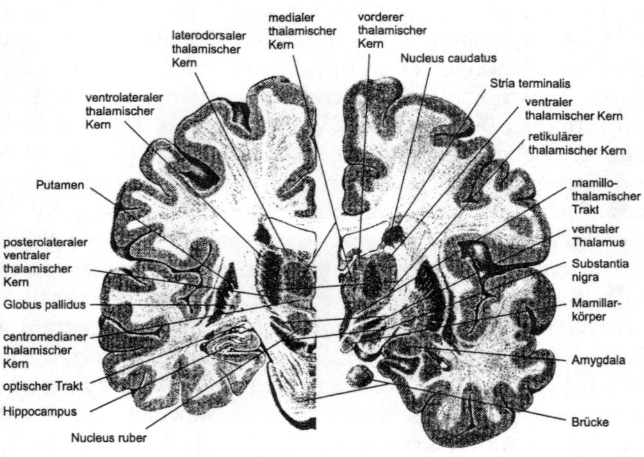

Abb. 3: Querschnitt durch das menschliche Gehirn in Höhe des Hippocampus (links) und in Höhe der Amygdala (rechts). Nach Nieuwenhuys et al. 1991, verändert.

Wärmehaushalt befaßt ist. Im Hypothalamus finden sich auch Zentren, die mit der Kontrolle grundlegender Verhaltensweisen wie Sexualität, Brutfürsorge, Angriff und Verteidigung und mit der Erzeugung von Affekten (Lust, Unlust, Wut, Furcht) zu tun haben.

Das *Endhirn* oder Großhirn macht beim Menschen rund 80 Prozent des gesamten Gehirns aus. Es besteht aus zwei Hälften (Hemisphären), die über eine massive Faserstruktur, den Balken (Corpus callosum), miteinander verbunden sind (Abb. 3a, b). Innerhalb jeder Hemisphäre unterscheidet man einen Rindenanteil, den Neo- oder Isokortex (etwas unzutreffend meist einfach Kortex genannt), und eine Reihe davon umschlossener Strukturen, die man insgesamt als „allokortikale" und „subkortikale" Zentren des Endhirns bezeichnet. Zu letzteren gehören die Basalganglien, zu denen der Streifenkörper (Corpus striatum), das basale Vorderhirn (mediales Septum und Nucleus basalis Meynert), der Globus pallidus und im weiteren Sinne der Nucleus subthalamicus des Zwischenhirns und die Substantia nigra des Mittelhirntegmentum gezählt werden. Dem subkortikalen Bereich wird der Mandelkern (Amygdala) zugerechnet, der im Innenbereich des Schläfenlappens (s.u.) sitzt. Eine auffällige, ebenfalls im unteren Innenbereich des Schläfenlappens sitzende Struktur ist die *Hippocampus-Formation*.

Die Großhirnrinde (*Neo- oder Isokortex*) ist der größte Teil des Endhirns (Abb. 4a). Sie ist stark gefaltet und wird eingeteilt in den Hinterhauptslappen (Okzipitalkortex), den Schläfenlappen (Temporalkortex), den Scheitellappen (Parietalkortex), den Stirnlappen (Frontalkortex einschließlich des präfrontalen Kortex) und den Limbischen Lappen (Lobus limbicus), die aufgrund von Unterschieden in ihrem zellulären Feinaufbau (Cytoarchitektur) nach dem Neuroanatomen Brodmann in sog. Brodmann-Areale (abgekürzt BA) eingeteilt und durchnumeriert werden. Die Großhirnrinde beherbergt primäre und sekundäre sensorische Gebiete für Sehen, Hören, Körperempfindung und Schmecken, in denen die entsprechenden Faserzüge aus dem Thalamus enden, sowie primäre und sekundäre motorische Gebiete, von denen aus absteigende

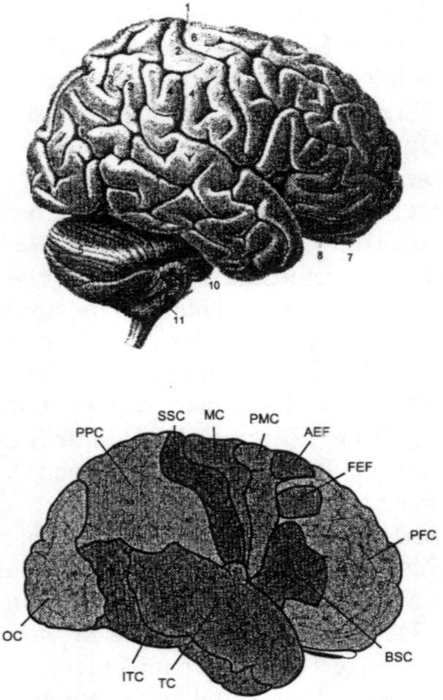

Abb. 4 a oben: Seitenansicht des menschlichen Gehirns mit den typischen Windungen (Gyrus/Gyri) und Furchen (Sulcus/Sulci). 1 Zentralfurche (Sulcus centralis); 2 Gyrus postcentralis; 3 Gyrus angularis; 4 Gyrus supramarginalis; 5 Kleinhirn-Hemisphären; 6 Gyrus praecentralis; 7 Riechkolben (Bulbus olfactorius); 8 olfaktorischer Tract; 9 Sulcus lateralis; 10 Brücke (Pons); 11 Verlängertes Mark (Medulla oblongata). Unten: Anatomisch-funktionelle Gliederung der seitlichen Hirnrinde (Kortex). Die Zahlen geben die übliche Einteilung in cytoarchitektonische Felder nach K. Brodmann an (s. Text). Abkürzungen: AEF = vorderes Augenfeld; BSA = Brocasches Sprachzentrum (meist linksseitig); FEF = frontales Augenfeld; ITC = inferotemporaler Kortex; MC = (primärer) motorischer Kortex; OC = okzipitaler Kortex (Hinterhauptslappen); PFC = präfrontaler Kortex (Stirnlappen); PMC = dorsolateraler prämotorischer Kortex; PPC = posteriorer parietaler Kortex; SSC = somatosensorischer Kortex; TC = temporaler Kortex (Schläfenlappen). Weitere Erläuterungen siehe Text. Nach Nieuwenhuys et al. 1991, verändert.

Bahnen zu subkortikalen prämotorischen und motorischen Zentren ziehen. Der größte Teil des Kortex wird durch *assoziative* Gebiete eingenommen, in denen komplexe Informationsverarbeitung einer Sinnesmodalität oder als die Integration mehrerer Modalitäten oder auf abstrakte Weise stattfindet (s.u.).

Wenden wir uns nun der Frage zu, wie die unterschiedlichen Zentren des Gehirns zu den eingangs genannten Bewußtseinszuständen beitragen. Von grundlegender Bedeutung für Wachheit und Bewußtheit und für die elementare Steuerung von Aufmerksamkeit sind die einzelnen Bestandteile der retikulären Formation (RF). Die RF ist eine netzartig („retikulär") aufgebaute Struktur, die sich vom verlängerten Mark über die Brücke bis zum Mittelhirn hinzieht und sich in drei Längsreihen von Zellgruppen (*Kerne* genannt) gliedert (Nieuwenhuys et al. 1991). Entlang der Mittellinie („Raphe") liegt die *mediane Kerngruppe*, welche die Raphe-Kerne umfaßt. Für die limbisch-kognitiven Funktionen ist vor allem der dorsale Raphe-Kern wichtig. Die Nervenzellen dieses Kerns schicken Fortsätze zum Hypothalamus, zu „limbischen" Kernen des Thalamus (d.h. den anterioren, medialen, intralaminären und Mittellinien-Kernen; siehe unten), zum basalen Vorderhirn, zur Amygdala, zum Hippocampus sowie zu den assoziativen Bereichen der Großhirnrinde. Diese Bahnen sind durch den Neuromodulator *Serotonin* charakterisiert. Neuromodulatoren sind – wie erwähnt – chemische Substanzen, welche die Arbeitsweise der „schnellen" Botenstoffe (Transmitter, vor allem Glutamat und Gamma-Aminobuttersäure, GABA) im Gehirn im Bereich von Sekunden bis Minuten beeinflussen (modulieren).

Seitlich von der medianen liegt die *mediale Kerngruppe*, die die Brücke und das Mittelhirn durchzieht. Die Fortsätze der dort angesiedelten Neurone ziehen ebenfalls zu den intralaminären und Mittellinienkernen des Thalamus, die ihrerseits Fasern zum Kortex schicken („projizieren"). Außen in der retikulären Formation liegt die *laterale Kerngruppe*. Der vorderste Kern ist der Ncl. tegmenti pedunculo-pontinus (PPT), der den modulatorischen Transmitter *Acetylcholin* enthält. Er projiziert vornehmlich zum basalen Vorderhirn, das ebenfalls durch den Transmitter Acetylcholin charakterisiert ist. Zur lateralen Kerngruppe gehören auch die parabrachialen Kerne, der Ncl. subcoeruleus und im weiteren Sinne der „blaue Kern", lateinisch *Locus coeruleus.* Letzterer weist dieselben Verbindungen mit Bereichen des Zwischenhirns und des Endhirns auf wie der dorsale Raphekern, ist aber durch den modulatorischen Transmitter *Noradrenalin* gekennzeichnet.

Die Kerne der medialen Kerngruppe bilden das *aufsteigende aktivierende System.* Sie erhalten von allen Sinnessystemen ständig Meldungen, und sobald sich hier irgend etwas verändert, erhöhen sie über die Erregung der intralaminären Kerne des Thalamus (s.u.) den generellen Aktivitätszustand der Großhirnrinde und damit unseren Wachheitszustand. Die mediane und die laterale Kerngruppe und hier besonders der dorsale Raphekern, der PPT und der Locus coeruleus arbeiten spezifischer. Es wird angenommen, daß die erregenden Bahnen des Locus coeruleus über den Neuromodulator Noradrenalin den übrigen Teilen des Gehirns die Anwesenheit neuer bzw. auffallender äußerer Stimuli meldet und zum Aufrechterhalten von extern gesteuerter Aufmerksamkeit beiträgt (Robbins 1997), während der PPT und das basale Vorderhirn (s.u.) über den Modulator Acetylcholin eher über die Bedeutsamkeit von Stimuli informiert. Die serotoninhaltigen Projektionen der Raphekerne scheinen dagegen eher einen dämpfenden Einfluß auf die Zielgebiete, vor allem des Kortex zu haben und vorschnelle impulsive Handlungen zu verhindern. Die genannten Strukturen der RF sind die einzigen im Gehirn, deren Zerstörung zur Bewußtlosigkeit führt. Es wird auch angenommen, daß sie die vornehmlichen Angriffsorte für Narkosemittel darstellen.

Die thalamischen Kerne des Zwischenhirns sind die wichtigsten Umschaltstationen zwischen der Großhirnrinde und dem übrigen Gehirn (Abb. 3a). Traditionell werden die Kerne und Kernbereiche des dorsalen Thalamus eingeteilt in *pallio-thalamische* Kerne und *trunco-thalamische Kerne.* Die pallio-thalamischen Kerne sind Umschaltstationen, die spezifische Eingänge von subkortikalen Zentren erhalten und ihrerseits mit eng umgrenzten Kortexgebieten in wechselseitiger (reziproker) Verbindung stehen. Innerhalb der pallio-thalamischen

Kerne trifft man weitere Unterscheidungen in die *anteriore Kerngruppe*, die *mediale Kerngruppe*, die *laterale Kerngruppe*, das *Pulvinar*, den *medialen Kniehöcker* und den *lateralen Kniehöcker*.

Der Hauptkern der *anterioren* Kerngruppe ist der Ncl. anterior thalami. Dieser Kern hat Verbindungen zum Gyrus cinguli der Großhirnrinde und zu den Mammillarkörpern und ist eine wichtige Schaltstelle des limbischen Systems. Alle Kerne der *medialen* Kerngruppe haben wechselseitige Verbindungen zum Frontallappen der Großhirnrinde und erhalten Eingänge von allen wichtigen Anteilen der Formatio reticularis. Der mediodorsale Kern dieser Gruppe ist reziprok mit „limbischen" Anteilen des Stirnlappens, d.h. dem medialen frontalen und orbitofrontalen Kortex, verbunden; er erhält Eingänge aus der Amygdala und dem entorhinalen Kortex sowie aus dem Kortex des Temporallappen-Pols. Die Erregung dieses Kerns ist – neben anderen Funktionen – offenbar notwendig für das Aufrechterhalten von Aufmerksamkeit, umgekehrt scheint seine Hemmung notwendig zu sein für das Umlenken der Aufmerksamkeit (Smythies 1997). Bei Patienten mit schweren Erregungszuständen wurde früher eine Durchtrennung der Bahnen zwischen medialer Kerngruppe und dem präfrontalen Kortex, die berüchtigte *Leukotomie*, vorgenommen, die zu Gleichgültigkeit und Verflachung der Persönlichkeit führt.

Die *laterale* Kerngruppe des Thalamus umfaßt Ventral-, Dorsal- und Zentralkerne und wird im Gegensatz zu den limbischen anterioren und medialen Kernen als *somatische* Kerngruppe des Thalamus angesehen. In den ventralen Kernen enden die somatosensorischen Bahnen und werden zu entsprechenden primären (Brodmann-Areale BA3b, 2, 1) und sekundären somatosensorischen Arealen (Areale 5 und 7) umgeschaltet. Hier enden auch Afferenzen aus den Vestibulariskernen des verlängerten Marks, dem Kleinhirn, dem Pallidum und der Substantia nigra. Diese Bahnen vermitteln die Grundlagen des Körperbewußtseins.

Das *Pulvinar* ist die größte thalamische Kerngruppe und ist in räumlich geordneter Weise mit dem assoziativen Kortex verbunden. Es spielt bei der visuellen und auditorischen Aufmerksamkeitssteuerung eine wichtige Rolle, hat aber auch mit Sprache und symbolischem Denken zu tun, – ist also ein „hochkognitives" thalamisches Zentrum. Der laterale und mediale Kniehöcker sind thalamische Umschaltstellen visueller bzw. auditorischer Erregung auf dem Weg zur Großhirnrinde.

Zu den trunko-thalamischen Kernen gehören die *intralaminären Kerne* sowie die *„Mittellinien-Kerne"*. Intralaminäre und Mittellinien-Kerne sind eng mit dem Striatum (s.u.) und dem Kortex verbunden. Die Mittellinien-Kerne projizieren vornehmlich zu limbischen, d.h. medialen und orbitofrontalen Anteilen des präfrontalen Kortex, zur Amygdala und zum Hippocampus, die anterioren intralaminären Kerne zum dorsolateralen präfrontalen Kortex und zum posterioren parietalen Kortex, und die posterioren intralaminären Kerne zu den motorischen und prämotorischen Arealen des frontalen Kortex (u.a. zum frontales Augenfeld) und zum vorderen (somatosensorischen) Parietallappen. Eingänge erhalten die intralaminären Kerne und Mittellinien-Kerne aus dem Nucleus reticularis thalami, der Formatio reticularis (Locus coeruleus, Raphe-Kerne und parabrachiale Kerne), dem Rückenmark, dem Pallidum, den sog. tiefen Kleinhirnkernen, der Substantia nigra, dem Tectum und dem Prätectum.

Die Funktion der intralaminären und Mittellinien-Kerne ist entsprechend der vielfältigen Verbindungen komplex. Sie spielen bei der Regulation von Wachheits-, Bewußtseins- und Aufmerksamkeitszuständen eine wichtige Rolle, und zwar aufgrund der Afferenzen von den retikulären Kernen und ihrer Verbindungen zum präfrontalen und parietalen Kortex. Sie haben in diesem Zusammenhang mit aufmerksamkeitsgesteuerten Augenbewegungen (über die Verbindungen zum frontalen Augenfeld) zu tun. Außerdem sind sie ein wichtiger Bestandteil des limbischen Systems, und zwar aufgrund ihrer Verbindungen zum präfrontalen Kortex, zur Amygdala und zum Hippocampus. Eine bilaterale Zerstörung der intralaminaren Kerne führt nicht, wie früher zuweilen berichtet, zur Bewußtlosigkeit, sondern zum Coma vigile bzw. zum akinetischen Mutismus: Die Patienten sind bei Bewußtsein, können oder wollen aber nicht auf Umweltreize reagieren. Die anterioren intralaminaren Kerne scheinen bei der Herausbildung und Realisierung von Intentionen eine wichtige Rolle zu spielen.

Dem *Nucleus reticularis thalami* wird von manchen Autoren eine zentrale Rolle beim Zustandekommen von Aufmerksamkeit und Bewußtsein zugeschrieben. Er soll zusammen mit dem Kortex eine Art „Aufmerksamkeitsscheinwerfer“ bilden (Crick 1994). Dieser Kern umhüllt schalenartig den gesamten lateralen Teil des Thalamus. Er erhält Seitenäste (Kollaterale) sowohl von thalamo-kortikalen Bahnen als auch von kortikothalamischen Bahnen und steht in reziproker Verbindung mit den geschilderten pallio-thalamischen und den truncothalamischen Kernen des dorsalen Thalamus; er projiziert aber nicht selbst zum Kortex. Über hemmende (GABAerge) Fasern kontrolliert er die Aktivität der meisten Thalamuskerne, insbesondere die intralaminären Kerne. (Übersicht bei Smythies 1997).

Wichtige Hirnzentren für die Kontrolle der Bewußtseinszustände und des Verhaltens im Bereich des Mittel-, Zwischen- und Endhirns sind der laterale Hypothalamus, das ventrale tegmentale Areal (VTA) und die dorsalen und ventralen Basalganglien. Die *Basalganglien* im engeren Sinne bestehen aus dem *Corpus striatum* (auch einfach *Striatum* genannt) und dem *Globus pallidus* (auch einfach *Pallidum* genannt). Die Substantia nigra wird von einigen Autoren ebenfalls zu den Basalganglien gezählt. Das Striatum im engeren Sinne gliedert sich in den *Nucleus caudatus* („geschweifter Kern“, auch einfach *Caudatum* genannt), das *Putamen* und den *Ncl. accumbens*, der von einigen Autoren dem ventralen Striatum zugerechnet wird.

Das Striatum insgesamt wird in zwei funktionale Bereiche eingeteilt. Das *dorsale* Striatum, welches den größten Teil des Nucleus caudatus und des Putamen umfaßt, erhält Eingänge vom prämotorischen, präfrontalen und parietalen Kortex, von den intralaminären Kernen, Mittellinienkernen und ventralen Kernen des dorsalen Thalamus sowie von der Substantia nigra pars compacta. Das *ventrale* Striatum umfaßt den unteren Teil von Caudatum und Putamen und den Ncl. accumbens. Der nach innen an das Putamen angrenzende Globus pallidus ist in ein äußeres (Pallidum externum) und ein inneres Segment (P.

internum) gegliedert. Man unterscheidet anatomisch und funktional ein dorsales und ein ventrales Pallidum, die jeweils eng mit dem dorsalen bzw. ventralen Striatum verbunden sind.

Die dorsalen Basalganglien (dorsales Striatum, dorsaler Globus pallidus) spielen bei der Kontrolle von Willkürhandlungen eine entscheidende Rolle. Sie erhalten Erregungen von allen Teilen der Großhirnrinde, die mit Handlungsplanung und -vorbereitung zu tun haben, und projizieren zurück zu den prämotorischen und motorischen Hirnrindenarealen. Ihre Zerstörung oder Erkrankung führt zu Schwierigkeiten bis zur völligen Unfähigkeit, Willkürhandlungen auszuführen, die nicht automatisiert sind (Parkinsonsche Erkrankung). Man nimmt an, daß die dorsalen Basalganglien die den „Intentionen" der Großhirnrinde entsprechenden Motorprogramme auswählen und konkurrierende Programme unterdrücken. Bei dieser Tätigkeit sind die Basalganglien abhängig von der Ausschüttung des Neuromodulators Dopamin durch die benachbarte Substantia nigra.

Die ventralen Basalganglien (ventrales Striatum/Nucleus accumbens, ventrales Pallidum) bilden zusammen mit dem lateralen Hypothalamus und dem ventralen tegmentalen Areal das *mesolimbische System*, das ebenfalls vom Neuromodulator Dopamin gekennzeichnet ist (Abb. 5). Dieses System projiziert über den dorsomedialen thalamischen Kern (s.o.) zur Großhirnrinde, vor allem zum präfrontalen Kortex. Es wird mit Belohnung und Belohnungserwartung und mit dem Gefühl der Lust und Befriedigung in Verbindung gebracht, d.h. es signalisiert anderen Hirnzentren, welche Handlungen mit Belohung/Lust verbunden waren bzw. bei welchen Handlungen aufgrund vergangener Erfahrung Belohnung und Lust zu erwarten sind. Es gilt auch als der Ort der Wirkung von Drogen und der Entstehung von Drogensucht. Neuere Untersuchungen weisen aber auch darauf hin, daß das dopaminerge System ebenso wie das noradrenerge System des Locus coeruleus auf neue, unerwartete Umweltreize reagiert und offenbar die Reaktion auf diese Reize vorbereitet oder erleichtert (Redgrave et al. 1999). Eventuell sind verschiedene Teile des dopami-

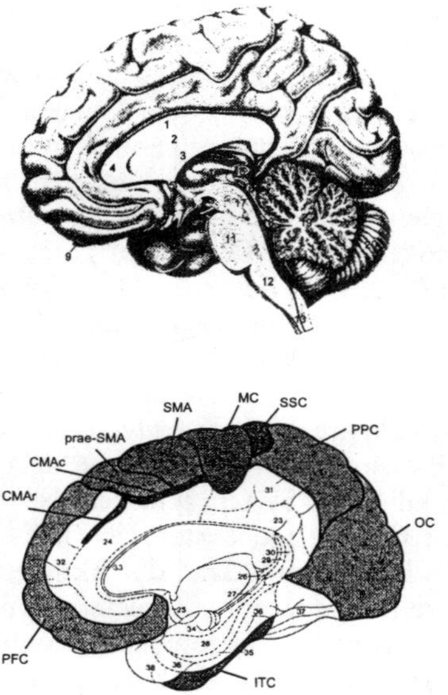

Abb. 4 b oben: Medialansicht (Längsschnitt) des menschlichen Gehirns. 1 Balken (Corpus callosum); 2 Septum pellucidum; 3 Fornix; 4 Knie des Balkens; 5 Commissura anterior; 6 Hypothalamus; 7 Sehnervkreuzung (Chiasma opticum); 8 Sehnerv (Nervus opticus); 9 Bulbus olfactorius; 10 Nervus oculomotorius; 11 Brücke (Pons); 12 Verlängertes Mark (Medulla oblongata); 13 Rückenmark (Medulla spinalis); 14 Thalamus; 15 Pinealorgan; 16 Vierhügelplatte des Mittelhirns; 17 Tegmentum des Mittelhirns; 18 vierter Ventrikel; 19 Wurm (Vermis) des Kleinhirns; 20 Kleinhirnhemisphären. Unten: Anatomisch-funktionelle Gliederung der medialen Hirnrinde. Die Zahlen geben wie in Abb. 4 b die Einteilung in cytoarchitektonische Felder nach K. Brodmann an. Abkürzungen: CMAc = caudales cinguläres motorisches Areal; CMAr = rostrales cinguläres motorisches Areal; ITC = inferotemporaler Kortex; MC = motorischer Kortex; OC = occipitaler Kortex (Hinterhauptslappen); prae-SMA = prae-supplementär-motorisches Areal; PFC = präfrontaler Kortex (Stirnlappen); PPC = posteriorer parietaler Kortex; SMA = supplementär-motorisches Areal; SSC = somatosensorischer Kortex; Weitere Erläuterungen siehe Text. Nach Nieuwenhuys et al. 1991, verändert.

nergen mesolimbischen Systems für die verschiedenen Funktionen zuständig.

Eine für das Aufmerksamkeitsbewußtsein wichtige Struktur ist das vom medialen Septum, dem Nucleus basalis Meynert sowie von der Substantia innominata, dem horizontalen Knie des Diagonalen Bandes von Broca und dem magnozellulären präoptischen Kern gebildete *basale Vorderhirn*. Es erhält Eingänge vom cholinergen PPT und den parabrachialen Kernen der lateralen FR, den Raphekernen, dem Locus coeruleus, der Substantia nigra im Mittelhirntegmentum, dem Hypothalamus und dem Nucleus accumbens. Das basale Vorderhirn projiziert über cholinerge Bahnen zum Hippocampus und zu den assoziativen Hirnrindenanteilen, zur Amygdala und zum ventralen Tegmentum. Es wird daher als wichtige Schaltstelle zwischen dem übrigen limbischen System und dem Isokortex angesehen (Voytko 1996; Givens und Sarter 1997). Es wird angenommen, daß seine Bahnen den Grad der Aktivierung neokortikaler Nervennetze durch sensorische Afferenzen und die Verarbeitung sensorischer Informationen im Kontext früherer Erfahrungen beeinflussen. Eine Zerstörung des basalen Vorderhirns führt nicht zu Bewußtlosigkeit, jedoch zu massiven Störungen von Aufmerksamkeit und Gedächtnis, wie dies bei der Alzheimerschen Altersdemenz der Fall ist.

Eine zentrale Rolle bei emotionalen Bewußtseinszuständen spielt der Mandelkern, die *Amygdala* (Abb. 3a, 5). Die Amygdala besteht aus einer kortikomedialen und einer basolateralen Kerngruppe, die kortikalen bzw. subkortikalen Ursprungs sind. Die Amygdala unterhält massive rückläufige Verbindungen mit dem Isokortex, und zwar vornehmlich mit dem (limbischen) orbitofrontalen Teil des präfrontalen Kortex (Brodmann-Areale BA11–14), dem visuellen (BA20, 21) und auditorischen temporalen Assoziationskortex (BA22) sowie mit der „Insel", d.h. dem gustatorischen Kortex. Die wichtigste Umschaltstation zwischen Amygdala und assoziativem Kortex ist der mediodorsale thalamische Kern (s.o.). Rückläufige Verbindungen bestehen mit dem Hippocampus. Die Amygdala erhält massive Eingänge vom olfaktorischen System, von den medialen, intralaminären und Mittellinien-Kernen des Thalamus sowie dem Corpus geniculatum mediale (auditorisch) und laterale (visuell). Subkortikale Projektionen der Amygdala gehen zurück zum medialen Thalamus, zum Septum, zum Hypothalamus, zum zentralen Höhlengrau des Mittelhirns und zum Locus coeruleus der retikulären Formation.

Die Amygdala hat mit der Verarbeitung und eventuell auch Speicherung negativer emotionaler Zustände und Erfahrungen, mit dem Erkennen von furchterregenden oder negativ besetzten Umweltreizen wie drohenden Gesichtern oder deren negativem emotionalem Inhalt zu tun. Eine Zerstörung der Amygdala führt bei Tieren und Patienten zum Verlust der Fähigkeit, furchteinflößende Situationen zu erkennen; dies führt zu „furchtlosem" bzw. „heldenhaftem" Verhalten. Einige Autoren sind der Anschauung, daß nur die linke Amygdala an der Bewußtwerdung von Furcht beteiligt ist und die rechte Amygdala unbewußte Furchtzustände verarbeitet. Jüngste Befunde deuten auf eine Fehlfunktion der Amygdala (im Verein mit dem präfrontalen Kortex und dem mediodorsalen thalamischen Umschaltkern) bei depressiven Patienten hin. Solche Personen leiden an einer – in unseren Augen – zu negativen Bewertung vergangener oder laufender Ereignisse, was zu einer völligen Handlungsunfähigkeit führen kann.

Von einer Reihe von Autoren wird die Beteiligung an nicht furchtbedingten oder gar positiv besetzten, appetitiven Zuständen beim Lernen angenommen, insbesondere im Zusammenhang mit Nahrungsaufnahme. Hierbei soll die Interaktion zwischen der basolateralen Amygdala mit dem ventralen Striatum eine wichtige Rolle spielen (Robbins und Everitt 1996). Der basolateralen Amygdala wird allgemein eine Rolle bei der Steuerung von Willkürhandlungen aufgrund emotionaler Kriterien zugeschrieben (Killcross et al. 1997).

Der *Hippocampus* („Seepferdchen" – so genannt wegen seines eigentümlich gewundenen Querschnitts) ist –zusammen mit dem umgebenden Neokortex (s.u.) – der Organisator des bewußtseinsfähigen, deklarativen bzw. semantischen und episodischen Gedächtnisses (Abb. 3a, 5). Umgeben wird der Hippocampus vom entorhinalen Kortex, der wiederum dem perirhinalen und parahippocampalen Kortex benachbart ist. Praktisch alle Eingänge aus dem assoziativen Isokortex sowie gustatorische und olfaktorische Eingänge zum Hippocampus laufen über den perirhinalen bzw. parahippocampalen Kortex und von dort über den entorhinalen Kortex, der das „Eingangstor" zum Hippocampus bildet. Afferenzen des Hippocampus kommen außerdem vom basalen Vorderhirn, der Amygdala, dem Hypothalamus, den limbischen Thalamuskernen, den Raphe-Kernen, dem Locus coeruleus und dem zentralen Höhlengrau des Tegmentum (um nur die wichtigsten Zentren zu nennen). Die Ausgänge des Hippocampus ziehen über den entorhinalen, perirhinalen und parahippocampalen Kortex wieder zu neokortikalen Zielgebieten zurück sowie zu Amygdala, basalem Vorderhirn, Hypothalamus und Mamillarkörper. Die Speicherung semantischen und episodischen Wissens findet allerdings nicht im Hippocampus selbst statt, sondern modalitäts- und funktionsspezifisch in den verschiedenen Rindenarealen: Das visuelle Gedächtnis befindet sich in den visuellen Kortexregionen, das auditorische Gedächtnis in den auditorischen Arealen, die sprachlichen Erinnerungen in den Sprachzentren usw. Eine bilaterale Zerstörung des Hippocampus führt zu zeitlich begrenzter retrograder Amnesie, d.h. dem Verlust von Teilen des Altgedächtnisses, sowie zur anterograden Amnesie, d.h. zur Unfähigkeit, neue Inhalte in das deklarative bzw. semantische und episodische Gedächtnis einzufügen. Für derartige Patienten ist alles neu, was ihnen nicht seit langem bekannt und „eingeschliffen" ist.

Neuere Untersuchungen (Tulving und Markowitsch 1998; Markowitsch 1999; Brown und Aggleton 1999) unterscheiden innerhalb des deklarativen Gedächtnisses ein *episodisches* Gedächtnis, das sich immer auf inhaltlich, räumlich und zeitlich konkrete Erlebnisse mit Bezug auf die eigene Person bezieht („was mir Montag voriger Woche in Hamburg passierte"), und ein Wissensgedächtnis, das sich auf personen-, ort- und zeitunabhängige Tatsachen bezieht („zwei mal zwei ist vier"). Die Einspeicherung des episodischen Gedächtnisses wird dem Hippocampus im engeren Sinne zugeordnet, das Wissensgedächtnis dem entorhinalen, perirhinalen und parahippocampalen Kortex (EPPC). Beide Systeme haben zum Teil Verbindungen zu unterschiedlichen Hirnzentren, EPPC direkt zum temporalen und parietalen Assoziationskortex sowie direkt oder über den mediodorsalen thalamischen Nucleus zum präfrontalen Kortex, während der Hippocampus zwar einerseits über EPPC mit dem temporalen und parietalen Assoziationskortex verbunden ist, gleichzeitig aber direkt bzw. über die Mamillarkörper zum anterioren thalamischen Nucleus projiziert, der seinerseits zum präfrontalen Kortex projiziert (Aggleton und Brown 1999). Dies bedeutet, daß das Wissensgedächtnis einerseits und das episodische Gedächtnis andererseits unterschiedliche Zugriffe zum PFC besitzen.

Hippocampus, EPPC und Amygdala arbeiten im Bereich des deklarativen und emotionalen Gedächtnisses „arbeitsteilig". Im Rahmen einer klassischen Konditionierung, in dem in Normalpersonen ein Nebelhorn Schreckreaktionen auslöste, konnten zum Beispiel Patienten mit einer bilateralen Schädigung der *Amygdala* genau angeben, welcher sensorische Stimulus mit einem Schreckreiz gepaart worden war, sie zeigten aber keine vegetative Angstreaktion, gemessen über die Erhöhung des Hautwiderstands. Sie entwickelten also keine Angst- oder Schreckempfindungen und nahmen die Ereignisse „emotionslos" hin. Umgekehrt hatten Patienten mit bilateraler Schädigung von Hippocampus und entorhinaler Rinde keine bewußte Information über die Paarung von sensorischem Reiz und Schreckreiz, zeigten aber eine deutliche vegetative Angstreaktion. Während also ihr emotionales Gedächtnis funktionierte, versagte ihr deklaratives Gedächtnis, was nach der Hippocampus-Läsion auch zu erwarten war. Die Patienten mit Amygdala und ohne Hippocampus erlebten also Angst und Schrecken, ohne zu wissen warum.

Der *Gyrus cinguli* stellt neben der „Insel" und dem medialen und orbitofrontalen Stirnhirn den kortikalen Teil des limbischen Systems dar (Abb. 3b, 5). Er besteht aus einem vorderen (Gyrus cinguli anterior, BA24) und einem hinteren Anteil (Gyrus cinguli posterior, BA23). Beide Teile stehen in enger rückläufiger Verbindung mit dem präfrontalen und dem entorhinalen Kortex und mit dem Septum, den limbischen Thalamuskernen, dem Colliculus superior, dem tegmentalen Höhlengrau und der Formatio reticularis. Sie unterscheiden sich aber hinsichtlich weiterer Eingänge und Ausgänge. Der vordere Teil erhält zusätzliche Eingänge vornehmlich von anderen limbischen Zentren, nämlich Hippocampus, Amygdala, Septum und den limbischen Thalamuskernen; seine Ausgänge gehen zum motorischen und prämotorischen Kortex, zu den Basalganglien, zum Colliculus superior und über die Brücke zum Kleinhirn. Über diese Verbindungen greift das limbische System in das motorische System ein, zum Beispiel im Zusammenhang mit emotionalen Gebärden und Lautäußerungen. Der hintere Teil ist eher sensorisch dominiert und erhält Eingänge vom somatosensorischen, auditorischen und visuellen Assoziationskortex und von visuellen Thalamuskernen (lateraler Kniehöcker, Pulvinar). Aus diesen Verbindungen ergibt sich für den cingulären Kortex eine wichtige Vermittlerfunktion zwischen kortikal-kognitiven und limbisch-emotionalen Funktionen, gepaart mit einem massiven Einfluß auf die Motorik. Der cinguläre Kortex spielt neben dem somatosensorischen Kortex auch bei der Schmerzwahrnehmung eine wichtige Rolle; hierbei steht er in enger Beziehung mit anderen Schmerzzentren, nämlich dem insulären Kortex (s.u.), den medialen Thalamuskernen und dem zentralen tegmentalen Grau. Nach Zerstörung der cingulären Rinde „vergessen" Versuchstiere die zuvor gelernten schmerzbedingten Abwehr- und Vermeidungsreaktionen.

Eine ebenfalls „limbische" Funktion besitzt auch der *insuläre Kortex* (auch kurz „Insel" genannt), der im menschlichen Gehirn vom Stirn-, Scheitel- und Schläfenlappen überdeckt wird. Er repräsentiert und verarbeitet Geschmacksempfindungen sowie viszerale und viszeral-emotionale Zustände und ist auch an bewußter Schmerzempfindung beteiligt; hierbei sind Eingänge von der Amygdala und dem lateralen Hypothalamus wichtig.

Die Großhirnrinde im engeren Sinne, Neokortex oder besser Isokortex genannt (wegen seiner durchgehenden Sechsschichtigkeit), wird eingeteilt in primäre und sekundäre sensorische und motorische Areale sowie in „assoziative" Areale (Abb. 4a, b). Der *primäre somatosensorische Kortex* umfaßt die Brodmann-Areale BA3a, 3b, 1, 2, die im Scheitellappen hinter der Zentralfurche bzw. in der Tiefe der Zentralfurche liegen. Die Oberfläche der gegenüberliegenden Körperseite wird in jeder dieser Areale entlang der Zentralfurche *somatotopisch* als „Homunculus" abgebildet, und zwar in der Weise, daß die unteren Körperregionen auf der Innenseite der Hemisphäre bzw. im oberen Teil des Gyrus postcentralis und die oberen Körperregionen im unteren Teil der Zentralfurche repräsentiert sind. Dabei sind die verschiedenen Körperteile je nach Innervationsdichte der Oberfläche unterschiedlich groß dargestellt, nämlich Fingerspitzen und Mund am größten und Rumpf und Oberschenkel am kleinsten. Der *sekundäre* somatosensorische Kortex (BA5) ist nur partiell somatotopisch gegliedert und wird meist zum posterioren parietalen Kortex (BA7, 7a; s.u.) gerechnet.

Der *primäre visuelle Kortex* (BA17, auch striärer Kortex genannt) liegt am hinteren (occipitalen) Teil des Kortex sowie an der hinteren Innenfläche. Area BA17 ist der Projektionsort der vom lateralen Kniehöcker ausgehenden Sehstrahlung (Radiatio optica). Der primäre visuelle Kortex wird eingerahmt vom *sekundären* (BA18) und *tertiären* visuellen Kortex (BA19; zusammen auch extrastriärer Kortex genannt). Der *primäre auditorische Kortex* umfaßt beim Menschen das kortikale Gebiet BA41 (die sog. Heschlschen Querwindungen). Hier enden die Fasern der Hörstrahlung (Radiatio acustica) aus dem medialen Kniehöcker. Der *sekundäre* auditorische Kortex (BA42) umschließt hufeisenförmig den primären auditorischen Kortex. Der *primäre motorische Kortex* (BA4) liegt im Stirnlappen unmittelbar vor dem Gyrus centralis. Er zeigt ebenso wie die gegenüberliegende somatosensorische Rinde eine „auf den Kopf gestellte" somatotope Organisation („motorischer Homunculus"). Weitere wichtige motorische Kortexareale sind der *prämotorische* Kortex (BA6) und das *motorische Supplementärfeld* (MSA, BA6a, d.h. der dorsomediale Anteil von BA6) und das *frontale Augenfeld* (FEF, Teile von BA8 und A9), das bereits „assoziative" Funktionen hat.

Der *Assoziationskortex* wurde früher definiert als derjenige Teil des Kortex, der keine direkten Eingänge aus subkortikalen Regionen erhält. Diese Charakterisierung ist ungerechtfertigt, denn alle Kortexareale erhalten nach neueren Erkenntnissen massive subkortikale Eingänge. Heute bezeichnet man mit „Assoziationskortex" etwas unscharf all die Rindenanteile, in denen komplexe Informationsverarbeitung innerhalb eines

Sinnessystems oder zwischen verschiedenen Sinnessystemen stattfindet.

Der *parietale Assoziationskortex*, auch *posteriorer parietaler Kortex* (abgekürzt PP) genannt, umfaßt die Brodmann-Areale BA5, 7a und 7b und den inferioren parietalen Kortex (Gyrus angularis, BA39; Gyrus supramarginalis, BA40). Der PP erhält thalamische Afferenzen aus dem Ncl. lateralis posterior und dem Pulvinar sowie aus dem somatosensorischen und dem extrastriären Kortex. Efferenzen des PP gehen zu den Kernen der Brücke (Pons) und von dort aus zum Kleinhirn; daneben gibt es Efferenzen zum Colliculus superior, Prätectum und Striatum. Der parietale Kortex hat keine starken direkten Verbindungen zum motorischen Kortex, sondern interagiert mit ihm über die Basalganglien, die Brückenkerne und das Kleinhirn.

Der PP hat mit Raumwahrnehmung, -orientierung und -vorstellung zu tun. Hierzu gehört die Konstruktion einer dreidimensionalen Welt und die Lokalisation der Sinnesreize, des eigenen Körpers und seiner Bewegungen in der Umwelt. Weiterhin betreffen die Leistungen des PP das Wissen über den eigenen Aufenthaltsort (d.h. die Lokalisation innerhalb „geographischer" Karten), das Erfassen räumlicher Perspektive sowie das Umgehen mit abstrakten Raumkonzepten einschließlich des Erkennens, Deutens und Benutzens von Karten und Zeichnungen. Hierbei besteht eine enge Interaktion des PP mit dem Hippocampus. Andere Funktionen des PP umfassen Lesen (auch das „Lesen" der Uhr), Rechnen und allgemein das Erkennen und den Umgang mit Symbolen. Verletzungen des PP führen zur Beeinträchtigung des abstrakten Denkens. Ausgedehnte Läsionen führen zu Störungen des Körperschemas, zu Unsicherheiten bei Bewegung auf Zielobjekte, zu Raumorientierungsstörungen und zur Unfähigkeit, Zweck und objektbezogene Handlungsentwürfe (Werkzeuggebrauch, Ankleiden, Gebärden) durchzuführen.

Der PP zeigt eine deutliche funktionale Hemisphären-Asymmetrie. Im *linken* PP (einschließlich des Gyrus angularis und des Gyrus supramarginalis) wird vornehmlich symbolisch-analytische Information verarbeitet, etwa Arithmetik und Sprache und die Bedeutung von Abbildungen und von Symbolen. Verletzungen des linken PP, besonders im Bereich des Gyrus angularis (BA39), führen zu Störungen beim Lesen und Schreiben und entsprechenden Gedächtnisfunktionen. Im *rechten* PP dominiert die räumliche Lokalisation, die konkrete oder mentale Konstruktion des Raumes mit der Möglichkeit des Perspektivwechsels. Nach Verletzungen des rechten PP können Patienten ihre verschiedenen Aufenthaltsorte nicht mehr räumlich und zeitlich auseinanderhalten und behaupten zum Beispiel, an verschiedenen Orten gleichzeitig zu sein; sie sehen selbst darin jedoch nichts Eigenartiges. Diese Unfähigkeit, die eigene Erkrankung zu erkennen, nennt man *Anosognosie*. Der PP ermöglicht das Umlenken der Aufmerksamkeit („shift of attention") im Zusammenhang mit räumlicher Orientierung und in Hinblick auf Erwartungshaltungen; sein unterer Teil, besonders derjenige der rechten Hemisphäre, wird als das *räumliche Aufmerksamkeitszentrum* angesehen.

Der *temporale Assoziationskortex* umfaßt Teile des *oberen* (BA22), den *mittleren* (BA37, 38) und *unteren (inferioren) temporalen Kortex* (IT; BA20, 21). Er ist für die Integration und Bewertung nichträumlicher visueller Aspekte von Objekten und Prozessen und auditorischer Information zuständig. Im mittleren temporalen Kortex wird komplexe auditorische Information verarbeitet; hier findet sich – bei den meisten Personen in der linken Hemisphäre – das Wernickesche Sprachzentrum (ungefähr BA22), das für Sprachverständnis (Semantik) zuständig ist. Im inferotemporalen Kortex wird komplexe visuelle Information verarbeitet, z.B. das Erkennen von Gesichtern und ihrer Mimik (rechtsseitig), das Erfassen bedeutungshafter Szenen usw. Auf der unteren Innenseite des Temporallappens befinden sich Amygdala und Hippocampus-Formation (s.o.).

Der *frontale Assoziationskortex*, auch *präfrontaler Kortex* (PFC) genannt, umfaßt die Areale BA9, 10 und 46, die als *dorsolateraler* PFC bezeichnet werden, die Areale BA11, 13 und 14 und 47, die als *orbitofrontaler* PFC bezeichnet werden, sowie die Areale BA25 und 32, die als *ventromedialer* PFC bezeichnet werden. Das *frontale Augenfeld* (Teile von BA8 und A9) und das supplementär-motorische Areal (SMA, mediale Anteile von BA6) werden oft auch zum präfrontalen Kortex gezählt. Direkt vor der Repräsentation der Gesichtsmuskeln, der Kiefer, der Zunge, des Gaumens und des Rachens in der präzentralen motorischen Rinde liegt die Brocasche Sprachregion (BA44 und 45), die mit der *zeitlichen Organisation* von Sprache (insbes. der Syntax) zu tun hat.

Der PFC enthält thalamische Afferenzen aus dem Ncl. mediodorsalis und dem Pulvinar, aus der Amygdala, dem Hippocampus, dem auditorischen, somatosensorischen und visuellen Kortex sowie aus dem ventralen Tegmentum (dopaminerger Input), dem Locus coeruleus (noradrenerger Input) und dem dorsalen Raphe-Kern (serotoninerger Input). Efferenzen ziehen zurück in die neo- und allokortikalen Gebiete, aus denen die Afferenzen kommen (besonders Amygdala, Hippocampus und Septum), außerdem zum Striatum, zum zentralen Höhlengrau des Mittelhirns und in die Umgebung der Substantia nigra.

Der präfrontale Kortex, besonders der dorsolaterale Teil, hat mit zeitlich-räumlicher Strukturierung von Sinneswahrnehmungen zu tun, mit planvollem und kontextgerechtem Handeln und Sprechen und mit der Entwicklung von Zielvorstellungen (Petrides und Pandya 1999; Davidson und Irwin 1999). Läsionen im PFC, vor allem im orbitofrontalen Kortex, führen zum Verlust der Fähigkeit, den sozial-kommunikativen Kontext, z.B. die Bedeutung von Szenendarstellungen oder die Mimik von Gesichtern, zu erfassen, Probleme zu lösen oder den Inhalt von Denken und Tun umzulenken. Bei Patienten mit orbitofrontalen Läsionen zeigt sich der Hang zur „Perseveration", also zum hartnäckigen Verbleiben bei einer Sache, ein Verlust der Verhaltensspontaneität und Kreativität, sowie Einschränkungen des adaptiven Verhaltens, besonders im Sozialbereich. Allgemein verflacht die Persönlichkeit.

Patienten mit Läsionen im orbitofrontalen und ventromedialen PFC sind unfähig, negative oder positive Konsequenzen ihrer Handlungen vorauszusehen, wenngleich unmittelbare Belohnung oder Bestrafung von Aktionen ihr weiteres Handeln beeinflussen können (Davidson & Irwin 1999). Sie gehen trotz besseren Wissens Risiken ein. Es scheint im ventromedialen PFC eine Links-Rechts-Asymmetrie zu geben in dem Sinne, daß links positive, rechts negative Erfahrungen verarbeitet werden. Dies könnte mit der Tatsache übereinstimmen, daß der linke ventromediale PFC vornehmlich Eingänge vom Nucleus accumbens (einem Teil des „Lustzentrums“) erhält, der rechte vornehmlich von der Amygdala (dem „Furchtzentrum“).

Der PFC spielt neben dem parietalen Kortex auch bei der Aufmerksamkeitssteuerung eine große Rolle. In diesem Zusammenhang wird im PFC ein „vorderes Aufmerksamkeitssystem“ angesiedelt. Dieses System steht in enger Verbindung mit dem vorderen cingulären Kortex und den Basalganglien. Der dorsolaterale PFC (BA9, 46) wird auch als Sitz des Arbeitsgedächtnisses angesehen (siehe oben).

Zusammengefaßt läßt sich sagen, daß die vielfältigen Zustände von Bewußtsein durch das unterschiedliche Zusammenwirken vieler Zentren im Gehirn zustande kommen, von denen die meisten selbst nicht bewußtseinsfähig sind. Bewußt sind nur diejenigen Prozesse, die in den assoziativen Rindenarealen ablaufen; eine besondere Rolle spielt hierbei der präfrontale Kortex, der wohl – zusammen mit dem rostralen (polaren) Teil des Temporalkortex – als „Sitz des Bewußtseins“ im engeren Sinne angesehen werden kann. Für diese Teile des Kortex ist der enge Zusammenhang mit dem limbischen System, vor allem mit der Amygdala und der Hippocampus-Formation charakteristisch und damit die Einheit von Kognition und Emotion. Ebenso charakteristisch ist die Beziehung des präfrontalen Kortex zu den Basalkernen und damit die Einheit von bewußter und unbewußter Handlungsauswahl und Handlungssteuerung.

5. Zelluläre Grundlagen des Bewußtseins.

Bisher wurde dargestellt, in welcher Weise Strukturen des Gehirns zum Entstehen der verschiedenen Bewußtseinszustände beitragen. Diese Erkenntnisse beruhen im wesentlichen auf dem Studium der Folgen von Verletzungen und Schädigungen von Hirnregionen für perzeptive, kognitive, emotionale und motorische Funktionen, wie es in der Neurologie und Neuropsychologie betrieben wird. Über die zugrundeliegenden neuronalen Mechanismen können damit kaum Aussagen gemacht werden. Hierzu sind Methoden nötig, welche die neuronale Aktivität von großen, viele Millionen Nervenzellen umfassenden Netzwerken bis hinunter auf die Ebene einzelner Zellen oder gar von Zellbestandteilen, z.B. Synapsen, erfassen. Diese Techniken umfassen die Einzel- und Vielzellableitungen mit Hilfe von Mikroelektroden, die Elektroenzephalographie (EEG-), die Magnetenzephalographie, die Positronen-Emissions-Tomographie (PET) und die funktionelle Kernspintomographie (fNMR).

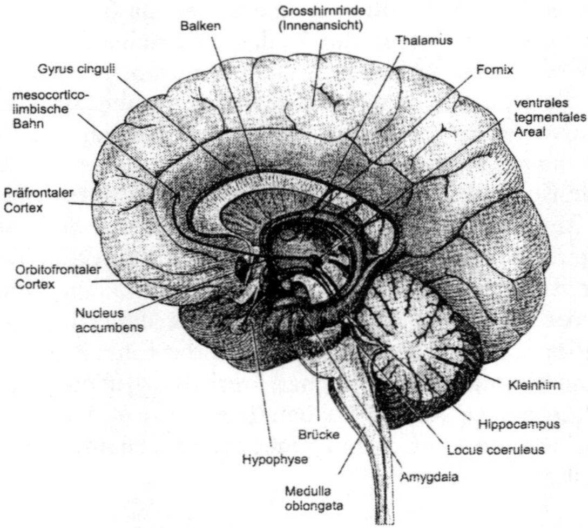

Abb. 5: Längsschnitt durch das menschliche Gehirn mit den wichtigsten limbischen Zentren. Aus Spektrum/Scientific American 1994, verändert.

Die Registrierung der Aktivität einzelner Nervenzellen mit Hilfe von Mikroelektroden setzt das Freilegen von Gehirngewebe voraus und geschieht in der Regel im Tierversuch oder am offenen Gehirn eines Patienten im Zusammenhang mit Hirnoperationen. Mikroelektrodenableitungen werden entweder *extrazellulär* durchgeführt, wobei das Auftreten von überschwelligen Erregungszuständen in Form von Nervenimpulsen (Aktionspotentialen, „Spikes") erfaßt wird, oder *intrazellulär*, wobei man auch Hemmungszustände (Inhibitionen) und unterschwellige Erregungszustände registriert, die den extrazellulären Ableitungen entgehen. Mit Hilfe „gröberer" extrazellulärer Mikroelektroden läßt sich auch die Aktivität kleinerer Zellverbände erfassen.

Beim EEG wird am Kopf mit Hilfe von Oberflächenelektroden durch die Schädeldecke hindurch die elektrische Aktivität einer großen Zahl von Nervenzellen der Großhirnrinde gemessen. Die Zeitauflösung des EEG liegt im Millisekundenbereich. Mit Hilfe des EEG können Erregungsverteilungen in der Großhirnrinde während kognitiver Leistungen zeitlich genau dargestellt werden, allerdings ist die Lokalisation der Herkunftsorte der Erregungen sehr ungenau. Bei der Messung *ereigniskorrelierter Potentiale* (*EKP*) werden mit Hilfe von Mittelungsverfahren Veränderungen im laufenden EEG aufgrund sensorischer Stimulation dargestellt. Hierbei werden lokale Veränderungen der elektrischen Hirnaktivität sichtbar gemacht, die von der Art der sensorischen Stimulation als auch vom Ort der Registrierung abhängen.

Im Gegensatz zum EEG werden beim MEG Veränderungen der parallel zur Kortexoberfläche verlaufenden magnetischen Felder gemessen. Das MEG hat bei gleicher sehr guter Zeitauflösung eine etwas bessere Ortsauflösung als das EEG, weil die magnetische Leitfähigkeit des Hirngewebes und damit die Ausbreitung des Signals geringer ist als die elektrische Leitfähigkeit. Zu beachten ist, daß MEG und EEG unterschiedliche Signalquellen (vertikal bzw. horizontal zur Kortexoberfläche) messen und daher verschiedene Aspekte lokaler Erregungszustände darstellen.

PET und fNMR messen nicht direkt die elektrische Aktivität des Gehirns wie Mikroelektroden-Ableitungen, EEG und EKP oder die magnetische Aktivität wie MEG, sondern beruhen auf der Tatsache, daß neuronale Erregungen von einer lokalen Erhöhung der Hirndurchblutung und des Hirnstoffwechsels (vornehmlich hinsichtlich des Sauerstoff- und Zuckerverbrauchs) begleitet sind (Posner 1994). Beim PET wird dem Blut ein Positronen-aussendendes Isotop (z.B. das Sauerstoff-Isotop ^{15}O) in Verbindung mit einer am Stoffwechsel beteiligten Substanz (z.B. Zucker oder Wasser) zugeführt. Dieser Stoff wird in besonders hoher Konzentration dort im Gehirn „verstoffwechselt“, wo die Hirnaktivität besonders intensiv ist. Die beim Zerfall des Isotops freiwerdende Gammastrahlung wird durch Detektoren registriert, die ringförmig um den Kopf des Patienten angebracht sind. Mit Hilfe eines Computers lassen sich Zerfallsort und Zerfallsmenge genau berechnen und in ein dreidimensionales Aktivitätsbild umsetzen. Die räumliche Auflösung liegt im Millimeterbereich, jedoch benötigt das Erstellen eines aussagekräftigen PET-Bildes 45–90 Sekunden. Hiermit können schnellere neuronale bzw. kognitive Prozesse nicht erfaßt werden. Auch liefert PET keine Darstellung der Anatomie des untersuchten Gehirns.

Die Kernspintomographie (englisch: nuclear magnetic resonance – NMR, auch magnetic resonance imaging – MRI) beruht auf der Tatsache, daß sich in einem starken Magnetfeld viele Atomkerne mit ihren Magnetachsen parallel zu den Feldlinien ausrichten. Sie senden nach Störung mit einem Radiowellensignal Hochfrequenzsignale aus, die Aufschluß über die Art und Position des Kerns sowie die physikalische und chemische Beschaffenheit seiner Umgebung liefern. Hiermit lassen sich z.B. mit Hilfe von Wasserstoffkernen – anders als beim EEG, MEG oder bei PET – genaue anatomische Darstellungen von Gehirnen erreichen. Bei der *funktionellen* Kernspintomographie (fNMR, fMRI) wird die Tatsache ausgenutzt, daß sauerstoffreiches (arterielles) und sauerstoffarmes (venöses) Blut unterschiedliche magnetische Eigenschaften besitzen. Dadurch lassen sich Schwankungen im Sauerstoffgehalt des Blutes als auch der lokale Blutfluß in Abhängigkeit von der leistungsbedingten Stoffwechselaktivität des Gehirns erfassen und bildlich darstellen; dies wiederum zeigt an, wo im Gehirn die neuronale Aktivität lokal erhöht ist (Abb. 6). Die räumliche Auflösung des fNMR ist besser, die zeitliche Auflösung ist wesentlich besser als die von PET und liegt derzeit im Bereich einer Sekunde. Dies ist allerdings immer noch um bis drei Größenordnungen schlechter als die des EEG und auch technisch nicht wesentlich steigerbar, da Hirndurchblutungsprozesse gegenüber den neuro-elektrischen und neuro-magnetischen Geschehnissen viel langsamer ablaufen. Es wird deshalb angestrebt, elektrophysiologische Methoden (Mikroelektrodenableitungen, EEG, EKP) und fNMR miteinander zu kombinieren.

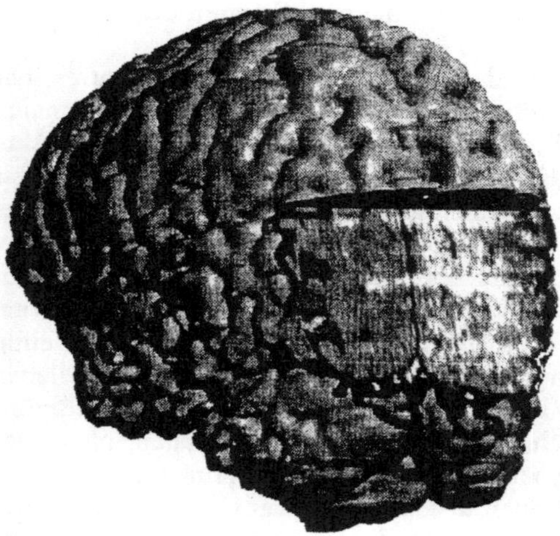

Abb. 6: Registrierung von Hirnaktivität mit Hilfe der funktionellen Kernspintomographie (fNMR). Gezeigt ist die dreidimensionale Rekonstruktion des Gehirns einer Versuchsperson von schräg unten und hinten. Die Versuchsperson wurde aufgefordert, einen zentralen Fixationspunkt im Gesichtsfeld genau zu fixieren und gleichzeitig ihre Aufmerksamkeit auf andere Geschehnisse im rechten Gesichtsfeld zu konzentrieren. In der kernspintomographischen Computerrekonstruktion zeigt sich dabei eine deutliche Aktivitätsänderung (rote Gebiete in den computergraphisch erzeugten Schnittflächen) in der linken Gehirnhälfte im Übergangsbereich zwischen Schläfenlappen und Hinterhauptslappen. Den Kollegen H. J. Heinze, S.A. Hillyard und H. Scheich danke ich herzlich für die Überlassung der Aufnahme.

Bei den Versuchen, kognitive Prozesse mit Hilfe von PET oder NMR zu lokalisieren, wird heute allgemein die *Subtraktionsmethode* angewandt, um spezifische von unspezifischen Stoffwechselerhöhungen infolge erhöhter Hirnaktivität unterscheiden zu können (Raichle 1994). So wird eine Versuchsperson aufgefordert, im ersten Durchgang bestimmte Worte rein mechanisch zu lesen, während sie im zweiten Durchgang gleichzeitig über die Bedeutung der Worte nachdenken soll. Indem man die räumlichen Aktivitätsmuster und deren Intensitäten voneinander abzieht, erhält man eine „reine" Darstellung der neuronalen Prozesse, die dem Erfassen des Wortsinns zugrunde liegen.

Mit Hilfe der genannten Verfahren gelingt es, nachzuweisen, daß bestimmte perzeptive, kognitive, emotionale und motorische Leistungen einer Person und neuronale Aktivitätszustände in definierten Zentren des Gehirns aufs Engste räumlich und zeitlich zusammenhängen, d.h. so eng, wie es die unterschiedlichen Verfahren zulassen. Als nahezu selbstverständlich wird heute der Nachweis angesehen, daß bewußte oder unbewußte Wahrnehmungsprozesse mit der Aktivität in den primären und sekundären sensorischen Arealen einhergehen. Diese Vorgänge sind häufig bis auf die Einzelzellebene erfaßbar und betreffen auch komplexere Wahrnehmungsinhalte wie Gesichter oder optische Täuschungen. Neurone, die auf Gesichter antworten, werden im Primatengehirn im unteren Schläfenlappen und in der Amygdala angetroffen. Man findet dabei sogar Neurone, die bevorzugt auf einen bestimmten Anblick (Profil, Frontalansicht) oder auf die Mimik eines Gesichts antworten. Aufsehen hat vor einigen Jahren die Entdekkung von Neuronen im sekundären visuellen Kortex (V2) des Makakenaffen erregt, die auf scheinbare, d.h. nur wahrnehmungsmäßig, aber nicht physikalisch vorhandene Kontrastkanten reagieren, wie sie bei der bekannten Kanizsa-Täuschung auftreten (Peterhans und von der Heydt 1991). Inzwischen gibt es eine größere Zahl von Experimenten, die zeigen konnten, daß subjektive Wahrnehmungsinhalte, die auf der konstruktiven Tätigkeit des Gehirns beruhen (wie Kontrastverschärfung, optische Längen- und Größentäuschungen und Farbkonstanz) eine Entsprechung auf der Ebene der Aktivität einzelner Nervenzellen finden.

Dies ist auch der Fall bei noch komplexeren kognitiven Leistungen. So findet man im präfrontalen und hinteren parietalen Kortex Regionen, die bei räumlicher und nichträumlicher Aufmerksamkeit aktiv sind (s.o.). Entsprechend existieren hier Zellen, die dann stärker „feuern“, wenn das Versuchstier (meist ein Makakenaffe) sich auf einen bestimmten Gegenstand oder Vorgang „konzentriert“ (Kastner et al. 1998). Aufsehen erregt haben vor einigen Jahren auch Zellen im präfrontalen Kortex, die offensichtlich dem Arbeitsgedächtnis zugrunde liegen. Bei Experimenten zum Arbeitsgedächtnis, sog. verzögerten Vergleichsaufgaben, muß sich ein Affe für einige Sekunden merken, unter welchem Gegenstand eine Belohnung versteckt bzw. nicht versteckt war (Fuster 1973, 1995). Während dieser Zeit des „Merkens“ sind „Verzögerungsneurone“ aktiv. In ähnlich komplexe Aufgaben sind die vor kurzem entdeckten „Spiegel-Neurone“ verwickelt, die beim Makakenaffen dann und nur dann feuern, wenn der Affe eine bestimmte intentionale Bewegung eines anderen Affen oder des Versuchsleiters beobachtet (Gallese und Goldman 1998). Ebenso gibt es im Bereich psychischer bzw. intentionaler Zustände eine enge Entsprechung auf Einzelzellebene. So wurden beim Affen im Bereich des meso-limbischen Systems (Nucleus accumbens, ventrales tegmentales Areal) Neurone gefunden, die dann aktiv sind, wenn das Versuchstier eine Belohnung erwartet; andere wiederum sind aktiv, wenn eine Belohnung erfolgt bzw. wenn die Belohnung mit der Erwartung übereinstimmt (Schultz 1998).

Beim Menschen sind derartige zelluläre Korrelationen nur in Einzelfällen möglich, z.B. mit Hilfe von Einzelzellableitungen im Gehirn von Patienten, deren Schädel für Hirnoperationen geöffnet wurden. Immerhin läßt sich auch beim Menschen zeigen, daß es zwischen hochkomplexen kognitiven und psychischen Zuständen und Hirnaktivitätszuständen eine sehr enge Beziehung gibt. Besonders bedeutsam sind Befunde, die bei Wiedererkennungsaufgaben Unterschiede in der Hirnaktivität feststellen konnten, je nachdem ob die Versuchsperson ein Wiedererkennen entweder aufgrund einer „festen Überzeugung“ oder einer bloßen Vermutung traf (natürlich unabhängig von der objektiven Richtigkeit der Entscheidung). Es gibt inzwischen zahlreiche Untersuchungen mit Hilfe von EEG, ereigniskorrelierten Potentialen und MEG, die zeigen, daß das Gehirn deutliche Aktivitätsunterschiede bei Wahlentscheidungen oder Identifikationsleistungen bereits mehrere hundert Millisekunden zeigt, *bevor* die Versuchspersonen diese Reaktionen bewußt ausführen. Dies gilt insbesondere auch für Erwartungshaltungen, Vorbereitungen von motorischen Reaktionen und Aufmerksamkeitsleistungen, z.B. im Zusammenhang mit gezielten Blick- und Armbewegungen.

So eindrucksvoll eine solch enge Korrelation zwischen perzeptiven, kognitiven, emotionalen und motorischen Funktionen und Hirnzuständen ist, sie sagt natürlich nicht zwingend darüber etwas aus, *wie* diese Korrelation zustande kommt. Im Prinzip könnte es entsprechend den Vorstellungen eines interaktiven Dualismus Descartesscher oder Ecclesscher Art so sein, daß der „unsterbliche, autonome Geist" auf das Gehirn einwirkt und die beobachteten korrelierenden Hirnprozesse auslöst, so wie der Pianist per Tastendruck einem Konzertflügel Klänge entlockt. Dies könnte selbstverständlich ohne jegliche zeitliche Verzögerung geschehen, so daß wir im psychophysiologischen Experiment eine vollkommene Gleichzeitigkeit von Ereignissen in beiden Bereichen beobachten würden, vorausgesetzt, wir können Erlebniszustände hinreichend exakt zeitlich bestimmen. Was hingegen einen interaktiven Dualismus widerlegen oder sehr unglaubhaft machen würde, wären Experimente, in denen bestimmte Gehirnprozesse verläßlich bestimmten „psychischen" Prozessen zeitlich eindeutig vorhergehen.

Dies konnte in der Tat in sehr unterschiedlichen Experimenten nachgewiesen werden. Am bemerkenswertesten ist zweifellos die von B. Libet zuerst nachgewiesene Tatsache, daß eine Sinnesreizung erst mit einer Verzögerung von bis zu einer halben Sekunde bewußt wird. Bewußtsein tritt nur auf, wenn das Gehirn mindestens 100 Millisekunden lang aktiv ist; alles darunter bleibt unbewußt (ein starker Reiz kann natürlich kürzer sein und trotzdem bewußt wahrgenommen werden, wenn er eine Hirnaktivität auslöst, die mindestens 100 Millisekunden andauert). Entsprechend erfolgen sehr schnelle Verhaltensreaktionen (z.B. Reflexe) auf Signale zuerst unbewußt und werden erst anschließend bewußt, und zwar einschließlich des Erlebens des auslösenden Signals. Interessanterweise leugnet – wie Libet nachgewiesen hat – das Gehirn diese Verzögerungszeit, die zum Bewußtwerden nötig ist, und vermittelt uns sogar die Illusion, das Signal vor der Reaktion bewußt erlebt zu haben (Libet 1978; 1990). In psychophysischen Experimenten zu aufmerksamkeitsgesteuerten Augenbewegungen läßt sich zeigen, daß die innere Aufmerksamkeit sich unbewußt auf ein Ziel richtet, bevor die Augen sich dorthin bewegen, und bevor uns dies bewußt wird. Besonderes Aufsehen haben Anfang der 80er Jahre die Experimente von Libet und Mitarbeitern erregt, die zeigen konnten, daß dem bewußten Willensentschluß zum Ausführen einer einfachen Handlung unbewußte kortikale Prozesse (das Bereitschaftspotential) in einem Abstand von mehreren hundert Millisekunden vorhergehen (Libet et al. 1983, 1985) (Abb. 7). Diese Befunde wurden kürzlich bestätigt (Haggard und Eimer 1999). Heute weiß man, daß dem kortikalen Bereitschaftspotential seinerseits unbewußte Erregungen in den Basalganglien vorausgehen (vgl. Roth 1999). Solche – und viele andere – Befunde sind mit der Annahme unvereinbar, daß ein autonomer Geist das Gehirn als Instrument benutzt, um sich – so Eccles – in der materiellen Welt zu verwirklichen. Vielmehr zeigen sie, daß Bewußtsein das *Endresultat* der sehr komplexen Interaktion vieler Hirnzentren ist, von denen die allermeisten grundsätzlich unbewußt arbeiten, und der Geist nicht etwa die Hirnaktivität anstößt, wie dies im Rahmen des interaktiven Dualismus angenommen wird, der das Gehirn als Instrument des Geistes sieht.

Ein zweites, ebenso wichtiges Argument gegen den interaktiven Dualismus hat mit den stoffwechselphysiologischen Bedingungen von Bewußtsein zu tun und führt uns zugleich zur Frage nach den subzellulären Mechanismen und den Stoffwechselprozessen, die Bewußtseinsprozessen zugrunde liegen. Bewußtsein – dies ist seit langem bekannt – tritt nur auf, wenn unsere Großhirnrinde, und hier besonders die assoziativen Regionen, hinreichend aktiviert werden. Dies ist an eine genügend hohe Stoffwechselaktivität gebunden, die wiederum eine hinreichende Versorgung mit Sauerstoff und Zucker (Glucose) voraussetzt. Erhöht sich irgendwo in der Großhirnrinde die neuronale Aktivität, so werden kurzfristig die in den Zellen vorhandenen Reserven aufgebraucht, und es wird an die Umgebung ein Signal ausgesandt, aufgrund dessen Sauerstoff und Glucose aus der Umgebung herangeschafft wird. Dies führt mit einer Verzögerung von 3–4 Sekunden zu einer Erhöhung des lokalen Blutflusses, wodurch der lokale Sauerstoff- und Glucosemangel ausgeglichen (oder sogar überkompensiert) wird. Genau dieser Vorgang liegt den Messungen der Hirnaktivität mit Hilfe der funktionalen Kernspintomographie zugrunde (s.o.). Zur genaueren Beurteilung dieser Verhältnisse muß man berücksichtigen, daß unser Gehirn derjenige Teil des Körpers ist, der besonders viel Stoffwechselenergie benötigt, nämlich zehnmal mehr (20 Prozent), als ihm vom Relativvolumen her zukäme (nämlich 2 Prozent) (Creutzfeldt 1983). Gleichzeitig hat das Gehirn keinerlei nennenswerte Zucker- und Sauerstoffreserven; es lebt bei seinen Aktivitäten von der Hand in den Mund. Hieraus folgt, daß das Gehirn jede kurzfristige Erhöhung des Stoffwechsels durch eine Erniedrigung an anderer Stelle kompensieren muß. Aus dem Umstand, daß bewußte kognitive Leistungen stoffwechselintensiv sind, erklärt auch die Tatsache, daß wir bei niedrigem Blutzuckerspiegel oder bei Sauerstoffmangel Wahrnehmungs-, Denk- und Lernschwierigkeiten haben und schließlich ohnmächtig werden.

Es stellt sich die Frage, was bei den Bewußtseinsprozessen stoffwechselphysiologisch so „teuer“ ist. Wir haben bereits früher gesehen, daß Bewußtseinszustände mit einer Erhöhung neuronaler Aktivität einhergehen, die sich vor allem in einem vermehrten Auftreten von Aktionspotentialen bei assoziativen kortikalen Nervenzellen (einem erhöhten „Feuern“) ausdrückt. Allerdings ist das Auftreten eines Aktionspotentials „kostenlos“, denn die damit verbundene Depolarisation der Zellmembran geschieht entlang dem Konzentrationsgefälle und verbraucht nur Energie, die zuvor bereitgestellt wurde. Energetisch teuer ist hingegen das Wiederherstellen des Membranruhepotentials von -70 Millivolt nach Auftreten einer Salve von Aktionspotentialen, und zwar durch die Arbeit der Natrium-Kalium-Ionenpumpe. Teuer sind auch alle präsynaptischen und postsynaptischen intrazellulären Signalketten, die z.B. mit dem Öffnen von Ionenkanälen über sog. ionotrope

Steuerung zu tun haben. Dasselbe gilt für die Restitution von Neurotransmittern in der Präsynapse, besonders von Glu-

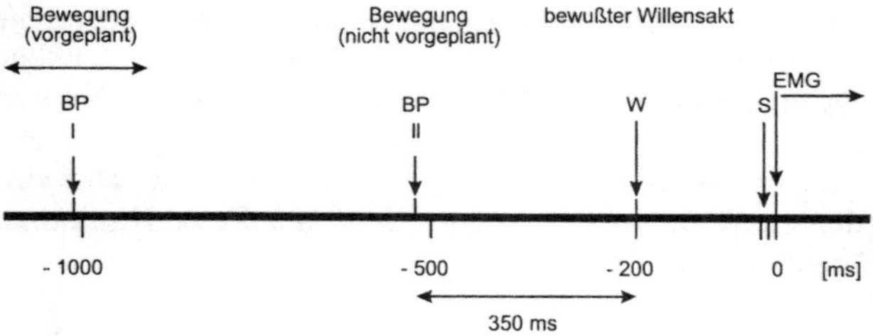

Abb. 7: Abfolge der Ereignisse (gemessen in Millisekunden, ms), die nach B. Libet einer selbstinitiierten Handlung vorausgehen. Die Muskelaktivität, registriert durch das Elektromyogramm (EMG), setzt bei 0 ein. Bei vorgeplanten Bewegungen tritt das Bereitschaftspotential (BP I) um 1050 ms vorher ein, bei nicht vorgeplanten oder spontanen Bewegungen um 550 ms (BP II). Das subjektive Erleben des Willensaktes (W) tritt um 200 ms vorher auf, also deutlich nach Beginn der beiden Typen von Bereitschaftspotentialen. Das subjektive Erleben eines Hautreizes (S) trat um 50 ms vor der tatsächlichen Reizung auf, d.h. die von Libet ebenfalls entdeckte „Vordatierung" von Sinnesreizen kann nicht für das Auftreten der Bereitschaftspotentiale vor dem „Willensakt" verantwortlich sein. Nach Libet 1990, verändert.

tamat und GABA, dem wichtigsten erregenden bzw. hemmenden Neurotransmitter in unserer Großhirnrinde.

Besonders teuer sind alle Prozesse, die mit einer Veränderung der synaptischen Übertragungseigenschaften einhergehen, seien dies die Vermehrung oder Verminderung der Ausschüttung von Neuromodulatoren (Dopamin, Serotonin, Acetylcholin, Noradrenalin), von Rezeptoren für Neurotransmitter und Neuromodulatoren bis hin zu anatomischen Veränderungen an Synapsen. Letztere freilich benötigen Stunden bis Tage und haben mit kurzfristigen Bewußtseinsprozessen im Sekundenbereich wohl nichts zu tun, während erstere energiezehrende Prozesse durchaus im Sekundenbereich ablaufen.

Diese Umstände machen folgendes deutlich: Bewußtsein unterliegt klar definierten physikalisch-chemisch-physiologischen Bedingungen, die durch einen hohen Energie- und Stoffumsatz charakterisiert sind. Bewußtsein ist ganz offensichtlich ein makrophysikalischer Zustand; ohne ausreichend Sauerstoff und Glucose gibt es kein Bewußtsein. Unklar ist hingegen, ob eine minimale Anzahl von kortikalen Neuronen nötig ist, um Bewußtsein entstehen zu lassen, oder ob es auf die Aktivitätshöhe kortikaler Neurone ankommt. Die vorliegenden experimentellen Befunde deuten auf eine Kombination von beidem hin.

6. Assoziativer Kortex als „Ort" des Bewußtseins.

Warum sind nur solche Prozesse von Bewußtsein begleitet, die im assoziativen Kortex stattfinden? Was ist an diesem Gehirnteil Besonderes? Warum sind Vorgänge im Kleinhirn nicht bewußtseinsfähig, obwohl dieser Hirnteil eine außerordentlich hohe Zellzahl (einige Schätzungen zum menschlichen Kleinhirn gehen von 300 Milliarden Neuronen aus) und eine hohe Verknüpfungsdichte aufweist?

In seinen zellulären und architektonischen Eigenschaften zeigt der assoziative Kortex keine gravierenden Unterschiede gegenüber der übrigen Großhirnrinde; er weist die typische Sechsschichtigkeit des Isokortex auf, die Dominanz der Pyramidenzellen (85% aller kortikalen Zellen), den darauf beruhenden relativ gleichförmigen Aufbau und die schichtenspezifische Organisation der kortikalen Eingänge (zumeist vom Thalamus) und Ausgänge des Kortex sowie der kurzen und langen intrakortikalen Verbindungen, welche die Ein- und Ausgänge an Zahl um das Vielfache übertreffen (Creutzfeldt 1983; Braitenberg und Schüz 1991). Jedoch ist der zelluläre Aufbau des assoziativen Kortex noch gleichförmiger als der des übrigen Kortex, was u.a. auf die Reduktion der „granulären" Schicht IV zurückgeht. Diese ist in den sensorischen Arealen besonders ausgeprägt, weil dort massive thalamische Eingänge enden. Wegen seines gleichförmigen Aufbaus und seiner hohen Verknüpfungsdichte ist der assoziative Kortex ein idealer assoziativer Speicher (Braitenberg und Schüz 1991). Inwieweit Synapsen des assoziativen Kortex andere Eigenschaften aufweisen als die des übrigen Kortex, z.B. dynamischer bzw. plastischer sind, ist nicht ausreichend gesichert, aber wahrscheinlich.

Die frühere Annahme, der assoziative Kortex sei durch das Fehlen direkter thalamischer Eingänge charakterisiert, hat sich zwar als falsch erwiesen; dennoch ist es richtig, daß die assoziativen Areale den primären und sekundären sensorischen Arealen im Durchschnitt nachgeschaltet und in der Verarbeitungshierarchie „höher" angesiedelt sind (d.h. visuelle Erregungen gehen bei Primaten immer zuerst zu den primären und sekundären visuellen Kortexarealen und von dort zu parietalen und temporalen visuellen Arealen), auch wenn es viele „rückläufige" Verbindungen zu diesen vorgeschalteten Arealen gibt. Dem entspricht die Tatsache, daß die Neurone in den assoziativen Arealen durchweg komplexere und mehr bedeutungshafte Antworteigenschaften aufweisen als solche in den sensorischen Arealen. Häufig sind sie auch multimodal, d.h. sie reagieren auf mehr als eine Modalität; ihre Funktion ist also als „integrativ" anzusehen. Dieser Umstand bildet die Grundlage für begrifflich-abstrakte, symbolhafte Leistungen, wie sie für den assoziativen Kortex typisch sind.

Der assoziative Kortex hängt zugleich stärker als der übrige Kortex mit dem limbischen System zusammen und steht deshalb besonders stark unter dem Einfluß des emotionalen Bewertungssystems. Dies gilt in besonderem Maße für den unteren Temporallappen und den Stirnlappen, – zwei Kortexregionen, die für Bewußtseinszustände besonders wichtig sind. Hier konzentriert sich auch der Einfluß der neuromodulatorischen Systeme (Dopamin, Serotonin, Acetylcholin und Noradrenalin), der in den primären und sekundären sensorischen und motorischen Arealen vergleichsweise gering ist. Man kann sogar sagen, daß Bewußtsein im wesentlichen dort entsteht, wo sich kortikales und limbisches System, Kognition und Emotion durchdringen; zumindest gilt dies für „höhere" Bewußtseinsformen wie Ich-Empfindung und autobiographisches Gedächtnis. Damit stimmt die Tatsache überein, daß die späte Ontogenese dieser Bewußtseinsformen gut mit dem späten

Ausreifen des temporalen und präfrontalen Kortex korreliert (Creutzfeldt 1983).

Schließlich ist bemerkenswert, daß der assoziative Kortex der Säuger, anders als das dorsale Pallium der anderen Wirbeltiere, selbst motorische Eigenschaften hat. Bei Amphibien, Reptilien und Vögeln schickt der Kortex bzw. das Pallium verhaltensrelevante Informationen zu den subkortikalen prämotorischen und motorischen Zentren, z.B. Basalkerne und Brücke/Kleinhirn, die ihrerseits die motorischen Zentren im verlängerten Mark und Rückenmark steuern. Bei den Säugern, insbesondere bei Primaten, projizieren bei Willkürhandlungen diese Zentren zurück zum motorischen und prämotorischen Kortex, der ebenfalls unter dem Einfluß des assoziativen, besonders des parietalen und präfrontalen Kortex steht; man unterscheidet sechs derartige „Schleifen" zwischen Großhirnrinde und subkortikalen motorischen Zentren. Bevor der motorische Kortex Willkürhandlungen startet, werden in vielfältiger Weise diese Schleifen zwischen kortikalen und subkortikalen Zentren durchlaufen. Der assoziative Kortex erhält in dieser Weise stets Rückmeldungen über die subkortikale Verhaltensvorbereitung und -durchführung, insbesondere was limbisch-motorische Zentren betrifft (Basalkerne, Amygdala, mesolimbisches System). Dies ist offenbar notwendig, um die Integration von Wahrnehmung und Handlung als Basis komplexer Handlungsplanung zu ermöglichen.

Was den assoziativen Kortex offenbar zum „Sitz" des Bewußtseins macht, sind zusammengefaßt folgende Eigenschaften: (1) Konvergenz unterschiedlicher sensorischer Informationen (mit Ausnahme des Geruchssystems); (2) hohe Gleichförmigkeit im zellulären Aufbau und hohe synaptische Verknüpfungsdichte, die ihn zum assoziativen Speicher und zum Sitz des deklarativen Gedächtnisses macht; (3) massiver Einfluß des limbischen Systems und damit von Motivation und Bewertung; (4) Rückkopplung zwischen assoziativem Kortex und subkortikalen motorischen Zentren im Rahmen der Planung und Steuerung von Willkürhandlungen; (5) eine hohe synaptische Plastizität.

Hieraus resultiert die Fähigkeit des assoziativen Kortex, aufgrund multimodalen Einflusses und unter Kontrolle des limbischen Systems schnelle synaptische Umverknüpfungen zu ermöglichen. Der assoziative Kortex „bezahlt“ diese besonderen Fähigkeiten mit einer besonders hohen Anfälligkeit für Sauerstoff- und Glucosemangel. Schon ein kurzer Ausfall der Sauerstoffzufuhr und eine Unterzuckerung führt zu schweren Beeinträchtigungen kognitiver Funktionen und bereits nach wenigen Minuten zum Hirnrindentod. Demgegenüber sind subkortikale Zentren „robuster“ gegen Stoffwechseldefizite.

Das Kleinhirn weist ähnlich wie der Isokortex eine hohe – wenn nicht gar noch höhere – Gleichförmigkeit in seinem zellulären Aufbau auf, und er ist ebenfalls Konvergenzort unterschiedlichster Informationen aus vielen Bereichen des Gehirns. Ebenso weist es eine hohe synaptische Plastizität auf, ist also in ähnlichem Sinne ein assoziativer Speicher. Seine Funktion im Bereich der Motorik ist wohlbekannt, ebenso seine Beteiligung an vielen kognitiven Leistungen, z.B. der Sprache. Dennoch ist alles, was im Kleinhirn abläuft, unserem Bewußtsein unzugänglich. Was das Kleinhirn vom Isokortex unterscheidet, ist das Fehlen der unmittelbaren Nachbarschaft ausgedehnter primärer und sekundärer sensorischer Areale und insbesondere einer engen Verwobenheit mit dem limbischen System und damit des Durchdringens von Emotion und Kognition. Man könnte auf der Grundlage unserer heutigen – vielleicht mangelhaften – Kenntnis vom Kleinhirn als einem „emotionslosen“ motorisch-kognitiven System sprechen.

7. Eine neurobiologische Hypothese der Funktion von Bewußtsein.

Ein zentrales Dogma der kognitiven Neurobiologie lautet, daß die Leistung der verschiedenen Hirnteile das Resultat der *synaptischen Verknüpfungsstruktur* zwischen den dort angesiedelten Nervenzellen ist. Veränderte synaptische Kontakte bedeuten eine veränderte Funktion der Neuronen-Netzwerke. Entsprechend geht eine neurobiologische Deutung der geschilderten Vorgänge dahin, daß bei der Bewältigung neuer und vom Gehirn als wichtig angesehener Aufgaben das Verknüpfungsmuster zwischen Nervenzellen verändert wird, und zwar in denjenigen Hirnrindenarealen, die für die spezifischen Aufgaben zuständig sind. Beim Erkennen eines neuen Gesichts ist dies der hintere, untere Teil des Schläfenlappens, beim Verstehen eines neuen Satzes werden die beiden Sprachzentren, das Broca- und das Wernicke-Zentrum, aktiviert.

Diese aufgabenspezifischen Kortexregionen werden von der retikulären Formation und dem basalen Vorderhirn und anderen limbischen Zentren in Zusammenarbeit mit dem Gedächtnis (Hippocampus, EPPC, Amygdala) angesteuert. Es geht in diesen Regionen darum, neue Netzwerke zu bilden, und zwar entweder dadurch, daß bestehende Netzwerke in ihren synaptischen Kopplungen und damit in ihren informationsverarbeitenden Eigenschaften verändert werden, oder daß neue Nervennetze durch Zusammenfügen von Teilen vorhandener Netzwerke gebildet werden (oder beides). Das präfrontale Arbeitsgedächtnis spielt hier wahrscheinlich die entscheidende Rolle beim „Zusammenfügen" der erforderlichen Teilnetzwerke. Dies verlangt einen hohen stoffwechselphysiologischen Aufwand und benötigt Zeit im Bereich von Sekunden, wie sie typisch für Bewußtseinsvorgänge ist.

Mit zunehmender Übung konsolidieren sich dann diese Verknüpfungen, und die Netzwerke werden kleiner. Subjektiv erleben wir dies daran, daß wir Aufgaben glatter und mit weniger Aufwand beherrschen. In abnehmendem Maße sind sie mit Aufmerksamkeit und Bewußtsein verbunden. Schließlich bewältigen wir sie in einer Weise, bei der Aufmerksamkeit nur stören würde, z.B. beim Fahrradfahren oder Klavierspielen. Man nimmt an, daß sich entsprechend mit zunehmender Automatisierung Funktionen aus der assoziativen Großhirnrinde in die Basalkerne, die Brücke und das Kleinhirn verlagern. Diese Vorgänge lassen sich mit der funktionellen Kernspintomographie sichtbar machen.

Zweifellos vollziehen sich derartige Umverknüpfungsprozesse nicht nur bei perzeptiven, kognitiven oder motorischen Funktionen, sondern auch bei der Ausbildung des Körperschemas und des Körper-Ich, der Sprachfunktionen und schließlich des bewußten Ich während der Entwicklung des Kindes. Diese Funktionen erfordern eine hohe Integration verschiedenster sensorischer Informationen untereinander und von Rückmeldungen aus den motorischen Zentren. Der Entwicklungspsychologie und insbesondere der Säuglingsforschung ist es in den letzten Jahren gelungen, die wesentlichen Etappen der Entwicklung des Ich bis hin zum bewußten, selbstreflexiven Ich zu identifizieren

Die erste Etappe vollzieht sich im Mutterleib während der letzten Wochen vor der Geburt. Die Sinnesorgane und die primären Sinneszentren des Gehirns sind zu dieser Zeit bereits aufnahmefähig, ebenfalls hat das limbische System als zentrales Bewertungssystem des Gehirns seine Arbeit aufgenommen und trifft seine ersten Unterscheidungen über Lust und Unlust, Angenehm und Unangenehm. Die Phasen der nachgeburtlichen Ich-Entwicklung sind charakterisiert durch die grobe Unterscheidung von Körper und Nicht-Körper, und das Erlernen der Perspektivität des Körpers (die Welt vom Körper aus gesehen); dies geschieht ab dem 5. Monat nach der Geburt. Es folgt das langsame Begreifen der Tatsache, daß andere Menschen denken, Absichten und Pläne haben (Intentionalität); dies geschieht etwa ab dem 9. nachgeburtlichen Monat. Schließlich vollzieht sich die Ausbildung des eigentlichen Ich, die mit dem ersten Gebrauch der Worte „ich" und „mein" gegen Ende des zweiten Lebensjahres einen vorläufigen Höhepunkt erfährt und auch im Erwachsenenalter noch nicht abgeschlossen ist (Köhler 1998; Pauen 1999).

Diese Entwicklung der Ich-Empfindungen verläuft parallel zum Ausreifen des Gehirns. Das limbische System beginnt schon vor der Geburt mit seiner Arbeit. Es sammelt vor und in den ersten Wochen und Monaten nach der Geburt die ersten und vielleicht wichtigsten Erfahrungen, – lange bevor das Bewußtsein sich voll ausgebildet hat. Bei der Geburt ist die menschliche Großhirnrinde als „Sitz" des Bewußtseins hinsichtlich der Zellzahl zwar fertigentwickelt, ansonsten aber noch ziemlich unreif (z.B. unmyelinisiert). Der gröbere Reifungsprozess der menschlichen Großhirnrinde ist mit zweieinhalb bis drei Jahren abgeschlossen, der feinere Ausreifungsprozeß setzt sich dagegen bis zu einem Alter von 20 Jahren fort (Creutzfeldt 1983). Zuerst reift der Scheitellappen aus und damit die Grundlagen der Körperempfindungen und des körperzentrierten Weltbildes. Dann folgt die Ausreifung des

Schläfenlappens mit dem Wahrnehmungs-Ich, dem bewußtseinsfähigen Gedächtnis, den konkreten Wahrnehmungen und Emotionen und dem Erfassen der Bedeutung des Wahrgenommenen. Spät erfolgt die Ausreifung des Stirnlappens mit der Ausbildung des Arbeitsgedächtnisses und damit des Bewußtseinsstroms, dem Erfassen der zeitlichen Struktur der Umwelt und des eigenen Denkens, Sprechens und Handelns und dem Einschätzen der Relevanz der Außenwelt für Handeln und Handlungsplanung (Mrzljak et al. 1990). Ganz zum Schluß entwickelt sich der orbitofrontale Kortex und damit das Erfassen der eigenen Motivationslage, des sozialen Kontextes und der Folgen eigenen Handelns.

Das Gehirn generiert mit der Ausbildung eines Ich einen „virtuellen Akteur", dem ein Körperschema und ein Ort im Raum zugeschrieben wird und der zum scheinbaren Träger der Willkürhandlungen wird. Es sieht so aus, als ob nur über die Konstruktion eines solchen virtuellen Akteurs und die Bündelung der vielfältigen, an den Willkürhandlungen beteiligten Prozesse im assoziativen, besonders präfrontalen Kortex komplexe Handlungsplanung möglich ist. Wesentlich unterstützt wird dieser Prozeß durch die Evolution von Sprache und damit der Fähigkeit des Gehirns, diesem Ich Attribute der Autorenschaft und „Meinigkeit" zuzuordnen („*ich* tue dies und das", „ich bewege *meinen* Arm" usw.).

8. Abschlußbetrachtung und Zusammenfassung

Bewußtsein ist aus neurobiologischer Sicht ein Zustand besonderer neuronaler Aktivität, die vor allem im Anlegen neuer kortikaler Netzwerke zur Bewältigung neuer, komplexer perzeptiver, kognitiver, emotionaler und motorischer Aufgaben besteht. Dies schließt zumindest bei Menschenaffen und beim Menschen die Ausbildung der eingangs geschilderten Formen höheren Bewußtseins einschließlich des Ich als eines „virtuellen Steuermanns" von Willkürhandlungen und als vermeintliches Subjekt von Planhandlungen ein. Das Entstehen von Bewußtsein im Gehirn vollzieht sich streng im Rahmen makrophysikalischer, biochemischer und physiologischer Gesetzmäßigkeiten; nichts deutet darauf hin, daß Geist etwas ist, das die Grenzen von Prozessen, wie sie Physik, Chemie und Physiologie beschreiben, transzendiert. Geist fügt sich in das Naturgeschehen ein und widerspricht ihm nicht.

Dies bedeutet, daß jegliche Art von Geist-Gehirn-Dualismus und jeder Glaube an eine Autonomie des Geistes gegenüber dem Gehirn mit dem Wissensstand der Hirnforschung unvereinbar ist. Eine solche Deutung muß keineswegs zu einem neurobiologischen Reduktionismus führen, d.h. zu Aussagen wie „Bewußtsein ist nichts anderes als das Feuern bestimmter Neurone" oder „die gemeinsame Aktivität des kortiko-thalamischen Systems" oder gar „das Produkt von NMDA-Rezeptoren". Wie ich geschildert habe, entsteht Bewußtsein nur, wenn sehr viele Zentren im gesamten Gehirn in geordneter Weise Informationen verarbeiten, die teils intern, teils in der Interaktion dieses Gehirns und seines Körpers mit der Umwelt entstanden sind.

Zweifellos sind hiermit die neurobiologischen Grundlagen von Geist und Bewußtsein nur in groben Zügen skizziert, und es wird noch lange Zeit und die enge Zusammenarbeit verschiedenster Disziplinen wie experimentelle und theoretische Neurobiologie, Neurologie, Kognitionspsychologie, Neuropsychologie und Entwicklungspsychologie benötigen, um eine wirkliche „Neurobiologie des Geistes" zu entwickeln. Die Grundlagen und Umrisse einer solchen Wissenschaft sind jedoch sichtbar.

Freilich bleibt damit die Frage offen, was damit in den Augen der Philosophen heute bereits geklärt ist. Erklärt ist zumindest nicht die Eigenheit des Selbsterlebens von Bewußtsein, – dieses Wesenszuges, der den Philosophen des Geistes so lieb ist. Es mag sein, daß hier eine unüberbrückbare Erklärungslücke vorliegt, mit der die kognitive Neurobiologie leben muß (die Philosophie des Geistes ebenfalls); schließlich muß eine Theorie nicht alles erklären. Es mag aber auch sein, daß es hier nichts Besonderes zu erklären gibt. Wenn wir Bewußtsein als einen spezifischen funktionalen Hirnzustand ansehen, dann ist damit die Annahme verträglich, daß er in besonderer Weise „gekennzeichnet", nämlich in Form subjektiven Erlebens, um ihn von unbewußt ablaufenden Prozessen zu unterscheiden. Dies scheint wichtig zu sein bei der Ausbildung des Ich als eines virtuellen Akteurs. Die Frage, warum Bewußtsein erlebt wird, könnte also von derselben Art sein wie die Frage, warum die Farbe „Blau" uns blau erscheint.

Neurobiologie und Neuropsychologie haben als naturwissenschaftlich-empirische Disziplinen ihre Erklärungsaufgabe dann erfüllt, wenn sie zeigen können, (1) welche Funktionen die verschiedenen Bewußtseinszustände erfüllen; d.h. wozu man diese Zustände benötigt und wozu nicht; (2) unter welchen physikalischen, chemischen, physiologischen und anatomischen Bedingungen im Gehirn Bewußtseinszustände entstehen; und (3) wie sich diese Zustände im Laufe der Ontogenese des Menschen und seines Gehirns einschließlich der hierzu notwendigen psychosozialen Bedingungen entwickeln. Dies ist viel mehr, als man noch vor einem Jahrzehnt realistischerweise hoffen konnte.

9. Literatur

Aggleton, J. P. und M. W. Brown (1999): Episodic Memory, Amnesia, and the Hippocampal-Anterior Thalamic Axis. Behavioral and Brain Sciences 22: 425–489.

Braitenberg, V. und A. Schüz (1991): Anatomy of the Cortex. Berlin, Heidelberg, New York: Springer.

Creutzfeldt O.D. (1983) – Cortex Cerebri. Leistung, strukturelle und funktionelle Organisation der Hirnrinde. Berlin, Heidelberg, New York: Springer.

Crick, F. (1994): Was die Seele wirklich ist. Die naturwissenschaftliche Erforschung des Bewußtseins. München: Artemis und Winkler.

Davidson, R. J. und W. Irwin (1999): The Functional Neuroanatomy of Emotion and Affective Style. Trends in Cognitive Sciences 3: 11–21.

Fuster, J. M. (1973): Unit Activity in Prefrontal Cortex During Delayed-Response Performance: Neuronal Correlates of Transient Memory. Journal of Neurophysiology 36: 81–78.

– (1995): Memory in the Cerebral Cortex. Cambridge MA: MIT-Press.

Gallese, V. und A. Goldman (1998): Mirror Neurons and the Simulation Theory of Mind-Reading. Trends in Cognitive Sciences 2: 493–501.

Givens, B. und Sarter, M. (1997): Modulation of Cognitive Processes by Transsynaptic Activation of the Basal Forebrain. Behavioural Brain Research 84: 1–22.

Goschke, Th. (1996): Implicit Learning and Unconscious Knowledge: Mental Representation, Computational Mechanisms, and Brain Structures. In: Lamberts, K.; Shanks, D. (Hg.): Knowledge, Concept, and Categories. London: University College Press.

– (1998): Implicit learning of perceptual and motor sequences. Evidence for independent learning systems. In: M. Stadler and P. Frensch (Hg.) Handbook of Implicit Learning Systems. Thousands Oaks: Sage Publications, 401-444.

Haggard, P. und M. Eimer (1999): On the Relation Between Brain Potentials and the Awareness of Voluntary Movements. Experimental Brain Research 126: 128–133.

Kastner, S., P. de Weerd, R. Desimone und L. G. Ungerleider (1998): Mechanisms of Directed Attention in the Human Extrastriate Cortex as Revealed by Functional MRI. Science 282: 108–111.

Killcross, S., T. W. Robbins und B. J. Everitt (1997): Different Types of Fear-Conditioned Behaviour Mediated by Separate Nuclei Within Amygdala. Nature 388: 377–380.

Köhler, L. (1998): Einführung in die Entstehung des Gedächtnisses. In: Erinnerung von Wirklichkeiten (M. Koukkou, M. Leuzinger-Bohleber, W. Mertens, Hg.). Stuttgart: Verlag Internationale Psychoanalyse: 1131–222.

Libet B., Gleason CA, Wright EW, Pearl K (1983) Time of Conscious Intention to Act in Relation to Onset of Cerebral Activity (Readiness-Potential). Brain 106: 623–642.

Libet, B. (1978): Neuronal vs. Subjective Timing for a Conscious Sensory Experience. In: P.A. Buser und A. Rougeul-Buser (Hg.), Cerebral Correlates of Conscious Experience. Amsterdam: Elsevier, 69– 82

– (1985) Unconscious Cerebral Initiative and the Role of Conscious Will in Voluntary Action. Behavioral and Brain Sciences 8: 529–566.

– (1990) Cerebral Processes that Distinguish Conscious Experience from Unconscious Mental Functions. In: J.C. Eccles und O.D. Creutzfeldt (Hg.) The Principles of Design and Operation of the Brain. Pontificae Academiae Scientiarum Scripta Varia 78: 185–202.

Markowitsch, H.J. (1992): Neuropsychologie des Gedächtnisses. Göttingen: Hogrefe.

– (1999): Gedächtnisstörungen. Stuttgart: Kohlhammer.

Merikle, P. M. und M. Daneman (1996): Memory for Unconsciously Perceived Events: Evidence from Anesthetized Patients. Consciousness and Cognition 5: 525–541.

Merikle, P. M. und S. Joordens (1997): Parallels Between Perception Without Attention and Perception Without Awareness. Consciousness and Cognition 6: 219–236.

Mrzljak, L., H.B.M. Uylings, C.G. Van Eden und M. Judás (1990): Neuronal Development in Human Prefrontal Cortex in Prenatal and Postnatal Stages. In: The Prefrontal Cortex. Its Structure, Function and Pathology. H.B.M. Uylings, C.G. Van Eden,

J.P.C. De Bruin, M.A. Corner und M.G.P. Feenstra (Hg.). Amsterdam: Elsevier, 185–222.

Nieuwenhuys, R., J. Voogd und Chr. van Huijzen (1991): Das Zentralnervensystem des Menschen. Berlin, Heidelberg, New York: Springer.

Pauen, M. (1999): Das Rätsel des Bewußtseins. Paderborn: Mentis.

Peterhans, E. und R. von der Heydt (1991): Subjective Contours – Bridging the Gap Between Psychophysics and Physiology. Trends in Neurosciences 14: 112

Petrides, M. und D. N. Pandya (1999): Dorsolateral Prefrontal Cortex: Comparative Cytoarchitectonic Analysis in the Human and the Macaque Brain and Corticocortical Connection Patterns. European Journal of Neuroscience 11: 1011–1036.

Posner, M. I. (1994) Seeing the Mind. Science 262: 673–674.

Redgrave, P., T. J. Prescott und K. Gurney (1999): Is the Short-Latency Dopamine Response Too Short to Signal Reward Error? Trends Neurosciences 22: 146–151.

Robbins, T.W. (1997): Arousal Systems and Attentional Processes. Biol. Psychology 45: 57–71.

Robbins, T.W. and B.J. Everitt, (1995): Arousal Systems and Attention. In: M. Gazzaniga et al. (Eds). The Cognitive Neurosciences. Cambridge MA: MIT Press, 243–262.

Roth, G. (1996/1999) Das Gehirn und seine Wirklichkeit. Kognitive Neurobiologie und ihre philosophischen Konsequenzen. Frankfurt: Suhrkamp.

Schultz, W. (1998): Predictive Reward Signals of Dopamine Neurons. Journal of Neurophysiology 80: 1–27.

Smythies, J. (1997): The Functional Neuroanatomy of Awareness: With a Focus on the Role of Various Anatomical Systems in the Control of Intermodal Attention. Consciousness and Cognition 6: 455–481.

Tulving, E. und H. J. Markowitsch (1998): Episodic and Declarative Memory: Role of The Hippocampus. Hippocampus 8: 198–204.

Voytko, M. L. (1996): Cognitive Functions of the Basal Forebrain Cholinergic System in Monkeys: Memory or Attention? Behavioural Brain Research 75: 13–25.

Hans J. Markowitsch und Irene Daum

Neuropsychologische Erklärungsansätze für kognitive Phänomene

1. Zum Begriff „Neuropsychologie"

Der Ausdruck „Neuropsychologie" findet sich bis in die sechziger Jahre in wechselnden Zusammenhängen von Karl Lashley, Henry Hecaen und anderen benutzt, ohne Verknüpfung mit den heutzutage vorherrschenden Assoziationen, die die Neuropsychologie als den Wissenschaftsbereich ansehen, der sich mit hirngeschädigten Patienten befaßt und nach Zusammenhängen zwischen Störungen im kognitiven Bereich und deren hirnanatomischer Grundlage sucht. Durch die Verbreitung dynamischer bildgebender, aber auch elektrophysiologischer Verfahren (Positronen-Emissions-Tomographie, funktionelle Kernspintomographie, Registrierung ereigniskorrelierter Potentiale konventionell und mittels Magnetoencephalographie) ergab sich eine Ausweitung dessen, was mit dem Terminus „Neuropsychologie" verbunden wird, nämlich hin zu der Ansicht, daß neuropsychologische Forschung an gesunden und hirnerkrankten Individuen dazu führt, allgemeingültige Aussagen zu neuralen Grundlagen psychischer Vorgänge und damit zur Verarbeitung von Information durch unser Gehirn zu machen. Gerade in letzter Zeit finden sich auch zunehmend neuropsychologische Vorgehensweisen, die die Ebene des Bewußtseins in ihre Fragestellung oder ihr experimentelles Design einbeziehen.

Mit der Ausweitung neuropsychologischer Forschung auf den Bereich normalen Verhaltens wird eine Rückkehr zu den Ursprüngen von Hirnforschung und Psychologie vollzogen, wie sie sich vor der Wende zu diesem Jahrhundert ausbildete. Wilhelm Wundt, ursprünglich Mediziner, schrieb bereits 1874 seine „Grundzüge der physiologischen Psychologie" (s. Wundt 1908–1911) und betrieb ab 1875 als Inhaber des ersten Lehrstuhls für experimentelle Psychologie eine eng an der Hirnforschung orientierte Psychologie. Theodor Ziehen, ein weiterer Mediziner und Psychologe aus jener Zeit, vertiefte in seinem „Leitfaden der Physiologischen Psychologie in 16 Vorlesungen" (s. Ziehen 1924) die Beziehungen zwischen Psychologie und den Neurowissenschaften, die in der damaligen Zeit auch durch das Entstehen von Zeitschriften wie dem „Journal für Psychologie und Neurologie" (redigiert von einem der bis heute berühmtesten Neuroanatomen – Korbinius Brodmann) und durch eine bemerkenswerte Universalität in der Ausbildung und Ausrichtung gekennzeichnet war. Einen Anklang an die Verwobenheit von Psychologie, Physiologie und Philosophie (sowohl Wundt wie Ziehen gelten auch als Philosophen) findet man heutzutage noch in der Eingangsausbildung der Universität Oxford, an der Studierende mit den gerade genannten „drei Ps" beginnen, bevor sie sich später auf einen dieser Bereiche spezialisieren.

Exaktheit in der Analyse, Beweisbarkeit gemachter Annahmen, Überprüfbarkeit von Schlußfolgerungen und Rückführbarkeit von Ergebnissen auf ihre anatomische Basis waren damals Meßlatten wissenschaftlicher Expertise. Hierbei galt für viele – Flechsig, ein Kollege (und teilweise auch Rivale) Wundts, ist ein Beispiel – eine Hierarchie der Wissenschaften, bei der die reinen, an der Materie orientierten, wie die Chemie, die Anatomie und die Pathologie dominierten. Von Gudden (1886) stammt der aus der „Allgemeinen Zeitschrift für Psychiatrie und psychisch-gerichtliche Medicin" entnommene Ausspruch „Zuerst also Anatomie und dann Physiologie; wenn aber zuerst Physiologie, dann nicht ohne Anatomie." Trotz derartiger Primate arbeiteten Forscher damals weit universeller als heute (Markowitsch 1992, 1995a). Flechsigs (1896a, 1896b) myeloarchitektonische Ergebnisse gingen einher mit seinen Ansichten zur Seele (oder Psyche) des Menschen, Brodmann (1902, 1904) arbeitete neben der Entwicklung zytoarchitektonischer Hirnkarten „neuropsychologisch" und „experimentalpsychologisch" mit Korsakowpatienten, Hering

(1870, 1895) schrieb „Über das Gedächtnis" und Freud (1881) über Aphasien.

2. Bewußtsein in der Neuropsychologie

Wie Spittler (1992) ausführte, ist Bewußtsein selbst im Bereich der Neurowissenschaften ein schillernder Begriff. Dies wird aber auch schon im Alltag deutlich; Aussprüche wie „sie ist bewußtlos", „er hat bewußt gegen das Gesetz verstoßen", „das muß mir unbewußt rausgerutscht sein", oder „sie ist selbstbewußt", charakterisieren einen Teil der Spannbreite dessen, was man mit Bewußtsein verbinden kann. Im neurologischen und neuro- und psychopathologischen Bereich kommen noch weitere Varianten hinzu: das ‚Reflexivbewußtsein', ‚alternierende Bewußtseinszustände' (Wilson 1903), ‚Traumbewußtsein' oder ‚Ichbewußtheit' sind Beispiele für die mit Bewußtsein assoziierbare Bedeutungsfülle.

Gedächtnis und Bewußtsein

Gedächtnis stellt in Zusammenhang mit Bewußtsein die bewußte Erfahrung des Wiederaufrufens („Erinnerung") dar, für die manche Forscher den Hippocampus zusammen mit dem Stirnhirn (Moscovitch 1995), andere mediale Thalamusbereiche (Bogen 1995) als essentiell ansehen. (Haddenbrock [1949] etwa meinte, daß die präfrontale Leukotomie das Eigenbewußtsein der Patienten zerstöre und aus ihnen intelligente Triebwesen mache.) Die Abhängigkeit des Informationsabrufs von Umweltgegebenheiten und von einer bewußten Reflexion betonte auch Tulving (1983) auf der Basis von Semons (1904) Ekphorie-Begriff: Die aktuelle Reizumgebung bewirke im Zusammenspiel mit dem gespeicherten Engramm den Abruf der Information und gleichzeitig auch seine modifizierte (und meist auch stärker gefestigte) Neueinspeicherung. Information wird damit nicht einfach abgerufen, sondern ekphoriert, d.h. aktuell durch die gegenwärtigen Reizumstände modifiziert abgerufen (‚wiedererinnert').

Auf die enge Wechselwirkung zwischen Bewußtsein und Gedächtnis wurde schon vor 100 Jahren von Ewald Hering hingewiesen (Hering, 1870). Hering (1834–1918), einer der Pioniere der Hirnforschung, der u.a. die Gegenfarbentheorie entwickelte, formulierte:

> Das Gedächtnis verbindet die zahllosen Einzelphänomene zu einem Ganzen, und wie unser Leib in unzählige Atome zerstieben müßte, wenn nicht die Attraktion der Materie ihn zusammenhielte, so zerfiele ohne die bindende Macht des Gedächtnisses unser Bewußtsein in so viele Splitter, als es Augenblicke zählt.

Im letzten Jahrhundert schrieben u.a. Kraepelin (1887) und Korsakoff (1891) über Erinnerungstäuschungen („Pseudoreminiszenzen") – déjà vu-Erlebnisse und Ideen oder Konzepte ohne realen Hintergrund. Hierbei wies Korsakoff darauf hin, daß häufig trotzdem in rudimentärer Form Bezüge zur Realität existierten. Was derartigen Patienten fehlt, ist die Fähigkeit zur Unterscheidung zwischen bewußter Wahrnehmung und Erlebnisverarbeitung und „unbewußten" oder ohne Selbstreflexion aufkommenden Gedanken. Patienten mit sog. globaler Amnesie sind auf Grund des Unvermögens, Informationen über längere Zeit zu erinnern, sogar nicht einmal in der Lage, ihr Gedächtnisdefizit zu erkennen: Da sie nicht wissen, daß sie eine Episode vor 10 Minuten erlebt haben, wissen sie auch nicht, daß sie die Erinnerung an sie verloren haben (Markowitsch, Cramon & Schuri 1993).

Auf der anderen Seite ist eine inzidentelle, implizite (und damit unbewußte) Erinnerung u.U. gegeben. Wie schon Claparede (1911) am Beispiel seiner amnestischen Patientin beschrieb, müssen bestimmte Reaktionen amnestischer Patienten als Beweis für eine erfolgte Informationseinspeicherung gewertet werden. Claparede pflegte seine Patientin morgens per Handschlag zu begrüßen und kam eines Morgens auf die Idee, eine Nadel in seiner Hand zu verstecken, so daß er beim morgendlichen Gruß seine Patientin pikste, was zur Folge hatte, daß diese ihm am nächsten Morgen nicht mehr die Hand reichte, ohne ihm eine Erklärung für dieses Verhalten geben zu können. Wir haben hier folglich unbewußte Körperreaktionen (das Verweigern der Hand), aber gleichzeitig das Fehlen eines bewußten Zugriffs auf die eigentliche Ursache dieser Körperreaktion. Dissoziationen dieser Art lassen sich bei Patienten mit schwerer Amnesie bei unterschiedlichsten Körperreaktionen nachweisen (Daum & Schugens 1995). Ein paar Jahre später verwies Schneider (1928, 508) auf Kretschmers Ausspruch vom „bewußtseinsfähigen bzw. ins Bewußtsein tretenden Teil der mnemischen Funktionen" und deutete damit an, daß mehrere Formen der Informationsverarbeitung nebeneinander her laufen können (s. Kretschmer 1928).

Derartige Vorgänge belegen die seit Tulvings (1972 1983) Klassifizierungen gängige Differenzierung in mehrere Gedächtnissubsysteme und deren unterschiedliche Repräsentation auf Hirnebene. Krauss (1930) benutzte den Ausdruck „Zeitbewußtsein" als Schlüsselwort zur Charakterisierung des kognitiven Defekts von Korsakowpatienten und wies damit auf den auch von anderen Autoren dieser Zeit gemachten Zusammenhang zwischen Zeitgefühl und Gedächtnis als Bewußtseinsvorgängen hin, die eine integriert aktive Persönlichkeit wesentlich ausmachen. „Zeitgefühl" enthält „Gefühl" als Wortteil und damit laut Frederiks (1969) den subjektiven Anteil von Bewußtsein, dessen objektiver das ‚Wissen von etwas' ist. Prigatano und Schacter (1991) beschrieben dies als Paradoxon menschlichen Bewußtseins, nämlich die Suche nach Objektivität, d.h. eine Situation oder ein Objekt so wahrzunehmen, daß wir die Wahrnehmung mit vielen anderen teilen können, und andererseits das Gefühl von Privatheit, Subjektivität und Einzigartigkeit der Interpretation dieser Erfahrung zu wahren.

Ungetrübtes Bewußtsein ist gleichzeitig eine Funktion unbeeinträchtigter Wahrnehmungs- und Integrationsmöglichkeiten. Die Gültigkeit dieser Aussagen wird wiederum durch Bewußtseinsdefizite unterstrichen, die nach neurologischen Krankheiten auftreten können: Agnosien, wie die früher so bezeichnete Seelenblindheit, bei der Reize zwar gesehen, aber nicht identifiziert werden können, oder Neglekt und „Blindsight" sind weitere Phänomene, bei denen eine stark eingeschränkte Wahrnehmung zu ebenfalls eingeschränkten Möglichkeiten des Wissenserwerbs führt. Mit „Blindsight-Phänomen“ ist gemeint, daß Patienten, die auf Grund beidhemisphärischer Hinterhauptslappenschädigungen (= visueller Kortexschädigungen) zwar nicht mehr in der Lage sind, irgendwelche visuellen Außenreize bewußt wahrzunehmen und zu verarbeiten, gleichwohl überzufällig häufig den Ort von auf einer Leinwand dargebotenen Lichtpunkten richtig deuten können (Weiskrantz,1997).

System	*Beschreibung, andere Ausdrücke*	*Abruf*
Episodisches Gedächtnis	autobiographische Ereignisse, persönliches Gedächtnis	explizit
Wissenssystem	Fakten der Welt, semantisches Gedächtnis	implizit
Kurzzeitgedächtnis	Arbeitsgedächtnis, Primärgedächtnis	explizit
Prozedurales System	motorische, sensorische, kognitive Fertigkeiten	implizit
(Perzeptuelles) Priming-System	perzeptuelle Repräsentation, Quasi-Gedächtnis	implizit
Andere Systeme oder Formen	Konditionierung, Habituation, Sensitivierung	implizit

Tabelle 1. Klassifizierung nach Tulving (1995).

Das Beispiel Blindsight zeigt, daß es unterschiedliche Wege der Informationsverarbeitung geben muß, wobei ein oder mehrere davon zu einer letztendlich bewußten Repräsentation wahrgenommener Reize führen, während andere Wege zwar auch in eine Informationsrepräsentanz auf Hirnebene münden, hierbei aber das „Anheben“ auf die Ebene der bewußten Wiedererlangung nicht gelingt. In Tulvings (1995) Schema möglicher Gedächtnissubsysteme ist die Information im Priming-Gedächtnis, nicht aber im episodischen Gedächtnis verankert (s. Tab. 1).

Derartige implizite Lernvorgänge lassen sich nach ganz verschiedenartigen Hirnschädigungen und selbst bei Patienten mit globaler Amnesie nachweisen (Markowitsch 1999a, 1999b; Markowitsch et al. 1993; Daum & Ackermann 1997; Salazar et al. 1986), finden sich aber unter bestimmten Experimentbedingungen auch bei nichthirngeschädigten Probanden. So wiesen Henke, Landis und Markowitsch (1993) nach, daß Versuchspersonen aus einer Reihe vorgelegter Gesichter überzufällig dasjenige auswählen, was sie unterschwellig für lediglich 40 ms, aber mit vielfacher Wiederholung, „gesehen" hatten. Alle Versuchspersonen hatten während des Experiments berichtet, keinen Reiz zu sehen. Auch hier ist davon auszugehen, daß die Information über das Priming-System in bestimmte Hirnbereiche gelangte, daß aber die weitflächige Vernetzung unter wesentlicher Beteiligung limbischer Hirnstrukturen, die eine bewußte Repräsentation wahrscheinlich erst ermöglicht, nicht erfolgte.

Aber selbst wenn eine bewußte Erinnerung an Information möglich ist, bedeutet dies nicht notwendigerweise eine realitätsnahe Wiedergabe. Statt dessen können Verzerrungen auf der Zeit- und auf der Inhaltsebene auftreten (Loftus 1998; Loftus & Pickrell 1995). Die Zeitdimension des Bewußtseins wird etwa beim psychischen Erleben des Schlafes deutlich, sowie bei den durch drogenbedingte Rauschzustände vorübergehend verzerrten Bewußtseinszuständen (Markowitsch 1992). In Freuds (1901) „Traumdeutung" finden sich klassische Beispiele für die Fehlwahrnehmung oder Fehlinterpretation der Zeitdauer repräsenter Traumerlebnisse. Wenn der Wecker klingelt und dies in umfangreiche Traumbilder eingebaut wird oder einem im Schlaf ein Brett auf den Kopf fällt und man sich als in der französischen Revolution befindlich und von einer Guillotine hingerichtet erlebt, verbindet man hiermit weit längere Zeitepisoden als der Sekunde zum Aufwachen entspricht.

Bewußtsein und Gehirn

Die mögliche Verankerung von Bewußtseinsvorgängen auf Hirnebene hatte seit dem Mittelalter fast durchgehend das Primat vor einer Suche nach der Repräsentation anderer Funktionen (Hagner 1996; Markowitsch 1995a). Da nach Aufstellen der Neuronendoktrin im letzten Jahrhundert eine explosionsartige Ausweitung neurowissenschaftlicher Forschung einsetzte, widmete man sich wiederum verstärkt der Frage nach der neuralen Repräsentation von Bewußtsein. Primärkandidat war und blieb über eine lange Zeit das Stirnhirn (Markowitsch 1995a; Freeman & Watts 1941; Penfield 1975). Und obwohl vergleichende Anatomen weiterhin darüber streiten, ob der menschliche präfrontale Kortex eine expansive Sonderentwicklung gegenüber dem anderer Tiere (und insbesondere anderer Primaten) genommen hat, haben gerade neue Studien, die Gedächtnis und Bewußtsein koppeln, zu einer erneuten Betonung der Bedeutung dieser Region für das Bewußtsein geführt (Bogen 1997; Levine et al. 1998; Röhrenbach & Markowitsch 1997; Wheeler, Stuss & Tulving, 1997).

Einen speziellen Indizienkomplex für die mögliche Verwobenheit von Bewußtsein und Stirnhirn bilden die zahlreichen Beispiele psychiatrischer (insbesondere der Formenkreis der Schizophrenien) und neurologischer Krankheitsbilder (z.B. das Capgras-Syndrom) (Markowitsch 1999c). Gerade die modernen bildgebenden Verfahren haben zu einer massiven Ausweitung von Erkenntnissen hinsichtlich hirnmorphologischer, aber auch funktioneller Abweichungen bei Patienten mit psychiatrischen Krankheiten geführt (Übersicht in Markowitsch 1999c).

Dies hat auch zur Folge, daß die Trennung zwischen psychiatrischen und neurologischen Krankheitsbildern geringer wird (Markowitsch 1996) und sich inzwischen auch Hirnkorrelate bei Patienten mit psychogenen Erkrankungsformen nachweisen lassen, die durch Streßzustände und damit umweltinduziert entstanden (Markowitsch 1999d; Markowitsch et al. 1998). Auch zeigen mit funktionellen bildgebenden Verfahren gewonnene Resultate eine andersartige Verarbeitung biographischer Information bei Patienten mit psychogenen Amnesien (Markowitsch, Fink, Thöne, Kessler & Heiss 1997). Dies spricht dafür, daß in derartigen Fällen der bewußte Zugriff zu biographischer Information blockiert ist (Markowitsch 1998).

Ein weiteres gutes Beispiel dafür, daß eine mit Bewußtseinsstörungen verbundene Krankheit einmal als neurologische und einmal als psychiatrische Krankheit angesehen wird, ist die reduplikative Paramnesie bzw. das Capgras Syndrom. Die reduplikative Paramnesie beinhaltet, daß ein Patient davon überzeugt ist, eine Person, ein Ort oder ein Objekt existiere doppelt. Meist haben derartige Patienten Schäden im Stirnhirn-, primär im Orbitalbereich. Das Capgras Syndrom ist ebenfalls ein Reduplikations-Syndrom. Derartige Patienten meinen, daß von einer vertrauten Person ein Doppelgänger existiere – die Assoziation an Klonierung liegt nahe. Alexander und Stuss (1998) betonten erst kürzlich die Ähnlichkeit beider Syndrome und damit auch wieder die Verbindung zwischen Neurologie und Psychiatrie, die sich bei anderen bewußtseinsgestörten Patientengruppen ebenfalls nachweisen läßt.

Bei diesen Syndromen spielen Bekanntheitsgefühle und Aufmerksamkeitsaspekte tragende Rollen für die Verarbeitung, aber auch die emotionale Bewertung von Information ist von großer Bedeutung. Dies wiederum erweitert das Spektrum der Hirnregionen, die beim Ablauf von Bewußtseinsvorgängen aktiviert werden, beträchtlich. Auf kortikaler Ebene nehmen insbesondere Parietalhirnregionen die Kontrolle und Steuerung von Aufmerksamkeit vor. Dem Scheitellappen wird auch eine Bindungsfunktion zwischen gerichteter Aufmerksamkeit und bewußter Repräsentation von Information zugeschrieben (Posner 1994; Treisman 1996). Auf subkortikaler Ebene sind sowohl thalamische Kerne wie natürlich Kerne der Formatio reticularis mit Aufmerksamkeitsvorgängen befaßt (Markowitsch 1999e).

Limbische Hirnbereiche sind zentral an der Bewertung einkommender Information beteiligt und damit daran, wieviel Aufmerksamkeit man ihr schenken soll und ob es sich „lohnt" sie bewußt zu verarbeiten und bleibend zu speichern. Hier kommt insbesondere der Amygdala, daneben aber auch den Septumkernen eine besondere Rolle zu (Cahill, Babinsky, Markowitsch & McGaugh 1995; Cramon, Markowitsch & Schuri 1993; Cramon & Markowitsch 1999; Markowitsch et al. 1994).

Patienten mit beidseitig geschädigten Amygdalae sind nicht mehr in der Lage, wichtige von unwichtiger Information zu unterscheiden und haben deswegen Probleme bei der bewußten Repräsentation eingehender Umweltreize (Cahill et al. 1995; Markowitsch et al. 1994). Gleiches gilt für Patienten mit beidseitigen Schädigungen der Septumkerne, wobei es hier aber nicht wie bei Amygdala-geschädigten Patienten zu emotionaler Verflachung, sondern umgekehrt zu einer Steigerung der emotionalen Bewertung kommt (Cramon et al. 1993).

Zusammengenommen muß postuliert werden, daß grundsätzlich das Gehirn als Ganzes an der Verarbeitung von Bewußtseinszuständen mitwirkt, daß aber – mit in Abhängigkeit von der Bewußtseinsteilfunktion – der eine oder andere Bereich stärker oder schwächer aktiviert wird, ähnlich, wie unterschiedliche Musikstücke von einzelnen Orchestermitgliedern jeweils unterschiedliches Engagement verlangen (Markowitsch 1999e). Weiterhin muß berücksichtigt werden, daß Patienten Bewußtseinsstörungen in zwei Richtungen aufweisen können: Sie können ein gestörtes Wissen über etwas, z.B. die Wahrnehmung eigener Funktionsdefizite haben oder ein beeinträchtigtes Wissen über z.B. die Konsequenzen dieses Defizits, d.h. ein mangelndes Vermögen zur selbstkritischen Beurteilung oder Selbstreflexion (Röhrenbach & Markowitsch 1997).

Gestaltpsychologie

‚Das Ganze ist mehr als die Summe seiner Teile' ist wohl der Lehrsatz der Gestaltpsychologie und unzählige Illusionen und Wahrnehmungstäuschungen machen Studierende der Psychologie darauf aufmerksam, daß auch das Sein das Bewußtsein bestimmt. Beschreibungen der meisten dieser Phänomene (z.B. Kontrastphänomen, Ähnlichkeit, Kontinuität, Gruppierung, Kohärenz, Größen-, Tiefentäuschung, Scheinbewegung, Vexierbilder) liefert die Kognitive Psychologie, Erklärungen aber nur die Neuropsychologie.

Dies gilt auch für die Vielzahl perzeptueller Verarbeitungsmöglichkeiten, bei denen die Kognitive Psychologie auf phänomenologischer Ebene bleiben muß, die Neuropsychologie aber auf der Grundlage der Kenntnis hemisphärenspezifisch unterschiedlicher Verarbeitungsmodi klären kann, warum häufig eine kurzfristige Darbietung visueller oder auditiver Reize eher subkortikale oder rechtshemisphärische Kodierungen forciert, und umgekehrt die Möglichkeit intensiver Auseinandersetzung mit gegebenem Reizmaterial eine analytische, primär die linke Hirnhälfte in Anspruch nehmende Verarbeitung nach sich zieht (Henke et al. 1993; Krickl et al. 1987).

Ohne Kenntnis der hirnphysiologischen Grundlagen sensorischer Informationsverarbeitung – also darüber, wie auf Nervenzellebene einkommende Information aufgenommen und weitergeleitet wird, was die kleinstmöglichen Einheiten neuraler Informationsverarbeitung sind, in welchem Zeitrahmen Information weitergeleitet und damit letztendlich in reaktive (motorische) Verhaltensmuster umgesetzt werden kann – können experimentalpsychologische Designs u.U. keinen Sinn machen, und es können plausible Erklärungsmöglichkeiten für diskrepante Versuchsresultate verschlossen bleiben.

Aber auch ohne Vorliegen einer Hirnschädigung liefern Kenntnisse über verschiedenartige Verarbeitungsmöglichkeiten und Verarbeitungswege auf Hirnebene Begründungen für individuelle Varianzen in der Bewältigung aufgenommener Information (‚simultan holistisch', ‚sukzessiv analytisch'). Auch beispielsweise altersabhängig variierende Antwortmuster lassen sich durch die Kenntnis lebzeitabhängiger hirnorganischer Abbauerscheinungen – von motorischer und sensorischer Reaktionsmöglichkeit bis zu durch Frontalhirndegenerationen bedingten Enthemmungen und Perseverationstendenzen – begründen. Ebenso liefert das Wissen hormoneller und anderer geschlechtsspezifischer Differenzen Deutungsmöglichkeiten für unterschiedliche Reaktionsweisen und Verhaltensstrategien.

Die unterschiedlichen Verarbeitungsweisen der beiden Hirnhälften in bezug auf Aufmerksamkeit, Sprache, Gedächtnis und Emotionen bieten im Zusammenspiel mit der Kenntnis über hemisphärenspezifische Grundmuster der Informationsverarbeitung detaillierte Voraussagemöglichkeiten für die verschiedenartigsten experimentellen Designs der Kognitiven Psychologie. Im folgenden sollen hierzu Beispiele aus der Gedächtnisforschung erläutert werden.

Gedächtnisbezogene Informationsverarbeitung

Die Repräsentation von Information auf Hirnebene ist an eine erfolgreiche Aufnahme und an die Möglichkeit eines ungestörten Abrufs gebunden. Fragen, die sich bei der Darstellung von Einspeicherungs- und Abrufmechanismen ergeben, sind z.B. die nach der Existenz getrennter Speicher für Kurzzeit- und Langzeitgedächtnis und die nach der parallelen oder seriellen Verarbeitung neuer Information bei der Einspeicherung. Warum wirkt sich die Art wahrgenommenen Reizmaterials auf ihre Einspeicher- und Reproduktionswahrscheinlichkeit aus? Warum existieren assoziative Erinnerungen? Warum sind bestimmte Gedächtnisinhalte wie einbetoniert und andere eher transienter Natur? Was macht Gedächtnis aus?

Wie in so vielen Bereichen der Hirnforschung bringt eine zunehmende Zahl an Ergebnissen eine zunehmende Differenzierung in Syndrombilder mit sich. Für das Gedächtnis war diese Tatsache schon um die Jahrhundertwende bekannt: Ziehen schrieb 1908, daß die Hirnphysiologie gezeigt habe, „daß ein allgemeines Gedächtnis nicht existiert, sondern nur Teilgedächtnisse" (Ziehen 1908, 16). Diese Idee, daß Gedächtnis kein homogenes Konstrukt ist, hat heutzutage durch Hirnforscher wie Tulving (1983) und Squire (1987) weite Verbreitung gefunden (vgl. Tabelle 1).

Um die Jahrhundertwende wiesen bereits mehrere Forscher auf bedeutende materialabhängige Unterschiede in der Merkfähigkeit neuropsychologischer Patienten hin (Boldt 1905; Kohnstamm 1917). Es zeigte sich beispielsweise bei Hirngeschädigten eine Diskrepanz zwischen einerseits erhaltenen Sprach- und Rechenfähigkeiten sowie Kenntnissen des täglichen Lebens und andererseits stark beeinträchtigten autobiographischen Gedächtnisleistungen (Kohnstamm 1917). Auch

Hinweise auf ein erhaltenes Kurzzeitgedächtnis bei stark gestörten Langzeitgedächtnisfunktionen finden sich bei Kohnstamm (1917) und legen deswegen nahe, daß diese beiden Speicher unabhängig voneinander arbeiten können (dies wurde dann auch bei einer Reihe nachfolgender Fälle bestätigt: Scoville & Milner 1957; Markowitsch et al. 1999b).

Kohnstamm beschrieb die Gedächtnisleistungen eines ehemaligen Soldaten, der für kurze Zeit lebendig begraben worden war. Das Kurzzeitgedächtnis des Patienten war normal; er konnte sich jedoch weder an einzelne Geschichtsdaten noch an Ereignisse aus seinem Leben erinnern. Sein musikalisches Repertoire war offensichtlich vollständig erhalten (prozedurales Gedächtnis). Obwohl er sich nicht an die Titel von Musikstücken erinnern konnte, spielte er sie fehlerfrei. Er erkannte seine nächsten Angehörigen, aber nicht entferntere Freunde, obwohl er sich weiterhin bewußt war, sie zu kennen.

In dieser Beschreibung findet sich eine Fülle von Hinweisen, die mit heutigen Kenntnissen über unterschiedliche Langzeitgedächtnisformen übereinstimmen (Tulving 1995). Wenn Kohnstamm anmerkt, daß bei seinem Patienten „Sprachkenntnis, Rechenfähigkeit und Alltagsfertigkeiten" erhalten geblieben waren, kann man dies mit erhaltenem semantischem und prozeduralem und mit umgekehrt stark gestörtem episodischem Gedächtnis gleichsetzen. Auch Stichworte, wie ‚Bekanntheit', ‚Familiarität', ‚Emotionalgehalt der Reize' gehen unmittelbar aus Kohnstamms Aufzeichnungen hervor. Umgekehrt fand Boldt (1905, 108) bei einem massiven Alkoholiker, der, wie er schrieb „zur Spezies der Oberkellner gehörig" war, ein teilweise erhaltenes episodisches Gedächtnis – er konnte gemeinsame Bekannte aufzählen und charakterisieren, aber ein gestörtes Allgemeinwissen. (Eine analoge Dissoziation fanden kürzlich Markowitsch, Calabrese, Neufeld, Gehlen & Durwen 1999a, bei einem fokal hirngeschädigten Patienten.)

Während neuropsychologische Resultate und Ergebnisse aus der Tierforschung schon früh aufzeigten, daß Kurzzeitgedächtnisstörungen selektiv auftreten und mit der Schädigung frontaler und posterior-parietaler kortikaler Hirnschäden verbunden sind (Fuster 1997; Shallice 1979), fanden systematische Untersuchungen zur Existenz distinkter Gedächtnisformen – etwa solcher, die dem Tulvingschen Schema für Langzeitgedächtnisunterteilungen entsprechen (s. Tab. 1) – erst seit ein, zwei Dekaden (Markowitsch 1999a, 1999b; Daum & Ackermann 1997) statt, wobei zu betonen ist, daß die „Feinaufteilung“ durchaus noch streut und daß beispielsweise manche Autoren aufgrund von Läsionsstudien an Hirngeschädigten die Existenz sehr spezieller Module für die neurale Repräsentation von Verben, Substantiven, belebten oder unbelebten Objekten annehmen (Anderson et al. 1990; Damasio 1990; Damasio & Tranel 1993; Damasio, Tranel & Damasio 1990; Mauri, Daum, Sartori et al. 1994; Jokeit, Ebner, Heger & Markowitsch 1998; Tranel, Logan, Frank & Damasio 1997). Das Auftreten selektiver material- und modalitätsspezifischer Gedächtnisstörungen (z.B. Gesichteragnosie, Namensagnosie) unterstreicht die regional spezifizierbare Unterteilung des Gedächtnisses; für viele dieser selektiven Störungen bleibt allerdings offen, ob sie auf einen Speicherverlust oder ein Zugriffsdefizit zurückzuführen sind (Markowitsch 1999a, 1999b; Reinkemeier, Markowitsch, Rauch & Kessler 1997; Daum, Riesch, Sartori & Birbaumer 1996).

Ein überraschendes, neuerdings jedoch wieder hinterfragtes Ergebnis sind die sowohl auf Grund von Untersuchungen mittels Positronen-Emissions-Tomographie (PET) als auch auf der Basis von Einzelfallanalysen an fokal hirngeschädigten Patienten erhaltenen Resultate, die für ein hemisphären-spezifisches Engagement beim Abruf von episodischem und von Faktenwissen (semantischem Gedächtnis) sprechen. Dieses Ergebnis ist insbesondere auch angesichts einer hemisphärenspezifisch unterschiedlichen Verarbeitung von Emotionen von Bedeutung (Markowitsch 1994).

Wie in Markowitsch (1995b) zusammengefaßt, gibt es Patienten, die auf Grund ihres Hirnschadens über keinerlei Erinnerung mehr an ihre persönliche Vergangenheit verfügen, gleichwohl aber weiterhin in der Lage sind, Informationen aus ihrem Wissenssystem abzurufen und Informationen neu zu erlernen, wobei sie dies allerdings mit recht reduzierter affektiver Beteiligung zu tun scheinen (Markowitsch 1999d). Bei derartigen Patienten liegt die Läsion vorwiegend im frontotemporalen Bereich der rechten Hirnhälfte, wenngleich meist eine weniger umfangreiche Schädigung auch in den homologen Regionen der linken Hemisphäre zu finden ist.

Basierend auf diesen Resultaten hypothetisierten Fink und Mitarbeiter (1996), daß die rechte fronto-temporale Region für den Abruf episodischer (autobiographischer) Information aus dem Altgedächtnis wichtig ist. Sie überprüften diese Idee mittels einer Aktivierungsstudie unter dem Positronen-Emissions-Tomographen. Hierbei wird der Blutfluß in jeweils kleinsten Teilregionen des Gehirns gemessen, während die Versuchspersonen eine Aufgabe durchführen oder Informationen wahrnehmen oder verarbeiten (Raichle 1994). Annahme ist, daß die Blutflußaktivierung direkt mit neuronaler Aktivierung korreliert ist und man deswegen messen kann, welche Neuronenpopulationen/Hirnregionen bei einer gegebenen Aufgabe ihre Aktivität ändern. Die Versuchspersonen führen mindestens zwei sich möglichst nur in einem Merkmal unterscheidende Aufgaben durch, so daß man dadurch, daß man die beiden insgesamt gemessenen Blutflußaktivitätsmuster voneinander abzieht, die differentielle Aktivität, die für die zwischen beiden Aufgaben differierende Variable repräsentativ ist, erhält. (Einfaches Beispiel: Man läßt identische Wörter leise und laut aufsagen und zieht dann die Aktivität unter ‚leise' von der unter ‚laut' ab und bekommt dann die Aktivität in den übrigbleibenden Hirnregionen, die für Lautheit/größere Lautstärke relevant ist.) Auf diese Weise maßen Fink et al. Ort und Aktivierungsstärke für die Hirnregionen, die für den Abruf von Informationen aus der eigenen Vergangenheit relevant waren – dies waren in erster Linie die fronto-temporalen Regionen der rechten Hemisphäre.

Analoge Untersuchungen an Patienten, die primär linkshemisphärische Schädigungen in diesem Regionenkomplex hatten, ergaben, daß derartige Patienten zwar noch ihre episodischen Erlebnisse abrufen konnten, nicht aber Allgemeinwissen (im konkreten Fall einer italienischen Patientin: wie Spaghetti zu kochen sind und wer Mussolini war) (Markowitsch 1995b; Markowitsch et al. 1999b).

Diese Ergebnisse machen deutlich, daß dadurch, daß unterschiedliche Hirnregionen für unterschiedliche Formen von Information aktiviert werden (rechts – episodischer Abruf, links

– semantischer Abruf/Wissenssystem), das Gedächtnis keine homogene Einheit darstellt und damit auch nicht erwartet werden kann, daß verbales Material unabhängig von persönlichen Bezugssystemen gleichartig verarbeitet wird. Wie stark Unterschiede sein können und wie PET hier sogar als eine Art „Lügendetektor" eingesetzt werden kann, macht folgende Studie deutlich:

Einem Patienten mit psychogener Amnesie (die dadurch kennzeichnet ist, daß die persönliche Vergangenheit – also das episodische Gedächtnis – nicht mehr abrufbar ist, während neue Information gelernt und gespeichert werden kann) wurden, während man seine Hirnaktivität mittels PET registrierte, in Satzform gekleidete Ereignisse aus seiner Vergangenheit vorgegeben. Es zeigte sich eine Aktivierung primär linkshemisphärischer Hirnregionen, was dafür spricht, daß der Patient die ihm präsentierte Information aus seinem vergangenen Leben eher als „semantisch-neutrale", denn als ihn betreffende Inhalte betrachtete und deswegen keine rechtshemisphärische Aktivierung auftrat (Markowitsch et al. 1997).

Derartige Ergebnisse veranschaulichen auch, daß der emotionale Gehalt einer Information offensichtlich die Art ihrer Repräsentation auf Hirnebene und ihre Einbettung in Kontexte vergleichbarer Information bestimmt. Die Koinzidenz von linker Hemisphäre mit den Broca- und Wernicke-Sprachareal en und neutral-semantischer Informationsrepräsentation mag in diesem Zusammenhang durchaus nicht zufällig sein.

Die eingangs dieses Abschnitts gestellte Frage, was Gedächtnis ausmacht, ist in dieser Form angesichts der Differenzierbarkeit von Gedächtnis und seiner unterschiedlichen neuralen Repräsentation sicher verkürzt gestellt. Dennoch machen gerade die obigen Beispiele deutlich, daß der Zeit- und Raumbezug insbesondere für episodisches Gedächtnis essentiell ist. Nur der wieder ekphorierbare (Tulving & Markowitsch 1998; Markowitsch 1999a) Kontext unterscheidet episodisches Gedächtnis von den anderen Gedächtnissystemen. Gleichzeitig ist durch eine Vielzahl neuropsychologischer Ergebnisse belegt, daß gerade limbische Hirnstrukturen im medialen Schläfenlappen- und im medialen Zwischenhirnbereich unentbehrliche Flaschenhalsstrukturen darstellen, die episodische Information bei ihrer Einspeicherung passieren muß (Markowitsch 1999a, 1999b).

Die für die mediale Schläfenlappenregion repräsentative hippocampale Formation wiederum kodiert, wie viele Experimente an Tier und Mensch belegen, den spatialen Kontext einer Information (Maguire, Frackowiak & Frith 1997); der mediale Thalamusbereich wiederum ist unerläßlich für den Zeitbezug einer Information – operative Ausschaltungen dieser Region beim Menschen führten zu zeitlicher Desorientiertheit, Chronotaraxis genannt (Spiegel, Wycis, Orchinik & Freed 1956), massive infarktbedingte Schädigungen können zu Störungen in der Zeitinterpretation (McCarthy & Hodges 1985), aber auch zu gestörter Bewußtmachung führen, wobei die Patienten dann ihre eigene Situation (und damit auch ihr Gedächtnisdefizit) nicht mehr reflektieren und bewerten können (Markowitsch 1988).

Die Ergebnisse von Studien an fokal Hirngeschädigten, die auf kategorie-spezifische Defizite (z.B. belebte gegenüber unbelebten Objekten) hinwiesen, erlauben eine Suche nach den kritischen Merkmalen, die die Repräsentation semantischer Information ausmachen. Man kann hier die Frage stellen, ob eher perzeptive oder funktionelle Merkmale und Eigenschaften die Repräsentation von Information bestimmen (Warrington & McCarthy 1987). Mittels PET läßt sich nachweisen, welche Verarbeitungsrouten für welche Art semantischer Information gewählt werden, was wiederum erlaubt, nach gemeinsamen Merkmalen gespeicherter Information zu suchen, die ihre regionale Clusterung auf Hirnebene bewirkten (Martin et al. 1996).

Gedächtnis und Emotion

Die Bedeutung und Verschränktheit von Emotion und Gedächtnis wird deutlich, wenn man sich vor Augen führt, wozu Gedächtnis im Tierreich dient – nämlich zur Sicherung des Überlebens von Individuum und Art. Ein Individuum, das sich merken konnte, welche Nahrung schmackhaft, welche Schlange zu meiden ist und welcher Futterplatz am reliabelsten gedeckt ist, machte sein Überleben sicherer und verlängerte es. Das Überleben der Art wird dadurch gefördert, daß man sich einprägt, wer in welchem Zustand am ehesten paarungsbereit ist.

Beide Vorgänge – die individuelle Nahrungssuche und die nach Geschlechtspartnern – erfolgen im Tierreich weitgehend über den Geruch und damit über Hirnstrukturen, die das Grundgerüst eines eher alten Hirnbereiches, des limbischen Systems, bilden. Kein Wunder, daß Geruchsgedächtnis beim Menschen zwar einerseits kaum verbalisierbar ist, andererseits aber unter Wiedererkennbedingungen (also, wenn der gleiche Geruch nach Jahren wieder auftaucht) zu lebhaften Erinnerungen an die damals mit dem Geruch assoziierte Situation oder Ereigniskonstellation führt (Markowitsch 1998).

Die pädagogische Allerweltsweisheit, daß man sich die Information am sichersten und leichtesten einprägt, die man am interessantesten findet und die einem am „schmackhaftesten" dargeboten wird, wird damit durch die Anatomie der Gedächtnisverarbeitung (limbisches System) unterstrichen. Innerhalb dieses Systems beeinflußt vor allem die Aktivität der Amygdala die Auswahl zu speichernder Information (Markowitsch 1999a, 1999b). Wie oben erwähnt, können Patienten mit selektiver Zerstörung der beiden Amygdalae nicht mehr zwischen bedeutenden und unbedeutenden Informationen differenzieren, was zu massiven, das Alltagsleben stark beeinträchtigenden Gedächtnisstörungen führt (Cahill et al. 1995). Cahill et al. konnten zeigen, daß derartige Patienten dann, wenn sie eine zuvor gehörte emotional anrührende Geschichte nacherzählen sollen, nicht in der Lage sind, wichtige von unwichtiger Information zu trennen und infolge dessen eher über das geblümte Kleid der in der Geschichte genannten Frau berichteten als davon, daß diese durch einen Messerstich ermordet wurde. Andererseits erinnern Patienten mit schwerer Amnesie stark emotional getönte autobiographische Erlebnisse aus der Zeit vor der Schädigung deutlich besser als neutrale persönliche Erlebnisse, was wiederum bestätigt, daß der emotionale Gehalt einer neuen Information die Art der Speicherung im Gehirn mitbestimmt und sie möglicherweise durch eine reichere Vernetzung „resistenter" macht als weniger gut eingebettete Informationen (Daum, Flor, Brodbeck & Birbaumer 1996).

Untersuchungen zum Neuerwerb von Weltwissen und in sehr eingeschränktem Umfang auch von episodischem Wissen („Wissensinseln“) bei Amnestikern (Markowitsch 1999a; Verfaellie & Cermak 1994) machen deutlich, daß es alternative Wege – sozusagen am limbischen System vorbei – geben muß, über die Information insbesondere dann, wenn sie häufig und relativ stereotyp wiederholt wird, eingespeichert werden kann. Sowohl McClelland, McNaughton und O'Reilly (1995) wie auch Kapur (1994) postulierten dies, wobei die Mühseligkeit, die mit einem Informationserwerb über dieses zweite System verbunden ist, offensichtlich dadurch zustande kommt, daß in ihm die limbisch-emotionale Anreicherung der Information fehlt.

Dies zeigt, daß Information vermutlich auf unterschiedlichen Wegen („limbisch“, „nicht-limbisch“) kodierbar ist und daß die Festigkeit der gespeicherten Information von der Art der Einspeicherung abhängt. Die in Abrufparadigmen sichtbare links präfrontale Aktivierung repräsentiert offensichtlich die Neueinspeicherung ekphorierten Materials zur vertieften Ablagerung (Tulving et al. 1996). Andererseits kann die Neuanpassung bereits abgespeicherter Information an gegenwärtige Reizgegebenheiten diese manchmal so verzerren, daß sie mehr einem Wunschbild, als den bei der ursprünglichen, ersten Enkodierung vorhandenen Gegebenheiten entspricht. Es kann dann zum ‚false memory syndrome' kommen, also dazu, daß man fälschlich annimmt, sich an eine bestimmte Informationskonfiguration zu erinnern, obwohl man diese in der jetzigen Form nie erlebt hat (Loftus 1998; Loftus & Pickrell 1995; Schacter & Curran 1995; Schacter, Curran, Galluccio, Milberg & Bates 1996). Gedächtnistäuschungen, Gedächtnisdistorsionen und ähnliches sind gerade für Kindheitserlebnisse nicht selten (Loftus 1998). Daß andererseits das erneute Abrufen zu einer Stärkung und Modifizierung des ursprünglichen Engramms führt, ist insbesondere für Amnestiker von Bedeutung, da diese sowohl einen stark eingeschränkten Zugriff zu ihrem Altgedächtnis haben können, was durch organische, aber auch durch psychische Ursachen bedingt sein kann, als auch verminderte Energien oder Ressourcen zur Re-Enkodierung (Markowitsch 1996).

3. Literatur

Alexander, M. P. & Stuss, D. R. (1998). On Capgras Syndrome: A Reduplicative Phenomenon. Journal of Psychosomatic Research 44: 637–639.

Anderson, S. W., Damasio, A. R. & Damasio, H. (1990). Troubled Letters But Not Numbers. Domain Specific Cognitive Impairments Following Focal Damage in Frontal Cortex. Brain 113: 749–766.

Bogen, J. E. (1995). On The Neurophysiology Of Consciousness: I. An Overview. Consciousness and Cognition 4: 52–62.

– (1997). Some Neurophysiologic Aspects of Consciousness. Seminars in Neurology 17: 95–104.

Boldt, K. (1905). Studien über Merkdefekte. Monatsschrift für Psychiatrie und Neurologie 17: 97–115.

Brodmann, K. (1902). Experimenteller und klinischer Beitrag zur Psychopathologie der polyneuritischen Psychose. Journal für Psychologie und Neurologie 1: 225–246.

– (1904). Experimenteller und klinischer Beitrag zur Psychopathologie der polyneuritischen Psychose. B. Experimenteller Teil. Journal für Psychologie und Neurologie 3: 1–48.

Cahill, L., Babinsky, R., Markowitsch, H.J. & McGaugh, J.L. (1995). Involvement of the Amygdaloid Complex in Emotional Memory. Nature 377 : 295–296.

Claparede, E. (1911). Recognition et moiite. Archives de Psychologie 11 : 79–90.

Cramon, D. Y. von & Markowitsch, H. J. (1999). The Septum and Human Memory. In R. Numan (Hg.), The Behavioral Neuroscience of the Septal Area (in press). Cambridge: Cambridge University Press.

Cramon, D. Y von, Markowitsch, H. J. & Schuri, U. (1993). The Possible Contribution of the Septal Region to Memory. Neuropsychologia 31: 1159–1180.

Damasio, A. R. (1990). Category-Related Recognition Defects as a Clue to the Neural Substrates of Knowledge. Trends in Neurosciences 13: 95–98.

Damasio, A. R & Tranel, D. (1993). Nouns and Verbs are Retrieved With Differently Distributed Neural Systems. Proceedings of the National Academy of Sciences of the USA 90: 4957–4960.

Damasio, A. R., Tranel, D. & Damasio, H. (1990). Face Agnosia and the Neural Substrates of Memory. Annual Reviews of Neuroscience 13: 89–109.

Daum, I. & Ackermann, H. (1997). Non-deklaratives Gedächtnis – Neuropsychologische Befunde und neuroanatomische Grundlagen. Fortschritte der Neurologie Psychiatrie 65: 122–132.

Daum, I., Flor, H., Brodbeck, S. & Birbaumer, N. (1996). Autobiographical Memory for Emotional Events in Amnesia. Behavioural Neurology 9: 57–67.

Daum, I., Riesch, G., Sartori, G. & Birbaumer, N. (1996). Semantic Memory Impairment in Alzheimer's Disease. Journal of Clinical and Experimental Neuropsychology 18: 648–665.

Daum, I. & Schugens, M.M. (1995). Classical Conditioning after Brain Lesions in Man: The Contribution to Neuropsychology. Journal of Psychophysiology 9: 109–118.

Fink, G. R., Markowitsch, H. J., Reinkemeier, M., Bruckbauer, T., Kessler, J. & Heiss, W.-D. (1996). Cerebral Representation of One's Own Past: Neural Networks Involved in Autobiographical Memory. Journal of Neuroscience 16: 4275–4282.

Flechsig, P. (1896a). Die Lokalisation der geistigen Vorgänge, insbesondere der Sinnesempfindungen des Menschen. Leipzig: Veit & Comp.

– (1896b). Gehirn und Seele. Leipzig: Veit & Comp.

Freeman, W. & Watts, J. W. (1941). The Frontal Lobes and Consciousness of the Self. Psychosomatic Medicine 3: 111–119.

Freud, S. (1891). Zur Auffassung der Aphasien. Eine kritische Studie. Leipzig und Wien: Franz Deuticke.

Fuster, J. M. (1997). The Prefrontal Cortex (3rd ed.). Philadelphia: Lippincott-Raven.

Gudden, B. von (1886). Über die Frage der Localisation der Functionen der Grosshirnrinde. Allgemeine Zeitschrift für Psychiatrie und psychisch-gerichtliche Medicin 42: 478–499.

Haddenbrock, S. (1949). Radikaltherapie durch Defrontalisation? Theoretisches und Kritisches zur präfrontalen Leukotomie (Moniz). Medizinische Klinik 3: 69–74.

Hagner, M. (1996). Zur Geschichte und Vorgeschichte der Neuropsychologie. In H. J. Markowitsch (Hg.), Enzyklopädie der Psychologie, Themenbereich C, Serie 1 Bd. 1, Grundlagen der Neuropsychologie , Göttingen: Hogrefe.

Henke, K., Landis, T. & Markowitsch, H. J. (1993). Subliminal Perception of Pictures in the Right Hemisphere. Consciousness and Cognition 2: 225–236.

Hering, E. (1870). Ueber das Gedächtnis als eine allgemeine Funktion der organisierten Materie. Vortrag gehalten in der feierlichen Sitzung der Kaiserlichen Akademie der Wissenschaften in Wien am XXX. Mai MDCCCLXX. Leipzig: Akademische Verlagsgesellschaft.

– (1895). Memory as a General Function of Organized Matter. Chicago: Open Court.

Jokeit, H., Ebner, A., Heger, R. & Markowitsch, H. J. (1998). Hemispheric Asymmetries in Category-Specific Word Retrieval. Neuroreport 9: 2371–2373.

Kapur, N. (1994). Remembering Norman Schwarzkopf: Evidence for Two Distinct Long-Term Fact Learning Mechanisms. Cognitive Neuropsychology 11: 661–670.

Kohnstamm, O. (1917). Über das Krankheitsbild der retro-anterograden Amnesie und die Unterscheidung des spontanen und lernenden Merkens. Monatsschrift für Psychiatrie und Neurologie 41: 373–382.

Kraepelin, E. (1887). Ueber Erinnerungsfälschungen. Archiv für Psychiatrie und Nervenkrankheiten 18: 199–239 und 395–436.

Kretschmer, E. (1928). Störungen der Gefühlslebens, Temperamente. In: O. Bumke (Hg.), Handbuch der Geisteskrankheiten Bd. 1, Berlin: Springer.

Krickl, M., Poser, U. & Markowitsch, H.J. (1987). Interactions between Damaged Brain Hemisphere and Mode of Presentation on the Recognition of Faces and Figures. Neuropsychologia 25: 795–805.

Levine, B., Black, S. E., Cabeza, R., Sinden, M., McIntosh, A.R., Toth, J. P., Tulving, E. & Stuss, D. T. (1998). Episodic Memory and the Self in a Case of Isolated Retrograde Amnesia. Brain 121: 1951–1973.

Loftus, E. F. (1998). Falsche Erinnerungen. Spektrum der Wissenschaft (Januar) : 62–67.

Loftus, E. F. & Pickrell, J. E. (1995). The Formation of False Memories. Psychiatry 25: 720–725.

Maguire, E. A., Frackowiak, R. S. J. & Frith, C. D. (1997). Recalling Routes Around London: Activation of the Right Hippocampus in Taxi Drivers. Journal of Neuroscience 17: 7103–7110.

Markowitsch, H. J. (1992). Intellectual Functions and the Brain. A Historical Perspective. Toronto: Hogrefe and Huber.

– (1994). Effects of Emotion and arousal on Memory Processing by the Brain. In J. Delacour (Hg.), Memory, Learning and the Brain, Singapore: World Scientific Publ. Comp.

– (1995a). Cerebral Bases of Consciousness: A Historical View. Neuropsychologia 33: 1181–1192.

– (1995b). Which Brain Regions are Critically Involved in the Retrieval of Old Episodic Memory? Brain Research Reviews 21: 117–127.

– (1996). Organic and Psychogenic Retrograde Amnesia: Two Sides of the Same Coin? Neurocase 2: 357–371.

– (1998). The Mnestic Block Syndrome: Environmentally Induced Amnesia. Neurology, Psychiatry, and Brain Research 6: 73–80.

– (1999a). Gedächtnisstörungen. Stuttgart: Kohlhammer.

– (1999b). Memory and Amnesia. In M.-M. Mesulam (Hg.), Principles of Cognitive and Behavioral Neurology, Philadelphia: F.A. Davis Comp.

– (1999c). Neuroimaging and Mechanisms of Brain Function in Psychiatric Disorders. Current Opinion in Psychiatry 12: 331–337.

– (1999d). Functional Neuroimaging Correlates of Functional Amnesia. Memory 7: 561–583.

– (1999e). Koma und Hirntod: Funktionelle Anatomie von Bewußtsein und Bewußtseinsstörungen. In H. C. Hopf, G. Deuschl, H. C. Diener & H. Reichmann (Hg.), Neurologie in Praxis und Klinik, Bd. 1, Stuttgart: Thieme.

Markowitsch, H. J., Calabrese, P. Neufeld, H., Gehlen, W. & Durwen, H. F. (1999a). Retrograde Amnesia for Famous Events and Faces after Left Fronto-Temporal Brain Damage. Cortex 35: 243–252.

Markowitsch, H.J., Calabrese, P., Würker, M. Durwen, H.F., Kessler, J., Babinsky, R., Brechtelsbauer, D., Heuser, L. & Gehlen, W. (1994). The Amygdala's Contribution to Memory – A PET-Study on Two Patients With Urbach-Wiethe Disease. NeuroReport 5: 1349–1352.

Markowitsch, H. J., von Cramon, D. Y. & Schuri, U. (1993). Mnestic Performance Profile of a Bilateral Diencephalic Infarct Patient with Preserved Intelligence and Severe Amnesic Disturbances. Journal of Clinical and Experimental Neuropsychology 15: 627–652.

Markowitsch, H. J., Fink, G. R., Thöne, A. I. M., Kessler, J. & Heiss, W.-D. (1997). Persistent Psychogenic Amnesia with a PET-Proven Organic Basis. Cognitive Neuropsychiatry 2: 135–158.

Markowitsch, H. J. Kalbe, E., Kessler, J., von Stockhausen, H.-M., Ghaemi, M. & Heiss, W.-D. (1999b). Short-term Memory Deficit after Focal Parietal Damage. Journal of Clinical and Experimental Neuropsychology, in press.

Martin, A., Wiggs, C. L., Ungerleider, L. G. & Haxby, J. V. (1996). Neural Correlates of Category Specific Knowledge. Nature 379: 649–652.

Mauri, A., Daum, I., Sartori, G., Riesch, G. & Birbaumer, N. (1994). Category-specific Semantic Impairment in Alzheimer's Disease and Temporal Dysfunction. A Comparative Study. Journal of Clinical and Experimental Neuropsychology 16: 689–701.

McCarthy, R. A. & Hodges, J. R. (1995). Trapped in time: Profound Autobiographical Memory Loss Following a Thalamic Stroke. In R. Campbell & M.A. Conway (Hg.), Broken Memories. Case Studies in Memory Impairment, Oxford: Blackwell.

McClelland, J. L., McNaughton, B. L. & O'Reilly, R. C. (1995). Why there are Complementary Learning Systems in the Hippocampus and Neocortex: Insights from the Successes and Failures of Connectionist Models of Learning and Memory. Psychological Review 102: 419–457.

Morris, J. S., Öhman, A. & Dolan, R. J. (1998). Conscious and Unconscious Emotional Learning in the Human Amygdala. Nature 393: 467–470.

Moscovitch, M. (1995). Recovered Consciousness: A Hypothesis Concerning Modularity and Episodic Memory. Journal of Clinical and Experimental Neuropsychology 17: 276–290.

Penfield, W. (1975). The Mystery of the Mind. Princeton, NJ.: Princeton University Press.

Posner, M. I. (1994). Attention: The Mechanisms of Consciousness. Proceedings of the National Academy of Sciences of the USA 91: 7398–7403.

Raichle, M. E. (1994). Bildliches Erfassen von kognitiven Prozessen. Spektrum der Wissenschaft (Juni): 56–63.

Reinkemeier, M., Markowitsch, H. J., Rauch, B. & Kessler, J. (1997). Differential Impairments in Recalling People's Names: A Case Study in Search of Neuroanatomical Correlates. Neuropsychologia 35: 677–684.

Röhrenbach, C. & Markowitsch, H.J. (1997). Störungen im Bereich exekutiver und überwachender Funktionen – der Präfrontalbereich. In H. J. Markowitsch (Hg.), Enzyklopädie der Psychologie, Themenbereich C, Serie I, Bd. 2: Klinische Neuropsychologie, Göttingen: Hogrefe.

Salazar, A. M., Grafman, J. H., Vance, S. C., Weingartner, H., Dillon, J. D. & Ludlow, C. (1986). Consciousness and Amnesia after Penetrating Head Injury: Neurology and Anatomy. Neurology 36: 178–187.

Schacter, D. L. & Curran, T. (1995). The Cognitive Neuroscience of False Memories. Psychiatric Annals 25: 726–730.

Schacter, D. L., Curran, T., Galluccio, L., Milperg, W. P. & Bates, J.F. (1996). False Recognition and the Right Frontal Lobe: A Case Study. Neuropsychologia 34: 793–808.

Schneider, K. (1928). Die Störungen des Gedächtnisses. In O. Bumke (Hg.), Handbuch der Geisteskrankheiten Bd. 1, Berlin: Springer.

Semon, R. (1904). Bewußtseinsvorgang und Gehirnprozeß. Wiesbaden: J.F. Bergmann.

Shallice, T. (1979). Neuropsychological Research and the Fractionation of Memory Systems. In L. G. Nilsson (Hg.), Perspectives on Memory Research, Hillsdale, NJ: Erlbaum.

Spiegel, E. A., Wycis, H. T., Orchinik, C. & Freed, H. (1956). Thalamic Chronotaraxis. American Journal of Psychiatry 113: 97–105.

Spittler, J. F. (1992). Der Bewußtseinsbegriff aus neuropsychiatrischer und interdisziplinärer Sicht. Fortschritte der Neurologie Psychiatrie, 60, 54–65.

Squire, L. R. (1987). Memory and Brain. New York: Oxford University Press.

Tranel, D., Logan, C. G., Frank, R. J. & Damasio, A.R. (1997). Explaining Category-Related Effects in the Retrieval of Conceptual and Lexical Knowledge for Concrete Entities: Operationalization and Analysis of Factors. Neuropsychologia, 35, 1329–1339.

Treisman, A. (1996). The Binding Problem. Current Opinion in Neurobiology, 6, 171–178.

Tulving, E. (1972). Episodic and Semantic Memory. In E. Tulving & W. Donaldson (Hg.), Organization of Memory, New York: Academic Press.

– (1983). Elements of Episodic Memory. Oxford: Oxford University Press.

– (1993a). Varieties of Consciousness and Levels of Awareness in Memory. In A. Baddeley & L. Weiskrantz (Hg.), Attention: Selection, Awareness and Control. A tribute to Donald Broadbent, Oxford: Oxford University Press.

– (1993b). Human Memory. In P. Andersen, O. Hvalby, O. Paulsen & B. Hökfelt (Hg.), Memory Concepts – 1993. Basic and Clinical Aspects, Amsterdam: Elsevier.

– (1995). Organization of Memory: Quo Vadis? In M. S. Gazzaniga (Hg.), The Cognitive Neurosciences, Cambridge, MA: MIT Press.

Tulving, E. & Markowitsch, H. J. (1998). Episodic and Declarative Memory: Role of the Hippocampus. Hippocampus, 8, 198–204.

Tulving, E., Markowitsch, H. J., Craik, F. I. M., Habib, R. & Houle, S. (1996). Novelty and Familiarity Activations in PET Studies of Memory Encoding and Retrieval. Cerebral Cortex, 6, 71–79.

Verfaellie, M. & Cermak, L. S. (1994). Acquisition of Generic Memory in Amnesia. Cortex, 3, 293–303.

Warrington, E. K. & McCarthy, R. (1987). Categories of Knowledge: Further Fractionations and an Attempted Integration. Brain, 110, 1273–1296.

Weiskrantz, L. (1997). Consciousness Lost and Found. Oxford: Oxford University Press.

Wheeler, M. A., Stuss, D. T. & Tulving, E. (1997). Towards a Theory of Episodic Memory. The Frontal Lobes and Autonoetic Consciousness. Psychological Bulletin, 121, 331–354.

Wilson, A. (1903). A Case of Double Consciousness. Journal of Mental Science, 49, 640–658.

Wundt, W. (1908–1911). Grundzüge der Physiologischen Psychologie (Bd. 1–3) (6. Aufl.). Leipzig: W. Engelmann.

Ziehen, T. (1908). Das Gedächtnis. Berlin: Hirschwald.

– (1924) Leitfaden der Physiologischen Psychologie in 16 Vorlesungen (12. Aufl.). Jena: Fischer.

Kai Vogeley

Psychopathologie des Selbstkonstrukts

1. Einleitung

Das Selbstbewußtsein des Menschen ist eine zentrale Eigenschaft unserer kognitiven Ausstattung. Es befähigt uns dazu, über unsere eigenen Wahrnehmungen, Gedanken und Handlungen nachzudenken. Anders ausgedrückt sind wir nur mit dem Selbstbewußtsein in der Lage, Metarepräsentationen durchzuführen, die unsere eigenen mentalen Phänomene zum Gegenstand haben. Typischerweise läßt sich die Beteiligung von Selbstbewußtsein an der Verwendung des Wortes „Ich" erkennen. Damit macht die individuelle Person eine Aussage über einen Zustand von sich selbst, wenn sie Sätze oder Gedanken der allgemeinen Form „Ich sehe, (meine, denke, glaube usw.) daß *p*" benutzt, wobei *p* für einen bestimmten Sachverhalt in der Welt steht (z.B. „Es regnet"). Daß ich mir über die bloße Wahrnehmung hinaus („Es regnet") bewußt darüber werden kann, daß *ich* es bin, der diese Wahrnehmung hat („Ich sehe, daß es regnet"), macht den entscheidenden Unterschied aus und zeigt die Verwendung von Selbstbewußtsein an.

Das Selbstbewußtsein ist damit eine wesentliche menschliche kognitive Eigenschaft, die in psychiatrisch relevanten Krankheitssituationen Störungen unterworfen sein kann. Dabei ist nicht entscheidend, daß ich mich in einer bestimmten Situation über einen bestimmten Sachverhalt täuschen kann. Ein Sachverhalt kann etwa der Fall sein, obwohl ich nicht der Meinung bin, daß er der Fall ist. Ich kann mich also täuschen, daß etwas der Fall ist. Ich kann mich aber *nicht* darüber täuschen, daß *ich* es bin, der diese Wahrnehmung hat. Ist das der Fall, liegen Störungen des Selbstbewußtseins vor. Mit diesen

Störungen und ihrer Konzeptualisierung beschäftigt sich der vorliegende Beitrag. Es werden hier zwei verschiedene Zugangswege beschrieben. Erstens sind sogenannte Ich-Störungen oder Ich-Psychopathologie in der Psychiatrie ein zentrales Phänomen, das sich bei verschiedenen psychiatrischen Krankheitsbildern nachweisen und systematisch erfassen läßt. Zweitens kann plausibel gemacht werden, daß nicht nur Ich-Störungen im engen Sinn, sondern auch andere psychopathologische Phänomene auf eine Störung des Selbstbewußtseins zurückgeführt werden können.

2. Das Selbstkonstrukt

2.1 Selbstbewußtsein

Das Selbstbewußtsein ist ein zentraler philosophischer Begriff und ist in philosophischen Konzeptionen mit unterschiedlicher epistemischer Autorität ausgestattet worden. Dabei lassen sich starke von schwachen Systementwürfen abgrenzen. In der Kantischen transzendentalphilosophischen Konzeption ist das Selbstbewußtsein allen empirischen Bewußtseinsinhalten vorgelagert und eine vor jedem Bewußtseinsakt zu denkende, notwendige Bedingung nicht nur der aktuellen, sondern auch aller potentiell möglichen Bewußtseinsinhalte, noch bevor es zu einem empirischen Bewußtseinsinhalt kommen kann.[1] Es konstituiert so die Einheit unserer empirischen Erfahrungen,[2]

---

[1] Dieses Vorhergehen des Selbstbewußtseins vor den aktualen Bewußtseinsinhalten ist hier erkenntnistheoretisch zu verstehen. Das Selbstbewußtsein muß aktualen Bewußtseinsinhalten vorhergehen können. Andernfalls würde es zu keiner Einbindung des aktualen Bewußtseinsinhaltes in unser Selbstbewußtsein kommen können. Eine Lücke in der Kantischen Argumentation ist natürlich die Ontogenese des Selbstbewußtseins, die heute in der Entwicklungspsychologie erforscht wird.

[2] Kant formuliert in der „Kritik der reinen Vernunft" (im folgenden als KrV abgekürzt) diesen Gedanken so: „Die objektive Einheit alles (empirischen) Bewußtseins in einem Bewußtsein (der ursprünglichen Ap-

ist aber selbst einer empirischen Untersuchung nicht zugänglich, da es sich um eine transzendentale, damit nichtempirische Eigenschaft unseres Erkenntnisvermögens handelt.

Daneben werden fiktionale Entwürfe diskutiert, in denen das subjektive Erlebnis eines Selbstbewußtseins als eine bloße Fiktion enttarnt wird, demzufolge das Selbst oder das Ich lediglich eine Illusion ist. Da es aber auch keinen Erzeuger dieser Illusion gibt, wird das Selbst zu einer „Illusion ohne Illusionisten".[3] Ist nämlich das Selbstbewußtsein als Gegenstand der Untersuchung illusionär, dann ist aber auch die Entscheidungsinstanz Selbstbewußtsein eine Illusion. Ist nun keine entscheidungsfähige Instanz mehr vorhanden, kann auch der Fiktionsverdacht nicht mehr verläßlich beurteilt werden. Eine verläßliche Entscheidungsinstanz, die zwischen Fiktion und Wirklichkeit unterscheidet, kann nicht ihrerseits wieder selbst fiktional sein.[4] Außerdem entstehen aus einer starken fiktionalen Positionierung dieser Art auch empirische Schwierigkeiten innerhalb der Neurowissenschaften, die z.B. im sogenannten Bindungsproblem oder „binding problem", das die Einheit des Bewußtseins debattiert, thematisiert werden. Problematisch ist hier auch, daß durch eine Neurowissenschaft, die konsequent modularistisch verfährt, einheits- und kontinuitätsstiftende Phänomene nur außerordentlich schwierig zu modellieren sind und in einen infiniten Regreß münden können.[5]

2.2 Selbstkonstrukt

Wie also kann nun diese unbestreitbare Erfahrung des Selbstbewußtseins, dieser subjektiven Erfahrungsqualität, daß *ich* es bin, der eine bestimmte Wahrnehmung oder einen bestimmten Gedanken hat, erfaßt werden? Zunehmend wird der Gegen-

---

perzeption) ist also die notwendige Bedingung so gar aller möglichen Wahrnehmung." (KrV A123).

[3] Dennett 1994, 26.

[4] Diesen Diskussionspunkt verdanke ich Christian Kupke, Berlin.

[5] Vogeley 1996. Temporale Bindungsphänomene sind dabei ein wichtiger Erklärungskandidat innerhalb des neurowissenschaftlichen Diskurses.

stand des Selbstbewußtseins auch im Rahmen einer allgemeinen Kognitionstheorie relevant. Aus kognitionswissenschaftlicher Sicht kommt dem Selbstbewußtsein wesentlich die Eigenschaft der Reflexivität oder die Fähigkeit zur Metarepräsentation zu. Mit Hilfe des Selbstbewußtseins sind wir in die Lage versetzt, uns selbst bzw. einzelne unserer kognitiven Leistungen zum Gegenstand unseres Urteilens, Nachdenkens oder Handelns zu machen und uns so in eine individuell zu bestimmende Beziehung zu unserer Umwelt zu setzen. Konstitutiven Anteil daran haben verschiedene Teilphänomene, so etwa die Einheitserfahrung des Bewußtseins. Nur dadurch, daß wir uns als eine kohärente Person empfinden können, die über längere Zeiträume hinweg verläßliche und gleichbleibende Bewertungs- und Handlungsmuster aufweist, können wir uns in eine solche Beziehung zur Welt setzen.

Ein sinnvoller Zugang ist daher der Versuch der Operationalisierung von Teileigenschaften, die als Selbstkonstrukt zusammengefaßt werden können. Sinnvoll kann dieser Versuch auf dem Boden eines kognitions- und neurowissenschaftlich formulierten Postulats erscheinen, wonach sich diese verschiedenen Eigenschaften als emergente Eigenschaften eines empirisch noch näher zu bestimmenden neuronalen Netzwerks verstehen lassen. Dieses neuronale Netzwerk, das auch als Selbstmodell bezeichnet wird, ist episodisch bei bestimmten subjektiven Erfahrungsklassen aktiv und stellt eine Quelle intern generierter Signale bereit. Da dieses Modul systematisch bereits vor den einzelnen aktuellen Bewußtseinsinhalten aktiviert wurde, ist dieses Selbstmodell seinerseits unbewußt.[6] Historisch ist ein solches Postulat bereits von Sigmund Freud formuliert worden, der ein mit dem Ich befaßtes neuronales Netzwerk postulierte.[7]

---

[6] Metzinger 1995, 1999; Damasio 1994; Melzack et al. 1997.

[7] Im „Entwurf einer Psychologie" (1895) erscheint für Freud plausibel, „daß sich in Ψ eine Organisation gebildet hat, deren Vorhandensein Abläufe stört, die sich zum ersten Mal in bestimmter Weise vollzogen haben. Diese Organisation heißt das ‚Ich' und kann leicht dargestellt werden durch die Erwägung, daß die regelmäßig wiederholte Aufnahme endogener Qualitäten in bestimmte Neuronen (des Kernes)

Sind diese Teileigenschaften des Selbstkonstrukts identifiziert, können dann in einem zweiten Schritt geeignete neuropsychologische Testverfahren entwickelt werden, die operationalisierte Verfahren zur empirischen Beschreibung dieser Teileigenschaften oder Teilfähigkeiten erlauben. Die parallel durchgeführte Beschreibung von Hirnzuständen, z.B. mit funktionell bildgebenden oder elektrophysiologischen Verfahren, erlaubt dann eine Identifizierung der beteiligten Hirnregionen. Kernstück dieser Forschungsstrategie ist also insbesondere die adäquate Operationalisierung der psychischen Phänomene und ihrer Induktion während des Experiments, zu denen zerebrale Parallelphänomene erfaßt werden sollen.

Ein vorläufiger Katalog von konstitutiven Teileigenschaften, die in interdisziplinär geführten Diskussionen konsensfähig erschienen,[8] sollte mindestens die Erfahrungsqualitäten von

1. Meinigkeit und Urheberschaft,
2. Perspektivität,
3. transtemporaler Einheit

umfassen. Meinigkeit oder Urheberschaft ist sprachlich reflektiert in dem Gebrauch pronominaler Syntax und des Erlebnisses der Meinigkeit, daß *ich* es bin, der meine Handlungen, Planungen erzeugt auf der Basis meiner eigenen Wahrnehmungen, Erinnerungen und Gedanken. Perspektivität bezieht sich auf die Zentrierung meiner Wahrnehmungen und Handlungen um meinen eigenen Körper. Basis der Einheitserfahrung ist die Erzeugung eines langzeitbezogenen kohärenten Ganzen meiner Wahrnehmungen, Überzeugungen, Handlun-

---

und die bahnende Wirkung, die von dort ausgeht, eine Gruppe von Neuronen ergeben wird, die konstant besetzt ist ... Das Ich ist also zu definieren als die Gesamtheit der jeweiligen Ψ-Besetzungen, in denen sich ein bleibender von einem wechselnden Bestandteil sondert. ... Stellen wir uns das Ich als ein Netz besetzter, gegeneinander gut gebahnter Neuronen vor“ (Freud 1895).

[8] Diese Diskussion ist an zwei Stellen interdisziplinär eröffnet worden (Vogeley et al. 1999a, 1999b). Bei diesen drei Teileigenschaften handelt es sich um einen vorläufigen Katalog von Eigenschaften, der arbeitshypothetischen Charakter hat und daher erweiterungsbedürftig sein kann.

gen usw., die in Übereinstimmung zu bringen sind mit autobiographischen Inhalten.

2.3 Einbettung des Selbstkonstrukts in die Umwelt

Unsere Orientierungsleistungen erfordern aber als wichtigen Baustein nicht nur eine Repräsentation von unserer eigenen Person, sondern es muß dieses Selbstkonstrukt auch in die jeweilige Umwelt eingebettet werden. Auf dieser Grundlage einer geeigneten inneren Repräsentation der äußeren Welt kann dann die Integration unserer aktuellen Wahrnehmungs- und Gedächtnisinhalte stattfinden, die wiederum sinnvolle und adäquate, überlebensdienliche Reaktionen auf neue Umweltsituationen, in denen eine nicht-habituierte Handlung nötig ist, hervorbringt.[9]

Dieser gegenseitige Bezug kann auch als ein repräsentationales System rekonstruiert werden, wobei ein repräsentationales System in Relation zu Sachverhalten, die zu repräsentieren sind, steht. Diese Eigenschaft der Repräsentationalität ist dabei asymmetrisch: ein Portrait kann zwar eine Person, nicht aber die Person das Portrait repräsentieren.[10] Die Eigenschaft, eine Repräsentation von etwas zu sein, ist eine extrinsische Eigenschaft, weil sie nur durch das Verhältnis des repräsentationalen Systems in Relation zu den zu repräsentierenden Sachverhalten definiert werden kann. Die repräsentierende Welt ist etwa eine Person, die im Besitz verschiedener perzeptueller Fähigkeiten ist, die repräsentierte Welt ist die Umwelt des Systems. Die Aspekte der repräsentierten Welt die zu modellieren sind, sind die Inhalte der verschiedenen Wahrnehmungsakte. Die Teile der repräsentierten Welt, die das Modellieren vornimmt, sind die verschiedenen modalitätsspezifischen Kapazitäten, die von verschiedenen funktionellen Systemen im Gehirn geleistet werden. Weiter ist zu klären, welche Aspekte der repräsentierten Welt modelliert werden, welche Anteile der repräsentierten Welt die Modellierung vornehmen und

---

[9] Flanagan 1992, 166.

[10] Schumacher 1997, 792ff.

welche Korrespondenzbeziehungen zwischen diesen Welten bestehen.[11] Die verschiedenen Sinnesmodalitäten werden dazu heteromodal integriert. Hirnanatomisch läßt sich das belegen. Sämtliche unimodalen sensorischen Rindengebiete, die Informationen des somatosensorischen Systems (Parietallappen), des visuellen Systems (Okzipitallappen) sowie des auditorischen, gustatorischen und olfaktorischen Systems (Temporallappen) umfassen, projizieren zum dorsolateralen Anteil des präfrontalen Kortex.[12] Dort werden sie dann reintegriert.[13] Diese Integration von Informationen aus verschiedenen Sinnes-Modalitäten ist notwendig, um ein verläßliches Weltmodell zu erzeugen, das für unsere Orientierungsleistungen in der Welt notwendig ist.

3. Störungen des Selbstkonstrukts

Ich-Störungen gehören zu den wesentlichen Symptomen von psychotischen Erkrankungen und stellen daher eine wichtige diagnostische und wissenschaftliche Herausforderung dar. Grundsätzlich sind dabei zwei verschiedene Strategien zu unterscheiden. Dabei geht es zum einen um die phänomenologische Beschreibung von Symptomen, die der Patient in der Eigenerfahrung beschreibt, zum anderen um den Versuch, die psychopathologischen Symptome auf eine gemeinsame (psycho) pathophysiologische Basis zu stellen und die unterliegenden Kernstörungen zu identifizieren.

Neben diesen psychopathologisch direkt erfaßbaren Störungen des Ich-Bewußtseins lassen sich auch andere psychopathologische Symptome, die sich nicht direkt als Störungen des Ich-Bewußtseins erkennen lassen, plausibel über eine Störung des Selbstkonstrukts erklären. Diese Überlegung geht zurück

---

[11] Rumelhart & Norman 1985.

[12] Jones & Powell 1970; Fuster 1997; Vogeley et al. 1999b. So ist etwa visuelle Information in den sogenannten „what-" (inferotemporaler Kortex und Objektkodierung) und „where-Informationswegen" (parietaler Kortex und Ortskodierung) implementiert (Zeki et al. 1991; Van Essen et al. 1992; Courtney et al. 1996).

[13] Rao et al. 1997.

auf eine wichtige Forschungsstrategie in der Schizophrenie-Forschung, die sich um die Rekonstruktion psychopathologischer Phänomene als neuropsychologische Kernstörungen bemüht.[14] Dieser Zugang erlaubt potentiell die Identifizierung von psychopathologisch relevanten Hirnarealen. Darunter ist als eines der plausibelsten Konzepte das von der Gruppe um Chris Frith entworfenen Selbst-Monitoring-Defizit, dem hier im Grundsatz gefolgt wird.[15] Danach liegt in der Schizophrenie eine Selbst-Monitoring-Störung vor, die die adäquate Beobachtung von internen Vorgängen unmöglich macht. Dabei finden Wahrnehmungen, Urteile usw. als kognitive Vorgänge *an sich* zwar noch statt, allerdings ist es nicht mehr oder nur wesentlich eingeschränkt möglich, diese kognitiven Vorgänge *als die eigenen* Wahrnehmungen, Urteile usw. zu erkennen. Es geht die *Erfahrung der Urheberschaft* oder die *Zeugenschaft darüber, daß ich es bin*, der diese Wahrnehmungen, Urteile hat, ausführt usw., verloren. Dieser Verlust der Erfahrung der Urheberschaft kann sich potentiell auf alle wesentlichen Klassen von kognitiven Phänomenen beziehen, etwa auf Wahrnehmungen, Urteile oder Handlungen. Entsprechend können in diesen Bereichen auch Störungen auftreten. Beispielhaft werden hier Störungen der Wahrnehmungen und der sozialen Kommunikation dargestellt.

---

[14] Eine solche allgemeine Strategie wird etwa von Andreasen (1997) entworfen.

[15] Frith 1993, 1995, 1996.

3.1 Störungen des Ich-Bewußtseins

Analog der propagierten Integration von Selbstmodell und Weltmodell wird auch in der Psychopathologie, die sich um die deskriptive Erfassung der psychischen Erfahrungswelt eines Menschen bemüht, ein meist als Ich-Bewußtsein bezeichnetes Konstrukt beschrieben. Beispielhaft wird das Ich-Bewußtsein am Beispiel der „Allgemeinen Psychopathologie" von Karl Jaspers sowie anhand der von Christian Scharfetter maßgeblich bearbeiteten Ich-Psychopathologie vorgestellt. Mit Ich-Bewußtsein, das klar von einem Gegenstandsbewußtsein abgegrenzt wird, soll dabei umschrieben werden, „wie das Ich sich seiner selbst bewußt ist".[16] Das Gegenstandsbewußtsein dagegen erfaßt „alles, auf das wir als ein Gegenüberstehendes innerlich gerichtet sein können".[17] Nach Scharfetter kann Ich-Bewußtsein allgemein definiert werden als das Wahrnehmen von sich selbst als eines kohärenten und konsistenten, lebenden Subjekts mit einer stabilen, aber flexiblen personalen Identität, die von andern abgrenzbar ist und in der Lage ist, die eigenen Gedanken und Gefühle, Wahrnehmungen und Handlungen zu integrieren.[18] Klarer wird die Umschreibung des Ich-Bewußtseins, wenn die psychopathologische Unterscheidung des Ich-Bewußtseins in mehreren Anteilen erfolgt, wie dies bereits am Beispiel des Selbst-Konstrukts vorgestellt wurde. Einer solchen Aufteilung des Ich-Bewußtseins in mehrere charakteristische Teileigenschaften folgt auch Scharfetter. Danach sind nach Jaspers die folgenden psychopathologisch differenzierbaren Teileigenschaften zu erfassen. Diese entsprechen weitgehend den einzelnen in der Scharfetter-Systematik vorgegebenen Teileigenschaften:

---

[16] Jaspers 1913, 101.

[17] Jaspers 1913, 51f.

[18] Scharfetter et al. 1982, Scharfetter 1985, 1998.

Jaspers-Terminologie	*Scharfetter-Terminologie*
1. Aktivität des Ich (Daseinsbewußtsein)	Ich-Vitalität
2. Aktivität des Ich (Vollzugsbewußtsein)	Ich-Aktivität
3. Einheit des Ich	Ich-Konsistenz
4. Identität des Ich	Ich-Identität
5. Ichbewußtsein im Gegensatz zum Außen	Ich-Demarkation

3.1.1 Ich-Vitalität

Damit wird die Erfahrung, als lebendiges menschliches Wesen zu existieren, umschrieben. Menschen erfahren sich durch das Teilkonstrukt der Ich-Vitalität als lebendig, was Jaspers auch als Daseinsbewußtsein bezeichnet. Dieser Aspekt wird in der von Scharfetter generierten Terminologie als Ich-Vitalität gefaßt. Störungsphänomene umfassen die Entfremdung der Wahrnehmungswelt, das Aufhören der normalen Empfindungen des eigenen Körpers, Unfähigkeit zum Vorstellung und Erinnern, die Qualität des Automatischen der Willensvorgänge. Das Dasein kann – obwohl daseiend – nicht mehr erfahren werden. Bei Störungen kommt es zu der Befürchtung oder gar zur Gewißheit des eigenen Todes, des Sterbens oder des graduellen Verschwindens von Lebendigkeit bis hin zur Nicht-Existenz von sich selbst. Dazu kann auch die Furcht gehören, sich selbst, die Menschheit oder das ganze Universum zu ruinieren oder zu zerstören oder bereits zerstört zu haben. Ein Patient mag sich dabei selbst als existierend erfahren, dabei aber trotzdem als tot. Das cartesische *cogito, ergo sum* ist als eine intuitiv erfaßbare Wahrheit nicht mehr wirklich überzeugend und nicht mehr nachvollziehbar. Davon kann dann in zweiter Linie auch die Welt betroffen sein, insofern sie mit dem Selbst zusammen Bewußtsein konstituiert. So kann auch eine Annihilation von Welt und Selbst zusammen auftreten.

Hierunter fallen dann auch Phänomene von ‚Gedankenentzug' und sog. ‚gemachten Gedanken'. Der gedachte Gedanke ist nicht vom Betroffenen selbst, sondern von jemand anders gedacht, der Betroffene selbst weiß nicht, warum ihm der Gedanke überhaupt kommt, er fühlt sich einer fremden Macht unterlegen. Es beteiligt sich jemand oder etwas an der eigenen Gedankenwelt. Ebenso können Gedanken dann auch entzogen werden. Die Gedanken sind hinzugekommen, wie von einer fremden Macht oder Instanz eingegeben.

3.1.2 Ich-Aktivität

Mit Ich-Aktivität ist die Funktionstüchtigkeit im Sinne einer Einheit von Wahrnehmungen, kognitiver Verarbeitung, kognitiv-affektiver Kopplung und der Handlungsgenerierung gemeint. Aktivität des Ich bedeutet für Jaspers, sich intentional gerichteter Handlungen und Gedanken gewahr zu sein. Dieser Anteil wird von Jaspers als Vollzugsbewußtsein bezeichnet. Innerhalb der Aktivität des Ich oder des Bewußtseins des eigenen Tuns wird insbesondere auch das Kantische ‚Ich denke' mitgefaßt, also Aspekte der Meinigkeit; davon sind Wahrnehmungen, Vorstellungen, Gedanken, Gefühle betroffen. Diese Qualität der Meinigkeit wird in der Jasperschen Terminologie auch „Personalisation"[19] genannt.

Entsprechend werden Phänomene, bei denen es zu einer Störung kommt, in der die Betroffenen dann das Gefühl haben, daß die Qualitäten nicht von ihnen selbst, sondern von anderen, automatisch usw. erzeugt sind, konsequenterweise als Depersonalisation bezeichnet. Bei einer Störung entwickelt sich ein Defizit in der Erfahrung, daß vormals selbstbestimmte und -durchgeführte Handlungen, Gedanken, Gefühle, Wahrnehmungen, nicht wirklich durch die Person selbst hervorgerufen sind, sondern „gemacht" erscheinen, so als wären sie von anderen beeinflußt, erzeugt oder kontrolliert. Nach Jaspers sind in den Begriff der Ich-Aktivität zwei Aspekte eingeschlossen. Dieser Charakter des Gemachten kann dann den ganzen Menschen in seinen verschiedenen Lebens- und Wirklichkeitsbereichen erfassen, so daß schließlich auch Bewegungen, Sprechen usw. als gemacht erscheinen. Die Willenshandlungen werden als beeinflußt empfunden. „Ich habe ja gar nicht geschrieen, der Stimmnerv brüllt aus mir".[20] Die jeweilige Handlung wirkt in ihrem Vollzug von dritter Seite gemacht und nicht selbst getan.

---

[19] Jaspers 1913, 101.

[20] Jaspers 1913, 103.

3.1.3 Ich-Konsistenz

Unter Ich-Konsistenz ist die Einheitserfahrung gemeint, also die auch in buchstäblich körperlichem Sinn gemeinte konsistente und kohärente Einheit der eigenen Person. Die Zerstörung dieser Konsistenz und Kohärenz führt zum Eindruck des Auflösens von sich selbst, des eigenen Körpers. Selbst die Welt, das Universum können unter diesem Eindruck eine Auflösung oder eine Zersplitterung erfahren. Die Verbindung von Denken, Gefühl, Willen, Impuls wirkt zerrissen. Die Konsistenz hat dabei einer größere Konnotation als Kohärenz. Damit ist die Qualität der Selbsterfahrung gemeint, so wie sie in einem strukturierten und organisierten lebenden Wesen gefaßt ist, in zoenästhetischer Selbsterfahrung (Körpererfahrung), einer harmonischen Übereinstimmung von mentalen Inhalten und damit gut korrespondierenden Gefühlen, der Erfahrung einer einheitlichen Gedankenkette, der Erfahrung einer kohärenten inneren und äußeren Welt. Störungen dieses Konstrukts können im Extremfall bis hin zu Verdoppelungserlebnissen im Sinne von Spaltungen gehen. Dies ist dann gegeben, wenn zwei Reihen von seelischen Vorgängen gleichzeitig nebeneinander entwickelt sind, daß man von zwei unabhängigen Persönlichkeiten reden kann, beide eigene Erlebniswelten und Gefühlswelten zu haben scheinen usw. Dabei scheinen die einheitliche Perspektive, aus der heraus die Teilung überhaupt beschrieben werden kann, und die verdoppelte Perspektive zusammen zu bestehen.

3.1.4 Ich-Identität

Die Ich-Identität bezeichnet die Erfahrung des eigenen Lebens in bezug auf äußere Erscheinung, Physiognomie, Geschlecht, soziale Funktion. In einer Identitätsstörung kommt es zu einem Verlust dieser Erfahrung oder zu Veränderungen der eigenen Identität bezüglich der eigenen Gestalt, der Physiognomie, des Geschlechts, der Biographie usw. Damit ist eine präreflexive, natürlich gegebene Sicherheit bezüglich der eigenen Selbstheit trotz Wechsel in den äußeren Lebensbedingungen gemeint. Eine Definition der eigenen Ich-Grenzen ist darin eingeschlossen. Als gemeinsamer Nenner ist die gestörte Ich-Integration zu benennen als ein Resultat verschiedener interdependenter bio-psycho-sozialer Einflüsse. Jaspers bezeichnet damit auch die transtemporale Einheit des Ich, also die Erfahrung, daß sich das Ich in einer Kontinuität befindet. So können etwa Erlebnisse aus einer früheren Lebensphase erscheinen, als gehörten sie zu einer anderen Person.

3.1.5 Ich-Demarkation

Die Ich-Demarkation betont die Erfahrungsqualität, daß es sich bei dem Ich um etwas handelt, was von der Außenwelt verschieden ist. Jaspers unterscheidet in diesem Zusammenhang auch klar zwischen einem Gegenstands- und einem Ich-Bewußtsein. Hier steht die Außenwelt klar dem Ich gegenüber. Fällt diese Ich-Welt-Grenze, so kann es zu fehlerhaften Identifikationen mit Gegenständen, auch unbelebten Gegenständen aus der Umwelt kommen, in denen Patienten zu Gegenständen mutieren können. Es werden in diesem Zusammenhang auch Erlebnisse beschrieben, in denen Patienten bis zu einem mathematischen Punkt verschwinden. Das Ich wird zu einem Bruchstück. Patienten äußern, daß die ganze Welt die eigenen Gedanken kennt. Es tritt eine Störung der Wahrnehmung von innerer und äußerer Welt ein, von persönlichen und externen, nicht-persönlichen Belangen. Das bedeutet auch, abgetrennt und abgeschlossen von andern Dingen oder Wesen zu sein, und sich dabei der Grenze zwischen Ich und Außenwelt nicht mehr bewußt zu sein.

3.2 Störungen der Wahrnehmung

In der Halluzination, die zu den häufigsten Symptomen der Schizophrenie gehört,[21] wird eine interne Vorstellung als eine Form der inneren Perzeption hervorgerufen, die auch als eine Fehlrepräsentation verstanden werden kann. Bei der intern generierten Vorstellung, die ohne Stimulus in der äußeren

[21] Slade & Bentall 1988.

Welt auftritt, muß es sich um eine intern erzeugte Wahrnehmung handeln, die sich von einer normalen Imagination dadurch unterscheidet, daß eine Beobachtung der Induktion dieser internen Wahrnehmung nicht stattgefunden hat. Die Selbst-Monitoring-Qualität hat die Erzeugung dieses intern erzeugten Repräsentats nicht „bezeugen" können. Die entscheidende Eigenschaft der Halluzination ist, daß ihr – obwohl sie dem Halluzierenden wie eine Wahrnehmung eines Stimulus in der äußeren Welt erscheint – kein solcher adäquater Stimulus zugrunde liegt. Die Halluzination trägt dabei überlappend Merkmale der normalen Wahrnehmung oder Perzeption sowie der Vorstellungsleistung oder Imagination.[22]

3.2.1 Wahrnehmung und Vorstellung

In der normalen Wahrnehmung werden Wahrnehmungsinhalte als detailreich wahrgenommen, jedes einzelne Detail eines bestimmten Objektes „Peter" der äußeren Welt kann bei geeigneten Bedingungen (z.B. Beleuchtung usw.) klar beobachtet und beschrieben werden. Das wahrgenommene Perzept des Objektes selbst ist eine detaillierte interne Repräsentation von „Peter". Das Objekt „Peter" wird extern lokalisiert, ist also etwas, was sich in der äußeren Welt, bezogen auf meine Selbst-Perspektive (Körperachse) befindet. Ein anderer Beobachter würde eine ähnliche Beschreibung von Peter abgeben können. Die Beurteilung der Herkunft des Perzepts ist korrekt: „Peter" ist in der Tat ein Bestandteil der äußeren Welt, wir sind dessen gewiß. Eine andere Charakteristik läßt sich dagegen in der Vorstellungsleistung zeigen, wenn wir uns „Peter" vor dem sogenannten „inneren Auge" vorstellen. Diese Vorstellungsleistung spielt eine entscheidende Rolle bei der Kodierung und dem Abruf von autobiographisch relevanten Gedächtnisinhalten.[23] Der entscheidende Unterschied zur normalen Wahrnehmung ist natürlich, daß das Objekt der inneren Wahrnehmung, also das Imaginat, nicht wirklich vor-

---

[22] Vogeley & Curio 1998b, Vogeley 1999.

[23] Dewhurst & Conway 1994; Richardson 1995; De Beni & Pazzaglia 1995.

handen ist. „Peter" muß nicht zugegen sein, um vorgestellt werden zu können. Nichts an der inneren Vorstellung ist aber so unumstößlich, als daß wir dieses Imaginat *selbst* erzeugt haben, „Peter" ist virtuell. Daß er nicht zugegen ist, könnte von einem Beobachter leicht bestätigt werden. Im Gegensatz zur Wahrnehmung sind aber die Imaginate in der Regel nicht so detailreich, wir könnten z.B. die Augenfarbe von „Peter" wahrscheinlich nicht in unserer Vorstellung, wohl aber während einer Wahrnehmung bestimmen. Auch bei dem Imaginat handelt es sich um eine interne Repräsentation von „Peter" in Form eines perzeptartigen Bildes. Ich stelle das Objekt ebenfalls als etwas von mir Getrenntes, also als ein Objekt in der äußeren Welt vor, bezogen auf meine körperzentrierte Perspektive.

Welchen Charakter die innere Repräsentation dieses Imaginates aber hat, ist offen. Die quasi-piktoriale Natur von mentalen Imaginaten, im Gegensatz zu einer möglichen propositionalen Repräsentation, ist ein wesentlicher Streitpunkt in der Imagery-Debatte.[24] Basisexperimente zur mentalen Rotation unterstützen das Konzept von einer piktorialen, bildhaften Repräsentationsweise.[25] Auf dieser Basis wurde auch eine Äquivalenztheorie von Wahrnehmung und Imagination entwickelt, für die funktionelle und anatomische Befunde sprechen.[26] Die neuronale Realisierung von Wahrnehmung und Vorstellung konnte in einer fMRT-Studie zur mentalen Rotation gezeigt werden, bei der die Autoren zum Schluß eines „Konservierungsprinzips" kommen, wonach Wahrnehmung und Imagination die gleichen Hirnareale involvieren.[27] Dies könnte so funktionieren, daß in einer „Rückwärts-Prozedur" vorgestellte Bilder auf Initiative des höherstufigen Assoziationskortex zuletzt wieder im primären visuellen Kortex erzeugt

[24] Dazu Schumacher 1997.

[25] Diese klassischen neuropsychologischen Paradigmen umfassen mentale Rotationsparadigmen (z.B. Shepard & Metzler 1971; Shepard & Cooper 1982; Cohen et al. 1996) und mentale Abtastparadigmen (z.B. Kosslyn et al. 1978; Kosslyn 1987).

[26] Farah 1984, 1985, 1988; Cohen et al. 1996; Kosslyn 1994.

[27] Cohen et al. 1996.

werden.[28] Andererseits gibt es aber auch Hinweise für eine funktionell getrennte Implementierung, wie Fallstudien von Patienten mit einer dissoziierten Störung von visueller Wahrnehmungsleistung bei erhaltener Vorstellungsleistung nahelegen.[29]

3.2.2 Halluzination

Die Phänomenologie der Halluzination als psychopathologisch relevantes Phänomen ist vielgestaltig. Dabei gehen die Unterschiede weit darüber hinaus, daß Halluzinationen in verschiedenen Sinnesmodalitäten auftreten können, wie akustische, visuelle, taktile, olfaktorische und auch gustatorische Halluzinationen. Am häufigsten treten in der Psychiatrie akustische Halluzinationen auf, was übrigens auf eine maßgebliche Beteiligung des Temporallappens bei der Erzeugung der Halluzinationen schließen läßt. Entscheidendes Kriterium für die Halluzination ist, daß eine perzeptartige Wahrnehmung existiert, die auf einen externen Stimulus in der äußeren Welt zurückgeführt wird, der aber gar nicht real existiert. Dieser Sachverhalt ist durch Beobachter, die keine vergleichbare Wahrnehmung wie der Halluzinierende haben, zu belegen. Die subjektive Lokalisierung der Quelle, von der her das Halluzinat erzeugt zu sein scheint, ist in der Regel extern gelegen, also wiederum außerhalb der eigenen körperzentrierten Perspektive. Allerdings werden Halluzinationen häufig auch als innerhalb des Körpers, besonders des Kopfes befindlich beschrieben, was bereits auch eine Ich-Störung andeuten kann, am ehesten im Sinne einer Ich-Demarkations-Störung.[30] Stu-

---

[28] Farah 1995; Ishai & Sagi 1995.

[29] Behrmann et al. 1992; Jankowiak et al. 1992; Mehta et al. 1992; Goldenberg et al. 1995.

[30] David (1994) beschrieb eine Serie von 105 Patienten mit Psychosen in aufeinander folgenden Neuaufnahmen in stationäre Behandlung des Institute of Psychiatry, London. 24% der Patienten hatten akustische Halluzinationen „innerhalb des Kopfes" („within the mind"), 23% der Patienten hatten akustische Halluzinationen, die sie „durch das Ohr" („through the ears") erreichten. Eine ähnliche Beobachtung wurde von Junginger & Frame (1985) gemacht.

dien konnten zeigen, daß z.B. schizophrene Patienten dazu neigen, körperinterne Ereignisse einer körperfremden Quelle zuzuschreiben.[31] Beurteilungen über die Zuordnung des Halluzinats zu einer externen Quelle werden von den Halluzinierenden in der Regel mit einem hohen Maß an Sicherheit gegeben. Halluzinationen sind meist kontextabhängig und in reale perzeptuelle Kontexte eingebunden.[32] So sind Halluzinationen von Stimmen von hoher pragmatischer Bedeutung, im linguistisch engen Sinn des Wortes. Die Stimmen sprechen häufig direkt zu der Person, die sie hört. Deren Inhalte erscheinen konsistent, sie beziehen sich auf Dinge oder Sachverhalte, die tatsächlich existieren. Sie erscheinen häufig bekannt und können sogar als allmächtig und allwissend erscheinen.[33] Patienten berichten auch, daß sie mit den Stimmen kommunizieren können. Im Verlauf einer Erkrankung kann es auch zu Veränderungen bei den Stimm-Halluzinationen in Richtung auf eine erhöhte Komplexität der Inhalte, eine zunehmende Anzahl von individuell unterscheidbaren Stimmen, ausgedehnteren Dialogen und einer größeren Vertrautheit zwischen den „Personen hinter“ den halluzinierten Stimmen und den Halluzinierenden kommen.[34] Halluzinationen stellen damit also eine Form der internen Repräsentation dar, die aber als solche nicht erkannt wird. Der entscheidende Unterschied zwischen Halluzination und Imagination ist, daß in der Halluzination, anders als in der Imagination, die Information verlorengegangen ist, daß *ich selbst* es war, der dieses perzeptartige Bild erzeugt hat, das keinen adäquaten Stimulus in der äußeren Welt hat.

Ein wesentlicher Fortschritt in der Erforschung der daran beteiligten Hirnprozesse beruht auf funktionell bildgebenden Studien, die Patienten während des Erlebens von Halluzinationen untersuchen. Grundlage sind im Fall akustischer Halluzinationen, die in der Psychiatrie am häufigsten sind, Studien zur Untersuchung von Sprache und ihrer zerebralen Imple-

[31] Bentall et al. 1991; Baker & Morrison 1998.

[32] Jaspers 1912, 1973; Kölmel 1988; Erkwoh et al. 1993.

[33] Chadwick & Birchwood 1994; Leudar et al. 1997.

[34] Nayani & David 1996.

mentierung. Die semantische Kategorisierung von Wortpaaren korreliert mit einer bilateralen Aktivierung des Gyrus temporalis superior, Worterkennung zeigt eine Aktivierung der hinteren Temporalregion und des präfrontalen Kortex links.[35] Bei zunehmender syntaktischer Komplexität von sprachlich dargebotenem Material ließ sich eine Aktivierung in der Broca-Region links frontal zeigen bei einem Paradigma, bei dem syntaktisch zunehmend komplexes Material semantisch beurteilt werden sollte.[36] Spezifisch semantische Aufgaben aktivieren den präfrontalen Kortex.[37]

Bei Stimm-Halluzinationen zeigte sich bildgebend eine erhöhte Aktivität in den Regionen des primären und Assoziationskortex, die für Sprachverarbeitung verantwortlich sind, so im Bereich des Gyrus temporalis superior,[38] der hohe pragmatisch relevante Anteil der Stimmhalluzinationen korrelierte mit einer Aktivierung limbischer Strukturen (Hippocampusformation, Gyrus cinguli, orbitofrontaler Kortex).[39] Diese mit der Halluzination assoziierte Aktivierung kontrastiert mit einer reduzierten Aktivität in diesen Gebieten, wenn halluzinierende Patienten sich Sätze vorstellen sollten, die in der dritten Person formuliert waren.[40] Die relative Reduktion der Hirnaktivität bedeutet also, daß Patienten, die halluzinieren, gleichzeitig weniger Hirnaktivität bei Vorstellungsleistungen zeigen. Dies könnte bedeuten, daß bestimmte Hirnregionen an der Erzeugung von Imaginationen und Halluzinationen gleichermaßen beteiligt sind. Ebenso zeigen sich Defizite bei anderen Sprachaufgaben. In einem Sprachflüssigkeitstest zeigte sich eine signifikant herabgesetzte Aktivität links frontal, während gesunde Testpersonen eine gesteigerte Aktivität links frontal und temporal aufwiesen.[41] Diese Befunde sind mit dem Postulat des bereits erwähnten „Konservierungsprinzips“ kompatibel, wo-

---

[35] Wise et al. 1991.

[36] Stromswold et al. 1996.

[37] Kapur et al. 1994; Vandenberghe et al. 1996.

[38] Suzuki et al. 1993.

[39] Silbersweig et al. 1995.

[40] McGuire et al. 1996.

[41] Yurgelun-Todd et al. 1996.

nach perzeptuelle Leistungen bei normaler Wahrnehmung, Imagination und Halluzination in den gleichen Hirnregionen implementiert sind.

Auf dieser Basis wurde die Hypothese eines perzeptuellen Kontinuums formuliert, wonach – unabhängig von der Sinnesmodalität – normale Wahrnehmung, Imagination und Halluzination verschiedene perzeptuelle Leistungen sind, die sich auf einem perzeptuellen Kontinuum aufreihen lassen, was sich durch Überlappungen in ihrer phänomenalen Charakterisierung als auch in der Tatsache zeigt, daß diesen Phänomenen Aktivierungen in ähnlichen Hirnregionen unterliegen.[42]

3.3 Störungen der sozialen Kommunikation

Von potentiell hoher Relevanz für das Selbstkonstrukt sind auch Fähigkeiten der Fremdzuschreibung oder des „mindreading".[43] Von Premack und Woodruff in Studien mit Primaten erstmals geprägt,[44] wurden diese Fremdzuschreibungs-Untersuchungen dann in der menschlichen Entwicklungspsychologie weiter verfolgt. Diese Funktion der Fremdzuschreibung kann als eine Repräsentation epistemischer mentaler Zustände beschrieben werden, die einen Agenten, eine Einstellung und eine Proposition enthalten,[45] z.B. in der Form „Peter glaubt, daß es regnet". Dies erlaubt die Repräsentation mentaler Zustände eines Agenten, und zwar auch, wenn die Proposition nicht wahr ist. So mag „Peter glaubt, daß es regnet" wahr sein, während es aber tatsächlich nicht regnet, die Proposition „Es regnet" also falsch ist.[46] Entscheidend für die untersuchte Leistung in diesen Fremdzuschreibungsparadigmen ist also, daß die Testperson das Wissen oder die Meinung einer anderen Person erfolgreich modellieren muß. Aufgabe ist also die Fähigkeit zur Zuschreibung von Meinungen, Einstellungen

---

[42] Brown 1985; Behrendt 1998.

[43] Baron-Cohen 1995.

[44] Premack & Woodruff 1978.

[45] Wimmer & Perner 1983; Baron-Cohen et al. 1986.

[46] Leslie & Thaiss 1992; Leslie & Roth 1993.

etc. an andere, die nur als eine Form der Metarepräsentation geleistet werden kann. Diese beim Menschen hochentwickelte Funktion könnte gut das Ergebnis evolutionärer Veränderungen sein, die der präfrontale Kortex durchlaufen hat.[47]

Sogenannte „Theory-of-Mind"-Paradigmen (TOM), prüfen solche Fremdzuschreibungsleistungen, in denen Modellierungen von Einstellungen und Meinungen anderer Personen bzw. Metarepräsentationen von den mentalen Zuständen anderer abverlangt werden. Es wird erwartet, daß z.B. nach Vorlage einer Bildergeschichte, deren Ende offen ist, die mentale Einstellung bzw. das Verhalten einer dort dargestellten Person „modelliert" und vorausgesagt werden kann. Das Material, in dem sich der Agent in einer bestimmten Situation befindet und in dieser Situation mental modelliert werden muß, kann entweder als eine Bildergeschichte oder als kurzer Text präsentiert werden.

In einer Textversion, die verschiedentlich untersucht wurde,[48] wurden drei verschiedene Typen von Geschichten benutzt. In der TOM-Bedingung wurden Fremdmodellierungsleistungen induziert, in denen eine Meinung, Überzeugung etc. eines anderen rekonstruiert werden mußte. In einer der Kontrollbedingungen, in der sogenannte physikalische Geschichten präsentiert wurden, wurde ein Sachverhalt dargestellt und abgefragt. In einer weiteren Kontrollbedingung, in der unverbundene Sätze präsentiert wurden, wurden im wesentlichen Arbeitsgedächtnisleistungen geprüft. Wesentliches Merkmal der Fremdzuschreibungsgeschichten ist dabei, daß der Leser eine wesentliche Information über eine beteiligte Person in der Geschichte erhält. Diese Information ist den anderen Personen der Geschichte nicht bekannt, so daß die Versuchsperson eine Wissensvorsprung während der Lektüre erwirbt. Dieser ist dazu zu nutzen, eine plausible Vorhersage des Verhaltens der betreffenden Person der Geschichte zu leisten. Diese Vorhersage kann abgefragt und in ihrer Plausibilität geprüft werden.

---

47 Povinelli & Preuss 1995.

48 Fletcher et al. 1995; Happé et al. 1996; Vogeley et al. (eingereicht).

Frith & Corcoran[49] studierten ein solches Paradigma an schizophrenen Patienten; dabei konnte ein spezifisches Defizit bei schizophrenen Patienten mit einem paranoid-halluzinatorischen Syndrom gefunden werden. Ein solches Defizit bei Schizophrenen konnte auch in einer ähnlichen, auf comic strips basierenden Studie zur Attribuierung von Intentionen an andere nachgewiesen werden.[50] In Verbindung mit funktioneller Bildgebung lassen sich unter diesem Paradigma Aktivierungen des präfrontalen Kortex links nachweisen.[51] In einer Studie, in der Theory of Mind-Geschichten im Vergleich zu Geschichten präsentiert wurden, die keine Theory of Mind aktivierten, ließ sich eine differentielle Aktivierung von präfrontalen Kortexarealen zeigen (Brodmann Areale 8 und 9) und in einer Studie an autistischen Patienten bestätigen.[52] In einer weiteren bildgebenden Studie (HMPAO-Spect) ließ sich eine Erhöhung im Blutfluß rechts orbitofrontal im Vergleich zur linken Seite zeigen.[53] In einer PET-Studie wurde eine Bildsequenz mit Objekten des Alltagslebens gezeigt. Die Testpersonen mußten entscheiden, ob Christoph Columbus in der Lage gewesen wäre, ihre Funktion zu erschließen. Bei dieser Aufgabe ließ sich eine differentielle Aktivierung des präfrontalen Kortex links zeigen.[54]

Dabei ist bisher unklar, ob dazu ein Selbstmodell nötig ist als Quelle von Projektionen, die dann auf jemand anderes übertragen werden, oder ob diese Fähigkeit mit dem Selbstmodell selbst koevolviert und davon unabhängig ist.[55] Dabei stehen sich auf epistemologischer und entwicklungspsychologischer Seite die sogenannte „Simulations-Theorie" (simulation theory) und die „Theorie-Theorie" (theory theory) gegenüber, die beide in unterschiedlich starker Weise die Beteiligung der Selbst-Perspektive an der Tätigkeit der Fremdzu-

---

[49] Frith & Corcoran 1996.

[50] Sarfati et al. 1997.

[51] Goel et al. 1995.

[52] Fletcher et al. 1995, Happé et al. 1996.

[53] Baron-Cohen et al. 1994.

[54] Goel et al. 1995.

[55] Delacour 1995.

schreibung diskutieren. Vertreter der Simulations-Theorie betonen den Stellenwert der Übernahme einer fremden Perspektive.[56] Vertreter der Theorie-Theorie betonen das theoretisch entwickelte Wissen, wobei die Modellierung des Wissens über den psychischen Zustand einer anderen Person als eine theoretische Aufgabe begriffen wird.[57] Mit der letzteren Auffassung wird häufig vertreten, daß es bei der Fremdmodellierung darum gehen könne, Urteile zu fällen, die falsch oder richtig sein können. Ganz offensichtlich wird zusätzliches theoretisches Wissen mit der Entwicklung erworben, allerdings ist das auch eng verknüpft mit der Übernahme fremder Perspektiven, die es zu erkennen und einzunehmen gilt. Das theoretische Wissen bezieht sich also gerade auch wesentlich auf das Erkennen einer Perspektive, die dann wieder zu „simulieren" ist. Es scheint daher eine Integration beider Anteile angebracht.[58]

Entscheidende Einblicke könnten hier eigene Untersuchungen gewähren, die in einem kombinierten zweifaktoriellen Design die psychologische Modellierung mit Zuschreibungsleistungen und die Beteiligung der Selbstperspektive untersuchten. Der entscheidende Unterschied zwischen den Fremdzuschreibungs- und Selbstzuschreibungsgeschichten bestand darin, daß es nicht nur andere Personen waren, die in der Geschichte auftraten, sondern daß bereits zu Beginn die Versuchsperson selbst in die Geschichte eingebettet wurde, indem mögliche Situationen geschildert wurden, in denen sich die Versuchsperson in einer bestimmten Weise zu verhalten hatte. Dieses Verhalten wurde analog befragt. In einer zweiten Selbstzuschreibungs-Bedingung wurden rein introspektive Daten erfragt. Darin ließ sich zeigen, daß die explizite Beteiligung der Perspektive der eigenen Person bei derartigen Zuschreibungsleistungen zusätzlich zu präfrontalen Hirnregionen insbesondere den temporoparietalen Übergang rechts sowie den medialen Parietallappen beidseits aktiviert.[59]

---

[56] Harris 1992.

[57] Gopnik & Wellman 1992; Perner & Howes 1992.

[58] Bolton & Hill 1996, 137ff .

[59] Vogeley et al. (eingereicht).

4. Ausblick

Die Darstellung bezog sich auf wenige Beispiele, in denen Störungen des Ich-Erlebens oder Erlebnisqualitäten, die das Selbstbewußtsein mitkonstituieren, auftreten. Diese Störungen, wenn sie genügend lange andauern oder genügend stark ausgeprägt sind, führen unweigerlich in schwere psychiatrisch relevante Krankheitssituationen. Ich-Störungen, Halluzinationen oder Störungen in der Fremdzuschreibung haben zwar, wie alle psychopathologischen Phänomene, für keinerlei psychiatrische Erkrankung Beweischarakter, treten aber häufig und charakteristischerweise bei Psychosen auf.

Die vorgestellte Theorie der Störung des Selbstkonstrukts ist ein bislang sehr plausibler Erklärungskandidat. Es sind damit grundsätzliche Intuitionen zum Selbstbewußtsein, die klassische Psychopathologie und moderne neuropsychologische Annäherungen gut miteinander vereinbar. Über die psychopathologisch direkt mitgeteilten Ich-Störungen oder Störungen des Ich-Bewußtseins läßt sich aber auch plausibel machen, daß auch andere, wenn nicht alle wesentlichen psychopathologischen Phänomene auf einer Störung in der Fähigkeit zur Metarepräsentation beruhen könnten, im wesentlichen der Metarepräsentation der eigenen mentalen Phänomene, kognitiv oder affektiv. Das wiederum impliziert direkt eine Störung in der adäquaten Integration bzw. Abgrenzung von Selbstkonstrukt und Weltmodell.[60] Andere empirisch basierte Konzepte zur Erklärung dieser Störungen betreffen die Hypothese einer „kognitiven Dysmetrie", die in einem kortiko-thalamocerebellären Netzwerk implementiert ist,[61] Störungen der Aufmerksamkeit,[62] des Arbeitsgedächtnisses[63] oder des semantischen bzw. assoziativen Gedächtnisses.[64] Diese Theorien haben aber bisher nicht den eindrucksvoll hohen heuristischen Erklärungswert erreicht wie die Selbstkonstrukt-Theorie.

---

60 Vogeley 1999.

61 Andreasen et al. 1996.

62 Braff 1993.

63 Goldman-Rakic 1994.

64 Spitzer 1997.

Hirnanatomisch wird bereits aufgrund der nur exemplarischen Auswahl an empirischen Studien klar geworden sein, daß es keinen isolierten Hirnlokus gibt, der für alle diese Störungen verantwortlich gemacht werden kann. Dies kann allein schon wegen des logischen Problems eines infiniten Regresses nicht der Fall sein. Wollte man nämlich ein solches Selbst-Zentrum postulieren, das sämtliche anderen Hirnaktivitäten ausrichtet und bestimmt, müßte die Frage gestellt werden, woher nun dieses Hirnzentrum wiederum seine Handlungsdirektiven erhält usw. Eine rein neurowissenschaftliche Erklärung, die nicht irgendwelche Phänomene außerhalb der Hirnaktivität mit einbezöge, wäre nicht möglich. Es kann daher nur eine Netzwerk-Hypothese Gültigkeit haben. Schickt man diese Gedanken aber voraus, wird wiederum bereits an der kleinen Auswahl deutlich, daß die beteiligten Hirnareale im wesentlichen die heteromodalen Assoziationskortexareale umfassen, also im wesentlichen die Regionen des präfrontalen Kortex, des oberen Temporallappens und des parietotemporalen Übergangsbereichs. Alle Hinweise sprechen dafür, daß zwischen diesen Kortexgebieten ausgedehnte und intrikate Verbindungen bestehen, die ein weder strukturell noch funktionell aufgeklärtes neuronales Netzwerk konstituieren, aus dem bestimmte Systemeigenschaften emergieren, die für die postulierten Qualitäten verantwortlich sein könnten.

5. Literatur

Andreasen, N.C., O'Leary, D.S., Cizadlo, T., Arndt, S., Rezai, K., Boles Ponto, L.L., Watkins, G.L., Hichwa, R.D. (1996) Schizophrenia and cognitive dysmetria: A positron-emission-tomography study of dysfunctional prefrontal-thalamic-cerebellar circuitry. Proceedings of the National Academy of Sciences USA 93: 9985–9990.

Andreasen, N.C. (1997) Linking mind and brain in the study of mental illnesses: a project for scientific psychopathology. Science 275: 1586–1593.

Baker, C.A., Morrison, A.P. (1998) Cognitive processes in auditory hallucinations: attributional biases and metacognition. Psychological Medicine 28: 1199–1208.

Baron-Cohen, S. (1995) Mindblindness. Cambridge: MIT Press.

Baron-Cohen, S., Ring, H., Moriarty, J., Schmitz, B., Costa, D., & Ell, P. (1994) Recognition of mental state terms. British Journal of Psychiatry 165: 640–649.

Behrendt, R.P. (1998) Underconstrained perception: a theoretical approach to the nature and function of verbal hallucinations. Comprehensive Psychiatry 39: 236–248.

Behrmann, M., Winocur, G., Moscovitch, M. (1992) Dissociation between mental imagery and object recognition in a brain-damaged patient. Nature 359: 636–637.

Bentall, R.P., Baker, G.Y., Havers, S. (1991) Reality monitoring and psychotic hallucinations. British Journal of Clinical Psychology 30: 213–222.

Bolton, D., Hill, J. (1996) Mind, meaning and mental disorder. The nature of causal explanation in psychology and psychiatry. Oxford: Oxford University Press.

Braff, D.L. (1993) Information processing and attention dysfunctions in schizophrenia. Schizophrenia Bulletin 19: 233–259.

Brown, J.W. (1985) Hallucinations. Imagery and the microstructure of perception. In: Handbook of Clinical Neurology, Vol. 1(45) Clinical Neuropsychology: 351–372.

Chadwick, P., Birchwood, M. (1994) The omnipotence of voices. A cognitive approach to auditory hallucinations. British Journal of Psychiatry 164: 190–201.

Cohen, M.S., Kosslyn, S.M., Breiter, H.C., DiGirolamo, G.J., Thompson, W.L., Anderson, A.K., Bookheimer, S.Y., Rosen, B.R., Belliveau, J.W. (1996) Changes in cortical activity during mental rotation. A mapping study using functional MRI. Brain 119: 89–100.

Courtney, S.M., Ungerleider, L.G., Keil, K., & Haxby, J.V. (1996) Object and spatial visual working memory activate separate neural systems in human cortex. Cerebral Cortex 6: 39–49.

Damasio, A.R. (1994) Descartes' error. Emotion, reason and the human brain. New York: G.P. Putnam's Son.

David, A.S. (1994) The neuropsychological origin of auditory hallucinations. In: David,, A.S., Cutting, J. (Hg.) Neuropsychology of Schizophrenia. Lawrence Erlbaum Publishers Ltd.: 269–313.

De Beni, R., Pazzaglia, F. (1995) Memory for different kinds of mental images: role of contextual and autobiographic variables. Neuropsychologia 33: 1359–1371.

Delacour, J. (1995) An introduction to the biology of consciousness. Neuropsychologia 33: 1061–1074.

Dennett, D.C. (1994) Philosophie des menschlichen Bewußtseins. Hamburg: Hoffmann und Campe.

Dewhurst, S.A., Conway, M.A. (1994) Pictures, images, and recollective experience. Journal for Experimental Psychology (Learning, Memory, and cognition) 20: 1088–1098.

Erkwoh, R., Ebel, H., Kachel, F., Reiche, W., Ringelstein, E.B., Bull, U., Sass, H. (1993) 18FDG-PET and electroencephalographic findings in a patient suffering from musical hallucinations. Nuklearmedizin 32: 159–63.

Farah, M.J. (1995) Current issues in the neuropsychology of image generation. Neuropsychologia 33: 1455–1471.

Farah, M.J. (1988) Electrophysiological evidence for a shared representational medium for visual images and visual percepts. Journal for Experimental Psychology (General Psychology) 117: 248–257.

Farah, M.J. (1985) Psychophysical evidence for a shared representational medium for mental images and percepts. Journal for Experimental Psychology (General Psychology) 114: 91–103.

Farah, M.J. (1984) The neurological basis of mental imagery: a componential anlysis. Cognition 18: 245–272.

Flanagan, O. (1992) Consciousness reconsidered. Cambridge: MIT Press.

Fletcher, P., Happé, F., Frith, U., Baker, S.C., Dolan, R.J., Frackowiak, R.S.J., Frith, C.D. (1995) Other minds in the brain: a functional imaging study of "theory of mind" in story comprehension. Cognition 57: 109–128.

Freud, S. (1895) Entwurf einer Psychologie. In: Aus den Anfängen der Psychoanalyse. Briefe an Wilhelm Fließ. Frankfurt a. Main.

Frith, C.D. (1985) The cognitive abnormalities underlying the symptomatology and the disability of patients with schizophrenia. International Journal for Psychopharmacology 10: 87–98.

Frith, C.D. (1993) The cognitive neuropsychology of schizophrenia. Hillsdale: LEA publishers.

Frith, C.D. (1996) The role of the prefrontal cortex in self-consciousness: the case of auditory hallucinations. Philosophical Transactions of the Royal Society 351: 1505–1512.

Frith, C.D., Corcoran, R. (1996) Exploring 'theory of mind' in people with schizophrenia. Psychological Medicine 26: 521–530.

Fuster, J. (1997) The prefrontal cortex. Anatomy, physiology, and neuropsychology of the frontal lobe. Philadelphia: Lippincott-Raven.

Gallagher, H.L., Happé, F., Brunswick, N., Fletcher, P.C., Frith U., Frith, C.D. (2000) Reading the mind in cartoons and stories: an fMRIstudy of "theory of mind" in verbal and non-verbal tasks. Neuropsychologia 38: 11–21.

Goel, V., Grafman, J., Sadato, N., Hallett, M. (1995) Modeling other minds. Neuroreport 6: 1741–1746

Goldenberg, G., Müllbacher, W., Nowak, A. (1995) Imagery without perception – a case study of anosognosia for cortical blindness. Neuropsychologia 33: 1373–1382.

Goldman-Rakic, P.S. (1994) Working memory dysfunction in schizophrenia. Journal of Neuropsychiatry and Clinical Neuroscience 6: 348–57.

Gopnik, A., Wellmann, H. (1992) Why the child's theory of mind really is a theory. Mind and Language 7: 145–151.

Happé, F., Ehlers, S., Fletcher, P., Frith, U., Johansson, M., Gillberg, C., Dolan, R., Frackowiak, R., Frith, C. (1996) "Theory of mind" in the brain. Evidence from a PET scan study of Asperger syndrome. Neuroreport 8: 197–201.

Harris, P.L. (1992) From simulation to folk psychology: the case for development. Mind and Language 7: 120–144.

Ishai, A., Sagi, D. (1995) Common mechanisms of visual imagery and perception. Science 268: 1772–1774.

Jankowiak, J., Kinsbourne, M., Shalev, R.S., Bachman, D.L. (1992) Preserved visual imagery and categorization in a case of associative visual agnosia. Journal for Cognitive Neuroscience 4: 119–131.

Jaspers, K. (1973) Allgemeine Psychopathologie. Heidelberg: Springer.

Jones, E.G., Powell, T.P.S. (1970) An anatomical study of converging sensory pathways within the cerebral cortex of the monkey. Brain 93: 793–820.

Junginger, J., Frame, C.L. (1985) Self-report of the frequency and phenomenology of verbal hallucinations. Journal of Nervous and Mental Disease 173: 149–155.

Kant, I. (1787) Kritik der reinen Vernunft. In: Weischedel, W. (Hg.) Werkausgabe. Frankfurt a.M.: Suhrkamp.

Kapur, S., Rose, R., Liddle, P.F., Zipursky, R.B., Brown, G.M., Stuss, D., Houle, S., Tulving, E. (1994) The role of the left prefrontal cortex in verbal processing: semantic processing or willed action? Neuroreport 5: 2193–2196.

Kölmel, H.W. (1988) Die homonymen Hemianopsien. Heidelberg: Springer.

Kosslyn, S.M., Ball, T.M., Reiser, B.J. (1978) Visual images preserve metric spatial information: evidence from studies of image scanning. Journal of Experimental Psychology (Human Percept Perform) 4: 47–60.

Kosslyn, S.M. (1994) Image and brain: the resolution of the imagery debate. Cambridge: MIT Press.

Kosslyn, S.M. (1987) Seeing and imagining in the cerebral hemispheres: a computational approach. Psychological Reviews 94: 148–175.

Leslie, A., Roth, D. (1993) What can autism teach us about metarepresentation? In: Baron-Cohen, S. et al. (Hg.) Understanding other minds: perspectives from autism. Oxford: Oxford University Press.

Leslie, A., Thaiss, L. (1992) Domain specificity in conceptual development: evidence from autism. Cognition 43: 225–231.

Leudar, I., McNally, T.D., Glinski, A. (1997) What voices can do with words: pragmatics of verbal hallucinations. Psychological Medicine 27: 885–898.

McGuire, P., Silbersweig, D.A., Wright, I., Murray, R.M., Frackowiak, R.S.J., Frith, C.D. (1996) The neural correlates of inner speech and auditory verbal imagery in schizophrenia: relationship to auditory verbal hallucinations. British Journal of Psychiatry 169: 148–159.

Mehta, Z., Newcombe, F., De Haan, E. (1992) Selective loss of imagery in a case of visual agnosia. Neuropsychologia 30: 645–655.

Melzack, R., Israel, R., Lacroix, R., Schultz, G. (1997) Phantom limbs in people with congenital limb deficiency or amputation in early childhood. Brain 120: 1603–1620.

Metzinger, T. (1999) Subjekt und Selbstmodell. Paderborn: Mentis.

Metzinger, T. (1995) Ganzheit, Homogenität und Zeitkodierung. In: Metzinger, T. (Hg.) Bewußtsein. Beiträge aus der Gegenwartsphilosophie. Paderborn: Schöningh.

Nayani, T.H., David, A.S. (1996) The auditory hallucination: a phenomenological survey. Psychological Medicine 26: 177–189.

Perner, J., Howes, D. (1992) 'He thinks he knows': and more developmental evidence against simulation (role taking) theory. Mind and Language 7, 72–86, 1992

Povinelli, D.J., Preuss, T.M. (1995) Theory of mind: evolutionary history of a cognitive specialization. Trends in Neurosciences 18: 418–424.

Premack, D., & Woodruff, D. (1978) Does the chimpanzee have a "theory of mind"? Behavioral and Brain Sciences 4: 515–526.

Rao, S.C., Rainer, G., Miller, E.K. (1997) Integration of what and where in the primate prefrontal cortex. Science 276: 821–824.

Richardson, J.T.E. (1995) The efficacy of imagery mnemonics in memory remediation. Neuropsychologia 33: 1345–1357.

Rumelhart, D.E., Norman, D.A. (1985): Representation of knowledge. In: Aitkenhead, A.M., Slack, J.M. (Hg.): Issues in cognitive modeling. Lawrence Erlbaum Ass.

Sarfati, Y., Hardy-Baylé, M.C., Besche, C., Widlöcher, D. (1997) Attribution of intentions to others in people with schizophrenia: a non-verbal exploration with comic strips. Schizophrenia Research 25: 199–209.

Scharfetter, C., Brauchli, B., Weber, A. (1982) Ich-Psychopathologie des schizophrenen Syndroms. Empirische Studien zu einem phänomenologischen Konstrukt. Nervenarzt 53: 262–267.

Scharfetter, C. (1995) Die Ich/Selbst-Erfahrung Schizophrener. Schweizer Archiv für Neurologie und Psychiatrie 146: 200–206.

Scharfetter, C. (1998) Dissoziation und Schizophrenie. Die Schizophrenien – ein dissoziiertes nosopoietisches Konstrukt? Fortschritte der Neurologie und Psychiatrie 66: 520–523.

Schumacher, R. (1997) Philosophische Theorien mentaler Repräsentationen. Deutsche Zeitschrift für Philosophie 45: 785–815.

Shepard, R.N., Cooper, L.A. (1982) Mental images and their transformations. Cambridge: MIT Press.

Shepard, R.N., Metzler, J. (1971) Mental rotation of three-dimensional objects. Science 171: 701–703.

Silbersweig, D.A., Stern, E., Frith, C., Cahill, C., Holmes, A., Grootoonk, S., Seaward, J., McKenna, P., Chua, S.E., Schnorr, L., Jones, T., Frackowiak, R.S.J. (1995) A functional neuroanatomy of hallucinations in schizophrenia. Nature 378: 176–179.

Slade, P.D., Bentall, R.P. (1998) Sensory Deception: a scientific analysis of hallucination. London: Croom Helm.

Spitzer, M. (1997) A cognitive neuroscience view of schizophrenic thought disorder. Schizophrenia Bulletin 23: 29–50.

Stromswold, K., Caplan, D., Alpert, N., Rauch, S. (1996) Localization of syntactic comprehension by positron emission tomography. Brain and Language 52: 452–473.

Suzuki, M., Yuasa, S., Minabe, Y., Murata, M., Kurachi, M. (1993) Left superior temporal blood flow increases in schizophrenic and schizophreniform patients with auditory hallucination: a longitudinal case study using 123I-IMP SPECT. European Archive for Psychiatry and Clinical Neuroscience 242: 257–61.

Van Essen, D.C., Anderson, C.H., Felleman, D.J. (1992) Information processing in the primate visual system: an integrated systems perspective. Science 255: 419–422.

Vandenberghe, R., Price, R., Wise, R., Josephs, O., Frackowiak, R.S.J. (1996) Functional anatomy of a common semantic system for words and pictures. Nature 383: 254–256.

Vogeley, K., Bussfeld, P., Newen, A., Herrmann, S., Happé, F., Falkai, P., Maier, W., Shah, J., Zilles, K. (eingereicht) Reading own and other minds: The neural basis of social communication.

Vogeley, K., Curio, G. (1998a) Pictorial pseudohallucinations with an "aperture effect" in a patient with quadrantanopia. Journal for Neurology, Neurosurgery and Psychiatry 65: 275–277.

Vogeley, K., Curio, G. (1998b) Imagination und Halluzination. In: Sachs-Hombach, K., Rehkämper, K. (Hg.) Bild, Bildwahrnehmung, Bildwirklichkeit. Magdeburg.

Vogeley, K., Kurthen, M., Falkai, P., Maier, W. (1999b) Essential features of the human self model are implemented in the prefrontal cortex. Consciousness and Cognition 8: 343–363.

Vogeley, K., Kurthen, M., Falkai, P., Maier, W. (1999a) The Human Self Construct and Prefrontal Cortex in Schizophrenia. Electronic Seminar der Association for the Scientific Study of Consciousness (ASSC), http://www.phil.vt.edu/assc/esem.html.

Vogeley, K. (1996) Die Einheit des Bewußtseins in der Neuroepistemologie. In: Hubig, C., Poser, (Hg.) Cognitio humana. Leipzig.

Vogeley, K. (1999): Hallucinations emerge from an imbalance of self monitoring and reality modelling. The Monist: im Druck.

Wimmer, H., Perner, J. (1983) Beliefs about beliefs: Representation and constraining function of wrong beliefs in young children's understanding of deception. Cognition 13: 103–128.

Wise, R., Chollet, F., Hadar, U., Friston, K., Hofner, E., Frackowiak, R. (1991) Distribution of cortical neural networks involved in word comprehension and word retrieval. Brain 114: 1803–1817.

Yurgelun-Todd, D.A., Waternaux, C.M., Cohen, B.M., Gruber, S.A., English, C.D., Renshaw, P.F. (1996) Functional magnetic resonance imaging of schizophrenic patients and comparison subjects during word production. American Journal of Psychiatry 153: 200–205.

Zeki, S., Watson, J.D.G., Lueck, C.J., Friston, K.J., Kennard, C., Frackowiak, R.S.J. (1991) A direct demonstration of functional specialization in human visual cortex. Journal of Neuroscience 11: 641–649.

Raúl Rojas

Künstliche neuronale Netze als neues Paradigma der Informationsverarbeitung

1. Die biologische Motivation

Neuronale Netze bilden ein alternatives Berechnungsmodell, das in den letzten Jahren in den Ingenieurwissenschaften zunehmende Beachtung gefunden hat. Die Motivation dieses neuen Paradigmas liegt, wie der Name schon andeutet, in der Biologie: man möchte Automaten bauen, die gewisse Aspekte der Informationsverarbeitung bei Mensch und Tier nachahmen. In der Sprache der Informatik ausgedrückt, können wir sagen, daß biologische Nervensysteme *massiv parallel* arbeiten, *fehlertolerant* sind und sich *adaptiv* verhalten. Gerade diese Eigenschaften sollten auch künstliche Automaten aufweisen. Bei gewissen Anwendungen sind sie sogar unerläßlich, wie z.B. Fehlertoleranz in der Robotik und adaptives Verhalten bei der Spracherkennung. Neuronale Netze sollen sich außerdem als *lernende Systeme* verhalten, die ihre eigenen Parameter bestimmen und anpassen können (Hertz et al. 1991, Ritter et al. 1989).

Obwohl neuronale Netze erst in den letzten Jahren allgemeine Anerkennung fanden, ist ihre Geschichte fast so alt wie die der traditionellen Computersysteme selbst. Die ersten Modelle abstrakter Neuronen wurden von Warren McCulloch und Walter Pitts im Jahre 1943 vorgeschlagen, also zu einer Zeit, in der gerade die ersten Computeranlagen gebaut wurden. Nur wenige wissen, daß sich John von Neumann in seiner Arbeit, die die Architektur zukünftiger Computersysteme auf lange Zeit festschrieb, in seiner Argumentation des biologischen Modells bediente. Dabei bildeten die Untersuchungen von McCulloch und Pitts, sowie die Kybernetik Norbert Wieners den Hintergrund seiner Ausführungen. Daß später über künstliche neuronale Netze eher marginal geforscht wurde, ist zum Teil das Ergebnis des überwältigenden Erfolges der traditionellen Computersysteme, die einen alternativen Zugang – den symbolischen – zur maschinellen Intelligenz bieten.

Erst seit den siebziger aber vor allem seit den achtziger Jahren erleben wir eine Renaissance der Forschung auf dem Gebiet des Konnektionismus. Die *subsymbolischen* Fähigkeiten neuronaler Netze sollen jetzt jene Systeme unterstützen, die bis heute menschliche Intelligenz auf der rein symbolischen Ebene, d.h. auf der Ebene der Logik, modelliert haben. In diesem Aufsatz wollen wir besprechen, was neuronale Netze sind und welche Art von Berechnungen sie durchführen können. Wir zeigen, wie solche Systeme trainiert werden, welches der Unterschied zum traditionellen algorithmischen Zugang ist und wie adaptives Verhalten implementiert werden kann. Es wird anhand des Beispiels der automatischen Sprachsynthese erläutert, wie künstliche neuronale Netze in traditionelle algorithmische Verfahren eingebettet werden können.

Auch wenn die einzelnen biologischen Modelle des Gehirns und der Nervensysteme von Lebewesen sich in vielen Aspekten unterscheiden, herrscht allgemeine Übereinstimmung darüber, daß „das Wesen der Funktion des Nervensystems Kontrolle durch Kommunikation ist". Nervensysteme bestehen aus vielen Tausenden oder Millionen von Nervenzellen, die miteinander vernetzt sind. Jede individuelle Nervenzelle ist sehr komplex in ihrem Aufbau und kann eintreffende Signale auf vielfältige Weise verarbeiten.

Trotz aller Unterschiede bei biologischen und nichtbiologischen Berechnungsmodellen, ist für sie folgende metaphorische Gleichung vorgeschlagen worden:

Berechnung = Speicherung + Übertragung + Verarbeitung

Wird z.B. mit einem konventionellen Computer operiert, so ist ein Befehlssatz zur Berechnung bestimmter primitiver

Funktionen notwendig, die dann zu unterschiedlichen Programmen kombiniert werden können. Im Fall von künstlichen neuronalen Netzen befinden sich die primitiven Funktionen an den Knoten des Netzes, und die Verarbeitungsregeln werden durch die Vernetzung sowie durch die Synchronizität oder Asynchronizität der Informationsübertragung ausgedrückt. Typische künstliche neuronale Netze haben die in Abb. 1 gezeigte Struktur.

Das Netz kann als eine Funktion F interpretiert werden, die für die Eingabe (x,y,z) evaluiert wird. An den Knoten werden elementare Funktionen f_1, f_2 usw. berechnet. Deren Komposition definiert F. Vor allem drei Elemente sind für die Definition des Netzes von Bedeutung: die Struktur der einzelnen Knoten, das Vernetzungsmuster und der Lernalgorithmus, der die Netzgewichte oder andere Netzparameter bestimmt. Die verschiedenen Modelle unterscheiden sich in diesen drei Merkmalen.

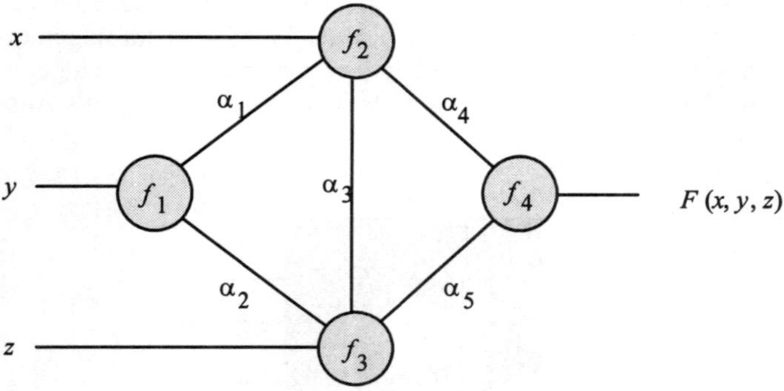

Abb. 1: Funktionales Modell eines neuronalen Netzes.

Schon dieses Beispiel macht deutlich, daß bei jedem Berechenbarkeitsmodell eine globale oder eine lokale Sichtweise eingenommen werden kann. Man kann sich global dafür interessieren, welche Klasse von Funktionen überhaupt durch ein bestimmtes Schema berechenbar ist, oder lokal den operationellen Vorgang selbst minutiös studieren.

Sollte eine Definition für die angesprochenen Systeme gegeben werden, könnte folgendes gesagt werden:

Künstliche neuronale Netze sind Netze von einfachen primitiven Funktionen.

Die primitiven Funktionen sitzen an den Knoten des Netzes und gehen meistens nicht über die Summation von Information und eine eindimensionale nichtlineare Funktion hinaus. Informationsübertragung findet nur über die Kanten des Netzes statt. Die Weitergabe wird durch die *synaptische Stärke*, d.h. ein Kantengewicht, moduliert.

2. Die Berechnungselemente – Perzeptrone

Künstliche neuronale Netze werden im Prinzip als eine Art *Blackbox* verwendet, die für eine gewisse Eingabe eine bestimmte Ausgabe erzeugen soll. In das Netz wird im allgemeinen ein n-dimensionaler reeller Vektor $(x_1,x_2,...,x_n)$ eingegeben, dem ein m-dimensionaler Vektor $(y_1,y_2,...,y_m)$ als Ausgabe entspricht.

Abb. 2: Ein neuronales Netz als Blackbox.

Ein neuronales Netz verhält sich also wie eine „Abbildungsmaschine“, die eine Funktion $F : R^n \rightarrow R^m$ modelliert. Einige Probleme treten jedoch auf, sobald wir den Berechnungsprozeß der Funktion F näher betrachten. Wird die Funktion mit einem Netz von Funktionen evaluiert, fließt die Information zwischen den Knoten in eine durch die Vernetzung festgelegte Richtung. Einige Knoten berechnen Resultate, die als Funktionsargumente an andere Knoten übertragen werden. Gibt es in dem Netz von Funktionen keine Rückkopplungsschleifen, so ist der Berechnungsprozeß eindeutig. Es kann dann angenommen werden, daß die Funktionsauswertung an jedem Knoten ohne Zeitverlust vonstatten geht. Eine bestimmte Eingabe führt zu einer eindeutigen Ausgabe.

Ein Netz von Funktionen besteht aus Verbindungen (Kanten) und Knoten, die die Funktionsauswertung durchführen. Die einzelnen Knoten des Netzwerkes besitzen mehrere unabhängige Eingänge und einen Ausgang, d.h. die Information fließt in eine bestimmte Richtung. Die Kanten des Netzwerkes sind gerichtete Informationskanäle, die die Information von einem Neuron zum anderen transportieren. Wenn an einem Knoten n ankommende Verbindungen angeschlossen sind, transportiert jede davon ein Argument für die Funktionsauswertung an diesem Knoten, wobei n nicht beschränkt ist. Diese Eigenschaft wird als unbegrenztes *fan-in* der Knoten bezeichnet.

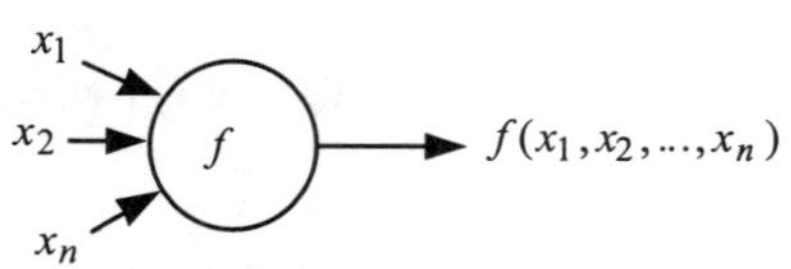

Abb. 3: Auswertung einer Funktion mit n Argumenten.

Um den Lernvorgang der Netze zu vereinfachen, und in Anlehnung an das biologische Modell, wird an jedem Knoten eine primitive Funktion von einem einzigen Argument berechnet. Gewöhnlich wird in einem Netz in jedem Knoten dieselbe Funktion verwendet. Die Reduktion von n Argumenten auf ein einziges Argument für die Auswertung von f wird durch eine *Integrationsfunktion* geleistet. In den meisten neuronalen Modellen werden die Argumente, die über die ankommenden

Leitungen an den Knoten übertragen werden, einfach addiert. Abb. 4 zeigt die Struktur eines generischen Neurons, das aus zwei Teilen besteht: einem Integrationsteil, an dem die Eingabe zusammengefaßt, und einem Ausgabeteil, an dem die Ausgabe des Neurons berechnet wird.

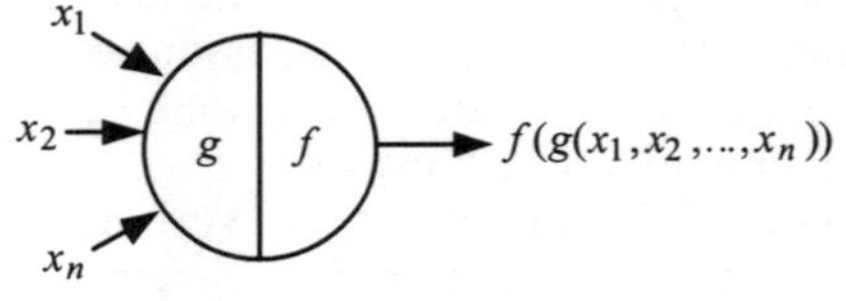

Abb. 4: Generisches Neuron.

Ein wichtiger Spezialfall eines Berechnungselements ist das *Perzeptron* dessen Diagramm in Abb. 5 gezeigt wird (Minsky 1967, Minsky & Papert 1969).

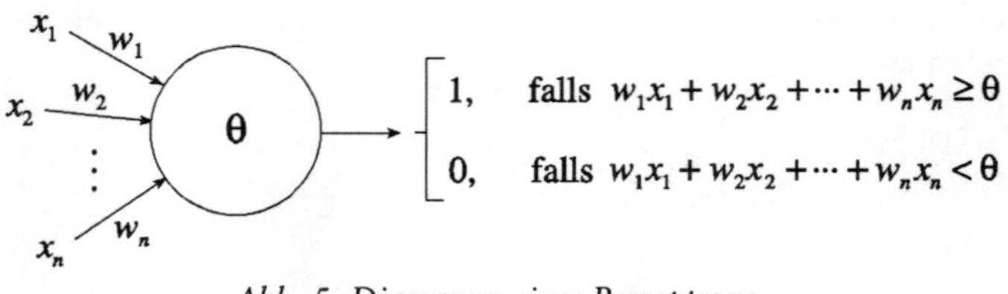

Abb. 5: Diagramm eines Perzeptrons.

Ein Perzeptron besitzt n Eingabeleitungen, die jeweils mit den Gewichten w_1, w_2, … , w_n behaftet sind. Das Perzeptron kann nur Schwellenwertentscheidungen treffen, d.h. die Ausgabe der Zelle ist 1, falls $x_1w_1 + x_2w_2 + \ldots + x_n w_n \geq \theta$ gilt, wobei θ der sogenannte Schwellenwert der Zelle ist. Falls $x_1w_1 + x_2w_2 + \ldots + x_n w_n < \theta$ gilt, wird eine Null ausgegeben. Mit Perzeptronen können logische Funktionen ohne weiteres realisiert werden. Die AND-Verknüpfung zweier binärer Variablen x_1 und x_2 kann durch eine Zelle mit zwei Eingabeleitungen implementiert werden, bei der w_1 und w_2 beide gleich 1 sind und

$\theta = 2$ gilt. Die Zelle wird nur dann eine 1 feuern, wenn $x_1 + x_2 \geq 2$ erfüllt ist, d.h. bei binären Eingaben genau dann, wenn $x_1 = x_2 = 1$ ist. Abb. 6 zeigt die Implementierung der logischen Funktionen AND, OR und NOT mittels eines Perzeptrons. Da diese drei Funktionen eine Basis für die Implementierung aller möglichen booleschen Funktionen bilden, ist klar, daß mit einem Netz von Perzeptronen beliebige logische Funktionen berechnet werden können.

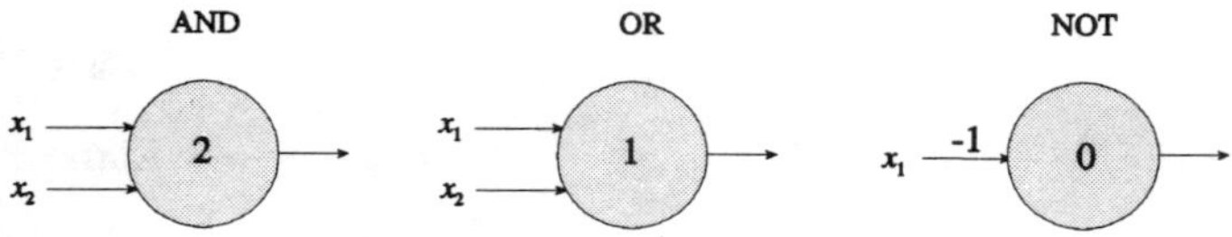

Abb. 6: Einige logische Funktionen.

3. Klassifizierungsnetze

Das Diagramm zeigt die allgemeine Struktur eines Klassifizierungsnetzes. Dies ist ein Beispiel für ein vorwärtsgerichtetes Netz mit mehreren Schichten von Verarbeitungselementen.

Die Eingabe in das Netz ist ein n-dimensionaler Vektor von Daten und die Ausgabe ist die dazugehörige Klassifikation. Soll das Netz z.B. zwischen M verschiedenen Klassen unterscheiden, dann besitzt es M Ausgabeleitungen. Wenn der Eingabevektor zur Klasse i gehört, dann soll die i-te Ausgabeleitung gleich Eins sein, und alle anderen Null. Diese *sparse* Darstellung der Ausgangswerte kann bei der Codierung der Trainingsmenge vereinbart werden. Ein Beispiel wären akustische Eingabevektoren, die als eines von z.B. 64 Phonemen zu identifizieren sind. Das Netz soll lernen, solche Vektoren den entsprechenden Phonemen zuzuordnen. Was passiert jedoch, falls eine unbekannte Eingabe in das Netz eingegeben wird? In einem solchen Fall antwortet das Netz in der Regel mit Ausgabewerten zwischen Null und Eins. Interessant ist dann aber, daß diese Ausgabewerte echte Bayes-Wahrscheinlichkeiten (Klassenzugehörigkeit-Wahrscheinlichkeiten) darstellen (Rojas

1996). So ist die Ausgabe o_i die Wahrscheinlichkeit, daß der Eingabevektor x zur Klasse i gehört (Richard & Lippmann 1991).

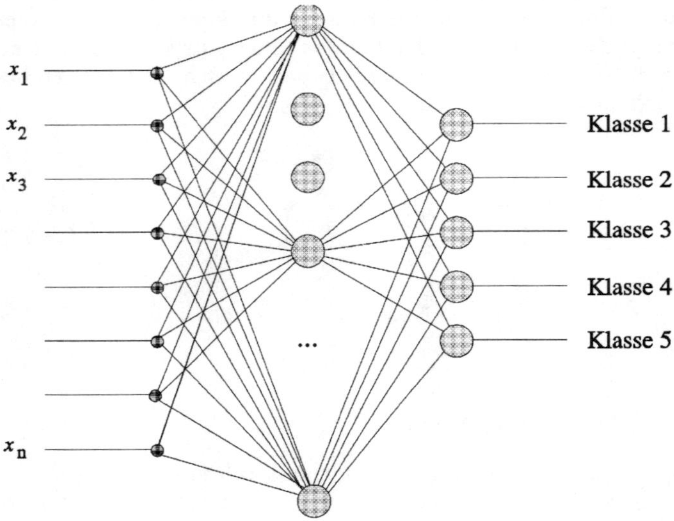

Abb. 7: Allgemeine Struktur eines Klassifizierungsnetzes.

Daß mit einem neuronalen Netz Klassenzugehörigkeit-Wahrscheinlichkeiten berechnet werden, kann mit Hilfe von Abb. 8 visualisiert werden. In einem Eingaberaum (Merkmalsraum) gibt es verschiedene Cluster, die unterschiedliche Klassen definieren. Die Zugehörigkeit zu einer Klasse ist aber nur probabilistisch gegeben. Ein solcher Merkmalsraum könnte z.B. aus n-dimensionalen Vektoren bestehen, die n verschiedene Krankheitssymptome beschreiben. Die definierten Klassen sind dann bestimmte Krankheiten. Ein Vektor von Symptomen gehört dann mit einer gewissen Wahrscheinlichkeit zu einer bestimmten Krankheit. Dies wird in der Abbildung mit stilisierten Gauß-Glocken dargestellt. Cluster von Symptomen können sich sogar überlappen, so daß ähnliche Symptome z.B. zu unterschiedlichen Krankheiten gehören. Solche Überlappungen wären nur durch zusätzliche Information aufzulösen. In einem noch höher dimensionalen Raum könnten die Cluster damit entflochten werden. Diese zusätzliche Information steht aber normalerweise nicht zur Verfügung, so daß nur probabilistische Aussagen möglich sind. Dies ist aber gerade das, was das neuronale Netz anhand der vorklassifizierten Beispiele lernt.

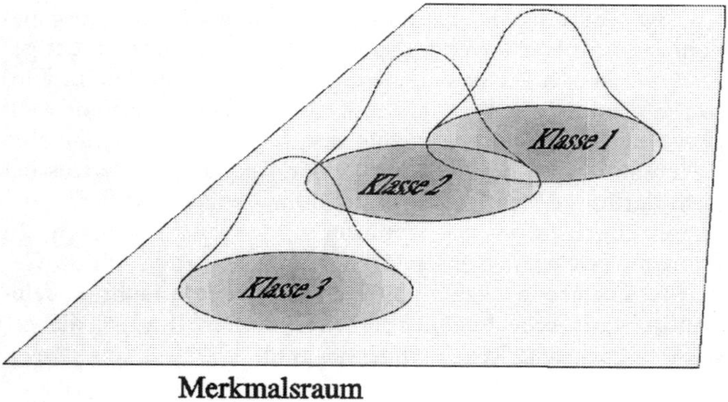

Abb. 8: Wahrscheinlichkeitsverteilung der Klassenzugehörigkeit.

Damit ist schon eine mögliche Anwendung solcher Klassifizierungsnetze umrissen worden, nämlich der Einsatz in der Medizin. Existierende medizinische Datenbanken können als Trainingsmenge für ein Netz genommen werden. Das Netz erstellt dann eine erste statistische Prognose anhand der Symptome, und ein Arzt kann die Bayes-Wahrscheinlichkeiten in seine Überlegungen einbeziehen.

3.1 Ein Beispiel: NETtalk

Ein elegantes Beispiel für die Anwendung von Klassifizierungsnetzen finden wir bei der Sprachsynthese. Systeme für die Ausgabe von Sprache werden schon seit Jahren kommerziell angeboten. Sie transformieren Zeichenketten durch die Anwendung linguistischer Regeln in eine Reihe von sprachlichen Phonemen. Die dafür notwendige Regelmenge ist keineswegs trivial. Mitte der achtziger Jahre wurde ein Backpropagation-Netz entwickelt, das ohne eingebaute linguistische Regeln in der Lage war, englische Texte mit einer ähnlichen Erfolgsquote wie die komplexeren Systeme auszusprechen. Das NETtalk-Netz besteht aus 7 Gruppen von 29 Eingabestellen, 80 Neuronen in der mittleren Schicht und 26 Ausgabeneuronen (Abb. 9), wobei die Verbindungsleitungen nicht gezeichnet wurden). Der vorzulesende Text wird durch ein Fenster gescannt. In jedem Schritt werden sieben Buchstaben abgetastet. Jeder davon setzt eine der 29 zugehörigen Eingabestellen auf 1 und den Rest auf 0. Die Aufgabe des Netzes besteht darin, die richtige Aussprache für die im Textfenster gezeigten Buchstaben zu produzieren. Insgesamt können 26 Phoneme selektiert werden. Das Netz besitzt rund 18000 Gewichte. Die große Anzahl von Freiheitsgraden erlaubt es, selbständig statistische Regelmäßigkeiten herauszufinden, die gewisse linguistische Regeln widerspiegeln.

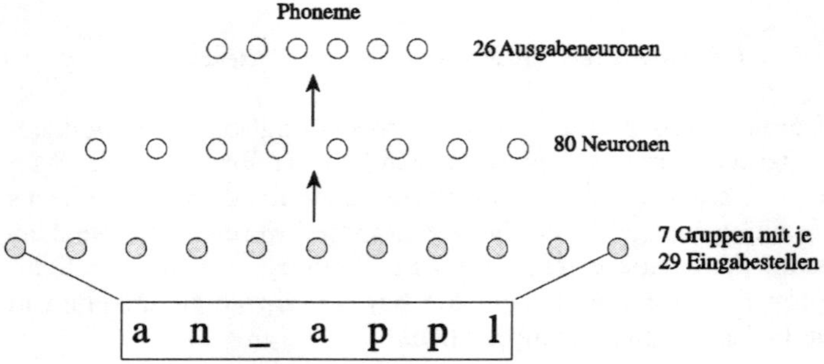

Abb. 9: Die NETtalk-Architektur.

Das Netz wird mit einem Text und dessen Codierung in Phoneme trainiert. Dafür müssen mehrere hundert Worte per Hand codiert werden. Nach dem Training wird dem Netz ein unbekannter Text mit neuen Worten vorgelegt. Die Aussprache des Netzes ist qualitativ ähnlich der von regelbasierten Systemen. Ein interessantes Phänomen des NETtalk-Lernprozesses ist die Tatsache, daß das Netz am Anfang des Trainings ähnliche sprachliche Schwächen wie man sie bei Vorschulkindern findet, zeigt. Im Laufe des Lernens werden die Fehler allmählich korrigiert. Eine Analyse der Neuronengewichte zeigt, daß einige Neuronen der verborgenen Schicht sich auf spezielle linguistische Regeln spezialisieren.

4. Lernen in vorwärtsgerichteten Netzen

Nun stellt sich die Frage nach dem Training von solchen Systemen wie NETtalk. Wie werden die Parameter für das Netz automatisch gefunden? In diesem Abschnitt besprechen wir den *Backpropagation Algorithmus*, der als „Marktführer" auf diesem Gebiet gelten kann. Dieses numerische Verfahren wurde in den siebziger Jahren von verschiedenen Forschern unabhängig voneinander und für unterschiedliche Anwendungen entwickelt, geriet jedoch bis 1985 in Vergessenheit, als Rumelhart und Mitarbeiter den Algorithmus einer breiteren Öffentlichkeit vorlegten. Seitdem ist es zu einer der am weitesten verbreiteten Lernmethoden für neuronale Netze geworden (Rumelhart & McClelland 1986).
Wenn ein Netz für eine bestimmte Aufgabe vorgegeben wird, werden seine Parameter zuerst per Zufall ausgewählt. Dies führt zu einem großen Fehler bei der Ausgabe: das Netz ist zunächst einmal nicht in der Lage die Trainingsmenge korrekt zu bearbeiten. Die Beziehung zwischen Parameter und Fehler nennen wir die „Fehlerfunktion".

Backpropagation sucht das Minimum der Fehlerfunktion eines bestimmten Lernproblems durch Abstieg in der Gradientenrichtung. Die Kombination derjenigen Gewichte eines Netzes, die den Berechnungsfehler minimiert, wird als Lösung des Lernproblems betrachtet. Der Gradient der Fehlerfunktion muß also für alle Punkte des Gewichteraums existieren, d.h. die partiellen Ableitungen der Fehlerfunktion nach den einzelnen Gewichten müssen überall definiert sein.

4.1 Differenzierbare Aktivierungsfunktionen

In Klassifizierungsnetzen kann eine beliebige Aktivierungsfunktion eingesetzt werden, aber aus technischen Gründen wird meistens eine Sigmoide verwendet, eine Funktion, die in gewisser Weise die Funktionsweise eines Perzeptrons verallgemeinert. Die Sigmoide $s_c : R \to (0,1)$ wird durch folgenden Ausdruck definiert:

$$s_c(x) = \frac{1}{1 + e^{-cx}}.$$

Der Graph der Sigmoide verändert sich in Abhängigkeit von *c*. Abb. 10 zeigt die Varianten für $c = 1$, $c = 2$ und $c = 3$. Je größer *c* ist, desto ähnlicher wird der Graph der Sigmoide dem Graphen der Treppenfunktion, die den Grenzwert der Sigmoide für $c \to \infty$ darstellt. Im weiteren Verlauf setzen wir $c = 1$ voraus und nennen die Sigmoide s_1 einfach *s*.

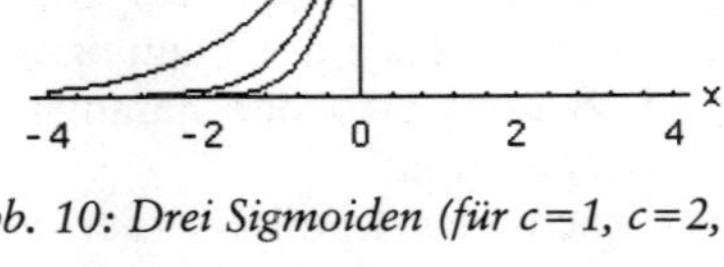

Abb. 10: Drei Sigmoiden (für c=1, c=2, c=3).

Die Sigmoide ist in ihrem ganzen Definitionsbereich differenzierbar. Ihre Ableitung nach *x*, die wir weiter unten für die Darstellung des Backpropagation-Algorithmus brauchen, lautet:

$$\frac{ds(x)}{dx} = \frac{e^{-x}}{(1+e^{-x})^2} = s(x)(1-s(x)).$$

Durch die Verwendung der Sigmoide als Neuronen-Aktivierungsfunktion wird auch die Fehlerfunktion des Netzes stetig und überall differenzierbar. Denn ein mehrschichtiges Netz mit der Sigmoide als Aktivierungsfunktion berechnet ausschließlich eine Reihe von Funktionskompositionen. Da alle beteiligten Funktionen stetig und differenzierbar sind, hat auch die Fehlerfunktion selbst diese Eigenschaften.

4.2 Backpropagation in Funktionennetzen

Nun behandeln wir Netze, deren Neuronen ausschließlich die Sigmoide als Ausgabefunktion verwenden. Das Lernproblem für solche Netze besteht darin, m vorgegebene n-dimensionale Eingabevektoren $\mathbf{v}_1, \mathbf{v}_2, \ldots, \mathbf{v}_m$ in m vorgegebene k-dimensionale Ausgabevektoren $\mathbf{t}_1, \mathbf{t}_2, \ldots, \mathbf{t}_m$ so genau wie möglich abzubilden. Die Menge von Ein- und Ausgabevektorpaaren bildet die Trainingsmenge. Die Genauigkeit der Abbildung wird durch den *quadratischen Fehler* des Netzes definiert. Gibt das Netz die m k-dimensionalen Ausgabevektoren $\mathbf{y}_1, \mathbf{y}_2, \ldots, \mathbf{y}_m$ aus, wenn die m Vektoren $\mathbf{v}_1, \mathbf{v}_2, \ldots, \mathbf{v}_m$ eingegeben werden, so ist der quadratische Fehler des Netzes

$$E = \frac{1}{2}\sum_{i=1}^{m} \left\| \mathbf{t}_i - \mathbf{y}_i \right\|^2 .$$

Ziel des Lernverfahrens ist es, Netzgewichte zu finden, die E minimieren. Nach dem Training werden unbekannte Vektoren in das Netz eingegeben, in der Erwartung, daß es eine gute *Interpolation* durchführt. Das Netz soll automatisch erkennen, ob eine neue Eingabe einem Eingabevektor der Trainingsmenge ähnlich ist, und dann eine ähnliche Ausgabe erzeugen.

Der Backpropagation-Algorithmus dient dazu, ein lokales Minimum der Fehlerfunktion E zu finden. Das Netz wird mit zufälligen Gewichten initialisiert. Danach wird der Gradient der Fehlerfunktion in Abhängigkeit der gegenwärtigen Gewichte berechnet. Neue Gewichte werden durch eine Korrektur in die entgegengesetzte Richtung des Gradienten bestimmt.

Wir zeigen, daß der Backpropagation-Algorithmus eigentlich nur aus der wiederholten Anwendung der *Kettenregel* der Differentialrechnung besteht und beschreiben ihn für den speziellen Fall eines Netzes mit zwei Neuronenschichten.

4.2.1 Berechnungen in einem Backpropagation-Netz

Betrachten wir ein Netz mit n Eingabestellen, ℓ verborgenen und k Ausgabeneuronen. Das Gewicht der Kante zwischen Eingabestelle i und verborgenem Neuron j nennen wir w_{ij}^1. Das Gewicht der Kante zwischen verborgenem Neuron i und Ausgabeneuron j nennen wir w_{ij}^2. Wir behandeln, um die Darstellung zu vereinfachen, ausschließlich Neuronen mit Schwellenwert null. Die Eingabevektoren in der Trainingsmenge werden deswegen um eine Dimension erweitert, so wie dies bei Perzeptronen der Fall war. Die Ausgabe der verborgenen Schicht wird ebenfalls erweitert. Dafür wird, wie Abb. 11 zeigt, die konstante Eingabe 1 mit den Neuronen in der verborgenen und der Ausgabeschicht verschaltet. Das Gewicht zwischen der Eingabe 1 und dem Neuron j in der verborgenen Schicht nennen wir $w_{n+1,j}^1$. Das Gewicht von der Verbindung zwischen 1 und Ausgabeneuron j nennen wir $w_{\ell+1,j}^2$.

Zwischen Eingabestellen und verborgener Schicht sind $(n+1)\times\ell$ und zwischen dieser und der Ausgabeschicht $(\ell+1)\times k$ Gewichte vorhanden. Sei $\mathbf{W}_1$ die $(n+1)\times\ell$-Matrix mit den Einträgen w_{ij}^1 für $i=1,\ldots,n+1$ und $j=1,\ldots,\ell$. Sei ferner $\mathbf{W}_2$ die Matrix mit den Einträgen w_{ij}^2, für $i=1,\ldots,\ell+1$ und $j=1,\ldots,k$. Der n-dimensionale Eingabevektor $\mathbf{o}=(o_1,o_2,\ldots,o_n)$ wird erweitert und in $\hat{\mathbf{o}}=(o_1,o_2,\ldots,o_n,1)$ transformiert. Die Erregung des j-ten Neurons in der verborgenen Schicht ist

$$err_j = \sum_{i=1}^{n+1} w_{ij}^1 \hat{o}_i .$$

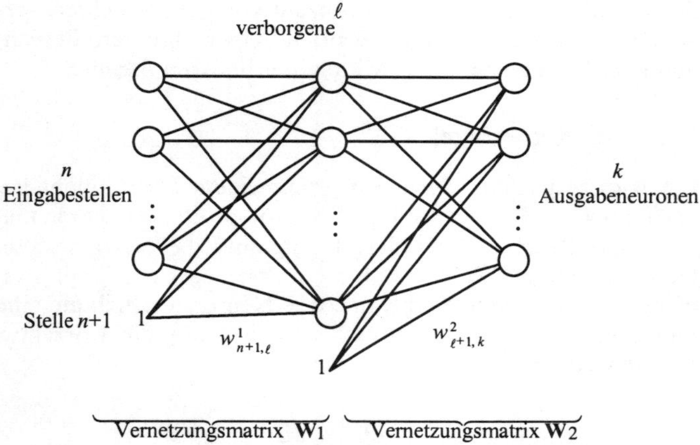

Abb. 11: Struktur eines Backpropagation-Netzes.

Die Aktivierungsfunktion ist eine Sigmoide und die Ausgabe o_j^1 dieses Neurons deshalb:

$$o_j^1 = s\left(\sum_{i=1}^{n+1} w_{ij}^1 \widehat{o}_i\right).$$

Die Erregung aller Neuronen in der verborgenen Schicht kann durch das Produkt $\widehat{\mathbf{o}}\mathbf{W}_1$ berechnet werden. Der Vektor $\mathbf{o}^1$ der Ausgabe der Neuronen in der verborgenen Schicht ist dann

$$\mathbf{o}^1 = s(\widehat{\mathbf{o}}\mathbf{W}_1),$$

wobei wir der Konvention folgen, daß die Sigmoide komponentenweise berechnet wird. Die Erregung der Neuronen in der Ausgabeschicht wird mit dem erweiterten Vektor $\widehat{\mathbf{o}}^1 = (o_1^1, o_2^1, \ldots, o_\ell^1, 1)$ berechnet. Die Ausgabe des Netzes ist der *k*-dimensionale Vektor $\mathbf{o}^2$, wobei

$$\mathbf{o}^2 = s(\widehat{\mathbf{o}}^1\mathbf{W}_2).$$

Diese Notation kann für jede Anzahl von Netzschichten verallgemeinert werden und entspricht einer direkten Berechnung der Netzdynamik mit Mitteln der linearen Algebra.

4.2.2 Die Kettenregel

Ein Backpropagation-Netz entspricht einem Funktionennetz, bei dem eine Kette von Funktionskompositionen berechnet wird. Die Parameter der Berechnung sind die Netzgewichte. Der quadratische Fehler E für eine vorgegebene Trainingsmenge ist in einem Netz mit zwei Neuronenschichten eine Funktion der Netzgewichte w_{ij}^1 und w_{ij}^2. Für die Korrektur der Gewichte muß

$$\vec{\nabla}E = \Bigg(\underbrace{\frac{\partial E}{\partial w_{11}^1}, \ldots, \frac{\partial E}{\partial w_{n+1,l}^1}}_{(n+1)\times \ell \text{Ableitungen}}, \underbrace{\frac{\partial E}{\partial w_{11}^2}, \ldots, \frac{\partial E}{\partial w_{\ell+1,k}^2}}_{(\ell+1)\times k \text{Ableitungen}} \Bigg)$$

berechnet werden. Dies erfordert die mehrmalige Anwendung der Kettenregel der Differentialrechnung. Aus diesem Grund zeigen wir in den folgenden Abschnitten, wie die Kettenregel in Funktionennetzen berechnet werden kann.

Nehmen wir an, daß f und g eindimensionale, reelle, differenzierbare Funktionen sind. Sei die Funktionskomposition $f \circ g$. Die partielle Ableitung von $f \circ g$ nach x ist nach der Kettenregel:

$$\frac{\partial f(g(x))}{\partial x} = \left(\frac{\partial f}{\partial g} g(x) \right) \frac{\partial g}{\partial x}$$

oder auch kurz $(f(g(x)))' = f'(g(x))g'(x)$. Abb. 12 zeigt ein Netz mit zwei Neuronen, wobei deren Ausgabefunktion g bzw. f ist. Die Neuronen besitzen jetzt auch einen linken Teil, in dem die Ableitungen ihrer Aktivierungsfunktionen, also g' und f' berechnet werden. Die Leitungen sind nicht gewichtet. Ein Eingabewert x wird in die Ausgabe $f(g(x))$ verwandelt. Der *Feedforward*-Teil des Verfahrens durchläuft das Netz von links nach rechts unter alleiniger Verwendung von Funktionskompositionen. Im linken Teil der Berechnungselemente wird die Ableitung der Aktivierungsfunktion für die eingetroffene Information berechnet und *gespeichert*. Abb. 12 zeigt den Zustand des Netzes nach der Bearbeitung der Eingabe x.

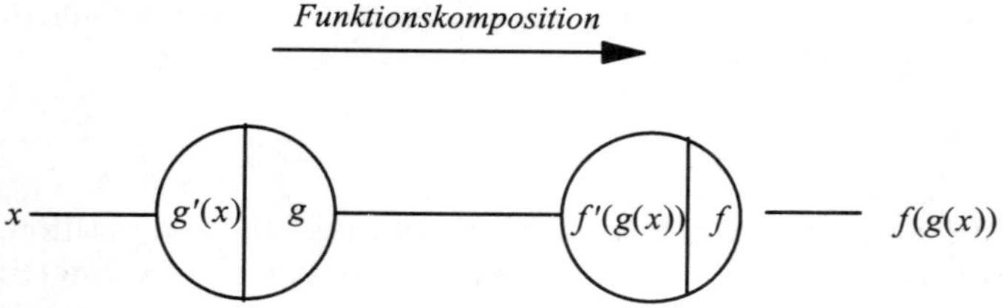

Abb. 12: Feedforward-Schritt.

Die *Backpropagation*-Berechnung verläuft von rechts nach links. Angefangen mit dem Traversierungswert 1 wird das Netz rückwärts durchlaufen. An jedem Knoten wird der Traversierungswert mit dem gespeicherten Wert der Ableitung der jeweiligen Aktivierungsfunktion *multipliziert*.

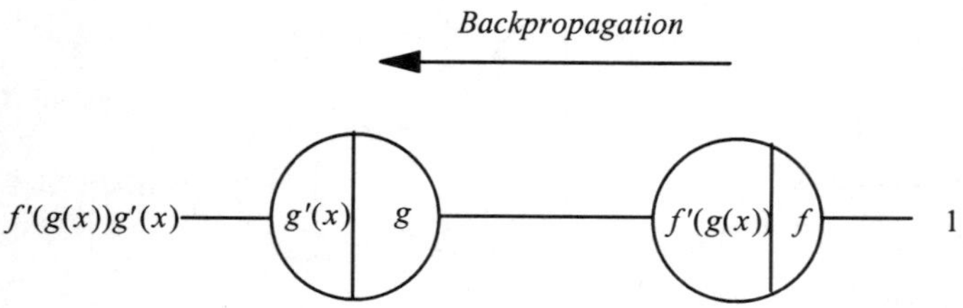

Abb. 13: Backpropagation-Schritt.

Der Traversierungswert ist nach dem Durchgang durch das rechte Neuron $f'(g(x))$. Bei der Traversierung des linken Neurons wird dieser Wert mit $g'(x)$ multipliziert. Das Endresultat ist die gewünschte partielle Ableitung der Funktionskomposition nach x.

Es ist leicht zu sehen, daß dieses Verfahren durch Induktion verallgemeinert werden kann. Auch die partielle Ableitung von drei oder mehr Funktionen in einer Kompositionskette kann durch diese Methode berechnet werden. Wir können uns vorstellen, daß das Netz rückwärts verwendet wird, wobei die Eingabe 1 ist und an jedem Knoten nicht eine Funktionskomposition, sondern eine Multiplikation mit dem jeweils in der linken Hälfte gespeicherten Wert durchgeführt wird.

4.2.3 Parallelschaltungen

In Backpropagation-Netzen wird nicht nur die Komposition, sondern auch die Addition von Funktionen in den Knoten verwendet. Dies kann als die Komposition der Additionsfunktion mit anderen Funktionen verstanden werden. Abb. 14 zeigt ein Netz, das die Addition der Funktionen f_1 und f_2 berechnet. Jedes Neuron hat wiederum einen linken Teil, in dem die Ableitung der Aktivierungsfunktion ausgewertet wird. Die partiellen Ableitungen der Additionsfunktion sind 1, da $\partial(x+y)/\partial x = 1$ und $\partial(x+y)/\partial y = 1$ sind.

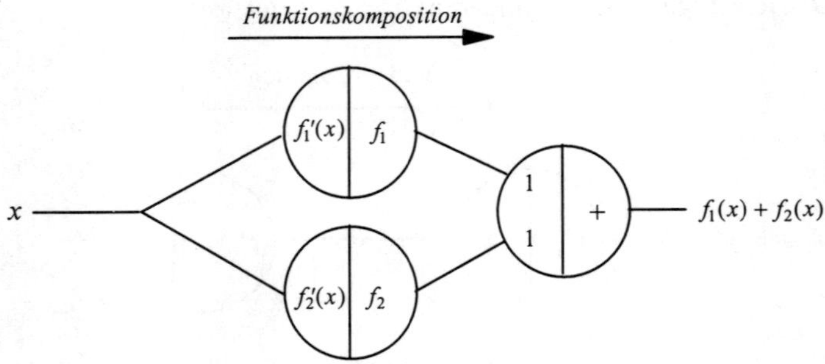

Abb. 14: Addition von Funktionen.

Für die Addition der Funktionen f_1 und f_2 gilt

$$\frac{\partial(f_1(x)+f_2(x))}{\partial x} = \frac{\partial f_1(x)}{\partial x} + \frac{\partial f_2(x)}{\partial x}.$$

Dies kann ebenfalls durch Backpropagation berechnet werden. Im *Feedforward*-Schritt wird die Funktionskomposition

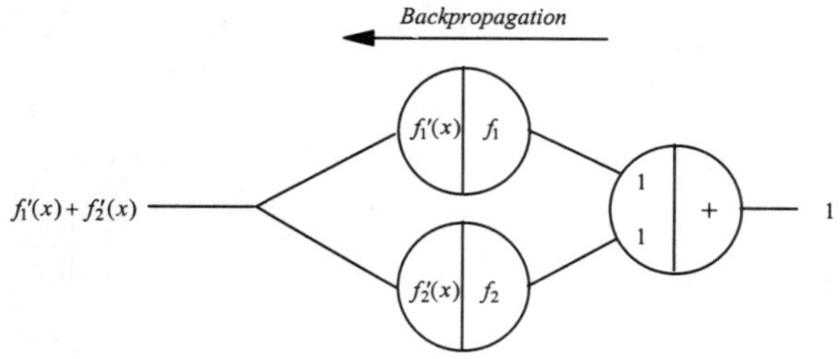

Abb. 15: Backpropagation-Schritt.

$f_1(x) + f_2(x)$ berechnet, und in den Knoten werden die ausgewerteten Ableitungen der Aktivierungsfunktionen gespeichert. Beim *Backpropagation*-Schritt wird wieder mit dem Traversierungswert 1 gestartet. Nach dem Plus-Knoten teilt sich die Traversierung in zwei Pfade, die sich später wieder treffen. Für jeden Pfad wird ein Traversierungswert berechnet. Beim Durchlaufen des oberen Pfades wird der Traversierungswert $f_1'(x)$, beim Durchlaufen des unteren wird $f_2'(x)$ berechnet. An der Stelle, an der sich beide Pfade wieder treffen, werden beide Werte addiert. Das Resultat ist die partielle Ableitung von $f_1 + f_2$ nach x, wie in Abb. 15 gezeigt wird.

Die „parallele" Verknüpfung von Funktionen kann auf mehrere Pfade verallgemeinert werden. Durch Induktion kann gezeigt werden, daß die Berechnung der partiellen Ableitung der Addition von beliebig vielen Funktionen durch einen Backpropagation-Schritt geleistet werden kann.

In Backpropagation-Netzen sind nur Funktionskomposition und Addition von Funktionen vorhanden, da die Integrationsfunktion eines jeden Neurons als von der Sigmoide getrennt gedacht werden kann.

Eine sehr nützliche Vereinfachung für die Sigmoide ist es, die Ableitung $s'(x)$ als $s(x)(1-s(x))$ darzustellen. Hat ein Neuron im *Feedforward*-Schritt die Ausgabe o berechnet, dann ist der im linken Teil gespeicherte Wert $o(1-o)$.

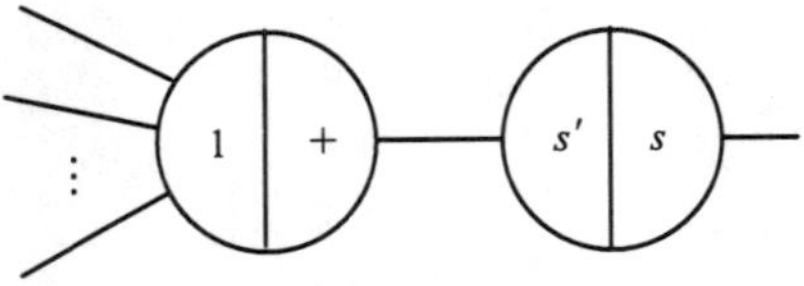

Abb. 16: Integrations- und Ausgabefunktion eines Neurons.

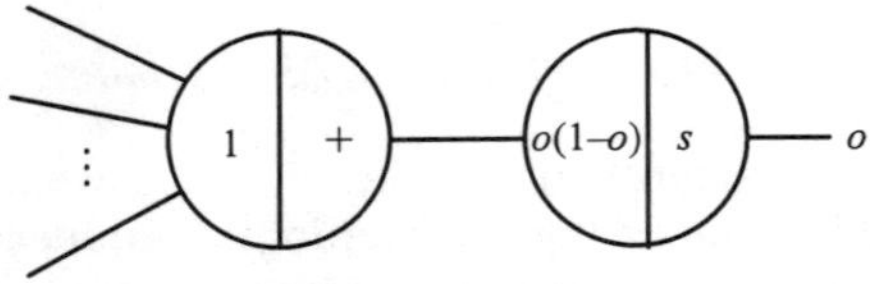

Abb. 17: Gespeicherter Wert bei der Ausgabe o.

Auf diese Weise verfügen wir über eine Methode, mit der beliebige partielle Ableitungen einer Komposition von Funktionen berechnet werden können.

4.2.4 Gewichtete Kanten

Gewichtete Kanten können wie die Funktionskomposition behandelt werden (Multiplikation mit einer Konstanten). Sie lassen sich aber auch einfacher darstellen.

Im *Feedforward*-Teil des Verfahrens wird eine Eingabe x über eine gewichtete Kante einfach mit dem Gewicht w der Kante multipliziert. Im Backpropagation-Teil wird genau dasselbe mit dem Traversierungswert gemacht. Das Resultat ist die partielle Ableitung von wx nach x, nämlich w. Interessant ist auch, daß durch Vertauschen von x und w im Netz die *Feedforward*-Berechnung unverändert bleibt; im *Backpropagation*-Schritt wird jedoch die Ableitung von wx nach w, nämlich x, berechnet. In Backpropagation-Netzen interessiert uns die Ableitung der Fehlerfunktion nach den Gewichten w, wobei die Eingabe x als das Gewicht und w als die Eingabe behandelt werden muß (Abb. 18).

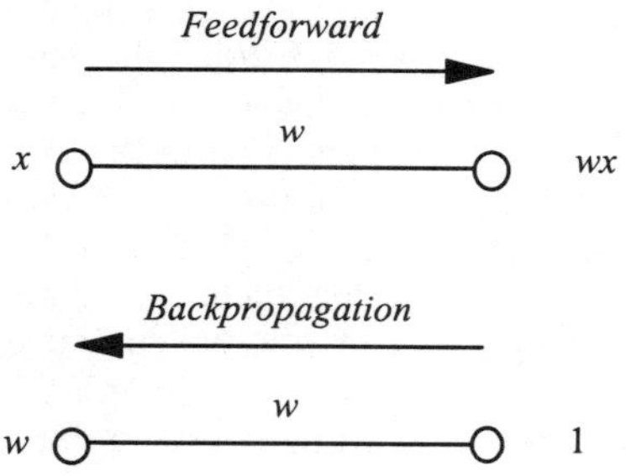

Abb. 18: Behandlung der gewichteten Kanten.

Die Regeln für graphbasierte Berechnung der drei oben behandelten Fälle sind hinreichend zum Verständnis des Backpropagation-Algorithmus. Die wichtigste Schlußfolgerung, die wir aus unserer Darstellung ziehen können, ist die folgende:

> *Um die partielle Ableitung der von einem Funktionennetz berechneten Funktion nach seiner Eingabe zu berechnen, muß das Netz lediglich rückwärts mit der Anfangseingabe 1 traversiert werden, wobei in jedem Knoten eine Multiplikation mit dem im Feedforward-Schritt in der linken Hälfte gespeicherten Wert stattfindet. Die Information, die über mehrere Pfade an einem Knoten ankommt, wird addiert. Kantengewichte werden wie in Feedforward-Betrieb verwendet.*

Dies gilt auch für Netze, die n reelle Eingaben $x_1, x_2, ..., x_n$ verarbeiten. Die partiellen Ableitungen nach jeder Variablen werden durch die Traversierung der n Subnetze gefunden, die von der Ausgabe bis zu den n Eingabestellen in die umgekehrte Richtung des Informationsflusses vorhanden sind. Diese Methode kann für jede beliebige vorwärtsgerichtete Netzarchitektur verwendet werden.

4.2.5 Die Fehlerfunktion

Um die Fehlerfunktion eines Netzes zu berechnen, kann das Netz selbst erweitert werden. Nehmen wir an, die Trainingsmenge bestehe nur aus dem Ein-/Ausgabepaar der Vektoren $(\mathbf{o},\mathbf{t})$. Das Netz bestehe aus zwei Schichten von Neuronen und einer Schicht von Eingabestellen. Abb. 19 zeigt die letzte Schicht des Netzes und die notwendige Erweiterung, um die Fehlerfunktion für das *target* $\mathbf{t}=(t_1,t_2,\ldots,t_k)$ zu berechnen. Jedes Neuron *i* in der Ausgabeschicht berechnet die Sigmoide und erzeugt die Ausgabewerte o_i^2. Die zusätzlichen Neuronen (im Bild als Ellipsen dargestellt) berechnen den quadratischen Fehler für jedes Ausgabeneuron, indem o_i^2 mit t_i verglichen wird. Die Addition der einzelnen Komponentenfehler ergibt den Wert der Fehlerfunktion *E*.

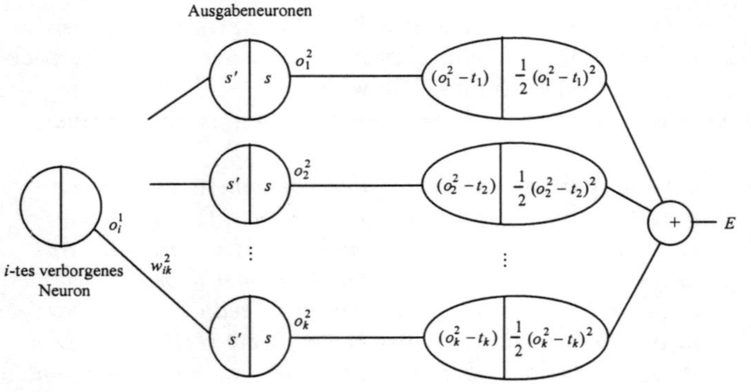

Abb. 19: Erweitertes Netz zur Berechnung der Fehlerfunktion.

Die Fehlerfunktion für *m* Ein- und Ausgabepaare kann berechnet werden, indem das Netz *m*-mal auf die gezeigte Weise erweitert wird. Die einzelnen quadratischen Fehler werden am Ende zu einem Gesamtfehler addiert.

4.2.6 Schritte des Algorithmus

In diesem Abschnitt wird gezeigt, daß der Backpropagation-Algorithmus ein Gradientenabstiegsverfahren ist, wobei weiterhin ein Netz mit zwei Neuronen-Schichten verwendet wird. Der Schwellenwert der Neuronen ist null. Das Netz wird mit nur *einem* Eingabevektor **o** trainiert und die gewünschte Ausgabe ist der Vektor **t**, wobei sich die Verallgemeinerung des Verfahrens für mehrere Eingabevektoren leicht durchführen läßt. Das Netz besteht wiederum aus n Eingabestellen, ℓ verborgenen und k Ausgabeneuronen. Wir behalten zur Beschreibung der Eingabevektoren, Gewichte und sonstigen Variablen im Netz die Notation der vorherigen Abschnitte bei.

Nach einer zufälligen Initialisierung der Netzgewichte wird der Backpropagation-Algorithmus gestartet. Er besteht aus der Wiederholung folgender vier Schritte:

a) Feedforward-Berechnung
b) Backpropagation bis zur Ausgabeschicht
c) Backpropagation bis zur verborgenen Schicht
d) Korrektur der Gewichte

Der Algorithmus wird gestoppt, wenn der Wert der Fehlerfunktion klein genug geworden ist. Das Netz wird für die Berechnung der Fehlerfunktion E gemäß der Abb. 19 ergänzt. Ziel des Lernverfahrens ist die Minimierung von E, wofür die partiellen Ableitungen von E nach den Gewichten des Netzes zu berechnen sind. Dies geschieht durch die ersten drei Schritte des Algorithmus.

· *Erster Schritt*: Feedforward-Berechnung.

Als erstes wird der Eingabevektor **o** in das Netz eingespeist. Die Information fließt durch das erweiterte Netz, bis am Ausgang der Fehler E berechnet ist. An jedem Knoten wird die ausgewertete Ableitung der Sigmoide gespeichert.

· *Zweiter Schritt:* Backpropagation bis zur Ausgabeschicht

Zu finden sind die partiellen Ableitungen $\partial E / \partial w_{ij}^2$. Dafür wird das Netz von rechts nach links traversiert. Für jedes Gewicht w_{ij}^2 existiert ein Pfad vom Ausgang des Netzes bis zum Ausgabeneuron j zurück (Abb. 20).

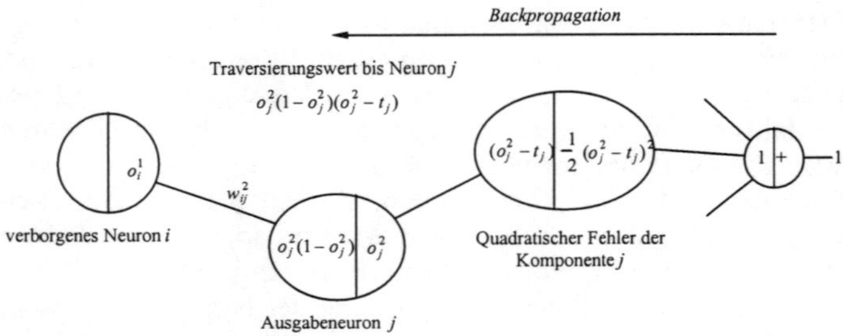

Abb. 20: Ein Pfad im Netz.

Auf diesem Pfad ergibt sich der Traversierungswert T_j bis zum Ausgabeneuron j:

$$T_j = o_j^2(1-o_j^2)(o_j^2-t_j).$$

Wir definieren den *rückwärtsverteilten Fehler* für das Neuron j als $\delta_j^2 = -T_j$. Die gesuchte partielle Ableitung ist dann:

$$\frac{\partial E}{\partial w_{ij}^2} = \left(o_j^2(1-o_j^2)(o_j^2-t_j)\right)o_i^1 = -\delta_j^2 o_i^1$$

Für diesen letzten Schritt haben wir die Tatsache benutzt, daß das Gewicht einer Kante als Eingabe und die im Feedforward-Schritt berechnete Eingabe, d.h. o_i^1, als das Gewicht der Kante betrachtet werden können.

Abb. 21 zeigt die Kante, der im letzten Schritt gefolgt wurde. An ihren beiden Enden stehen einerseits der Ausgabewert o_i^1 und andererseits der rückwärtsverteilte Fehler δ_j^2. Bei den Gewichten zwischen Eingabestellen und der verborgenen Schicht werden wir eine ähnliche Situation finden.

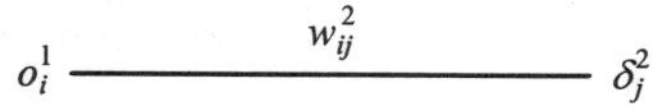

Abb. 21: Rückwärtsverteilter Fehler.

· *Dritter Schritt*: Backpropagation bis zur verborgenen Schicht.

Zu finden sind die partiellen Ableitungen $\partial E / \partial w_{ij}^1$. Jedes Neuron j in der verborgenen Schicht ist mit mehreren Neuronen q in der Ausgabeschicht durch Leitungen mit Gewichten w_{jq}^2 für $q = 1,\dots,k$ verbunden. Der Traversierungswert im Backpropagation-Schritt ist für Neuron j in der verborgenen Schicht (Abb. 22):

$$T_j^1 = -o_j^1(1 - o_j^1)\sum_{q=1}^{k} w_{jq}^2 \delta_q^2 \cdot$$

Wir definieren den bis zum verborgenen Neuron j rückwärtsverteilten Fehler als

$$\delta_j^1 = -T_j^1 = o_j^1(1 - o_j^1)\sum_{q=1}^{k} w_{jq}^2 \delta_q^2 .$$

So ist die gesuchte partielle Ableitung:

$$\frac{\partial E}{\partial w_{ij}^1} = -\delta_j^1 o_i \cdot$$

Der rückwärtsverteilte Fehler kann auf dieselbe Weise für beliebig viele Schichten berechnet werden. Die partielle Ableitung der Fehlerfunktion nach einem Gewicht behält dieselbe analytische Form.

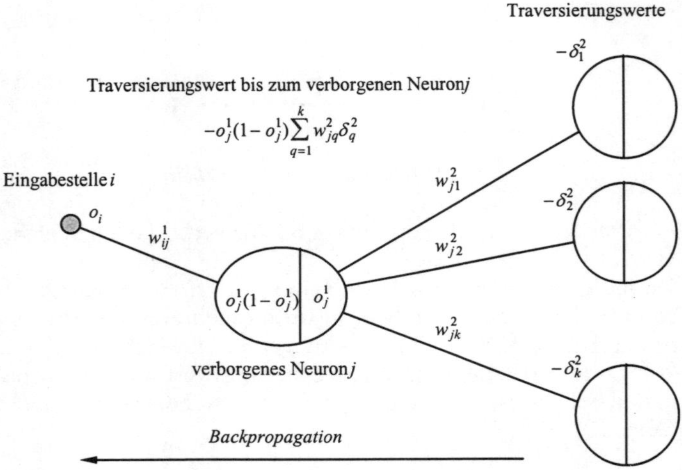

Abb. 22: Pfad bis zur Eingabestelle i.

· *Vierter Schritt*: Korrektur der Gewichte

Nach der Berechnung aller partiellen Ableitungen werden die Gewichte so korrigiert, daß immer der negativen Gradientenrichtung gefolgt wird. Eine Lernkonstante γ verändert dabei die Konvergenzgeschwindigkeit des Algorithmus. Die Korrekturen für die Gewichte sind dann:

$$\Delta w_{ij}^2 = \gamma o_i^1 \delta_j^2, \qquad i = 1,\dots,\ell+1; j = 1,\dots,k,$$

$$\Delta w_{ij}^1 = \gamma o_i \delta_j^1, \qquad i = 1,\dots,n+1; j = 1,\dots,\ell.$$

Dabei sind $o_{n+1} = o_{\ell+1}^1 = 1$ die für die Erweiterung der Vektoren benutzten Konstanten. Es ist wichtig, die Korrekturen erst *nach* der Verteilung des Fehlers im ganzen Netz durchzuführen. Anderenfalls könnte die Berechnung des Gradienten ein falsches Resultat liefern, da sie mit den Korrekturen der Gewichte vermischt würde. Diesen Fehler machen einige Autoren in ihrer Darstellung des Algorithmus (Aleksander, Morton 1990).

Falls *m* Eingabevektoren in der Trainingsmenge vorhanden sind, muß der Beitrag $E_1, E_2, \ldots, E_m$ jedes Eingabevektors für den Gesamtfehler E getrennt behandelt werden. Es werden dann die Gewichtskorrekturen ebenfalls getrennt berechnet. Nehmen wir z.B. an, daß für das Gewicht w_{ij}^1 die *m* Korrekturen $\Delta_1 w_{ij}^1, \Delta_2 w_{ij}^1, \ldots, \Delta_m w_{ij}^1$ durch Backpropagation berechnet wurden. Danach braucht nur noch ein Korrekturschritt

$$\Delta w_{ij}^1 = \Delta_1 w_{ij}^1 + \Delta_2 w_{ij}^1 + \cdots + \Delta_m w_{ij}^1$$

durchgeführt zu werden. Ist dies der Fall, spricht man von einem *Batch-Verfahren*, das die echte Gradientenrichtung der Gesamtfehlerfunktion für die Gewichtskorrekturen verwendet. Werden allerdings die Korrekturen für die einzelnen Ein- und Ausgabepaare getrennt durchgeführt, spricht man von *On-line-Training*. Die für die Korrekturen verwendete Richtung im Gewichteraum stimmt dann nicht mit der Gradientenrichtung überein. Werden die Eingabebeispiele aber zufällig selektiert, so oszilliert die Korrekturrichtung um den Gradienten, und im *Durchschnitt* wird der maximal absteigenden Richtung auf der Fehlerfläche gefolgt.

5. Fazit

Wir haben in diesem Aufsatz gezeigt, was unter künstlichen neuronalen Netzen verstanden wird, und eine exemplarische Anwendung besprochen. Damit haben wir aber eigentlich nur an der Oberfläche eines sehr breiten Gebietes gekratzt. Außer den vorwärtsgerichteten Netzen, die hier besprochen wurden, gibt es eine große Anzahl alternativer Modelle. Dazu zählen u.a. Hopfield-Netze, zeitverzögerte Netze, das Kohonen-Modell und Fuzzy-Kontroller. Allen diesen Modellen ist aber eines gemeinsam: ihr Substrat ist ein gerichteter Graph von

Berechnungselementen. Durch die im Text behandelten Anwendungsbeispiele sollte klar sein, daß neuronale Netze kein exotisches Berechnungsinstrument sind. Sie sind aus einer biologischen Motivation hervorgegangen, haben sich aber bereits unabhängig gemacht und sind zu einem zusätzlichen Werkzeug im Werkzeugkasten der Informatiker und Mathematiker geworden. Vor allem ihre Fähigkeit, unbekannte Funktionen und Wahrscheinlichkeitsverteilungen approximieren zu können, kann für die statistische Modellierung verwendet werden. Dies befreit niemanden davon, weiterhin Statistik zu lernen, um umfangreiche Datensätze zu verarbeiten, liefert aber eine Systematik, um dies in bestimmten Anwendungen ohne großen Aufwand zu tun. Wir hoffen, daß dieser kurze Aufsatz dazu beiträgt, den Leser für dieses Gebiet zu interessieren, indem das Geheimnis, das hinter der Bezeichnung „neuronale Netze" steckt, gelüftet wird. Die Bezeichnung *Funktionennetze* ist sicherlich mathematisch präziser, aber die ursprüngliche Bezeichnung *neuronale Netze* ist anspruchsvoller, weil sie uns ständig daran erinnert, daß das Verstehen menschlicher Intelligenz das Hauptanliegen des konnektionistischen Unternehmens war und ist.

6. Literatur

Bourlard, H., Morgan, N. (1993), Connectionist Speech Recognition, Kluwer.

Hertz, J., A. Krogh und R. Palmer (1991), Introduction to the Theory of Neural Computation. Redwood City: Addison-Wesley.

Minsky, M. (1967), Computation: Finite and Infinite Machines. Englewood Cliffs: Prentice-Hall.

Minsky, M. und S. Papert (1969), Perceptrons: An Introduction to Computational Geometry. Cambridge MA: MIT Press.

Rabiner, L., Bing-Hwang, J. (1993), Fundamentals of Speech Recognition. London: Prentice-Hall International.

Richard, M. D., Lippmann, R. P. (1991), „Neural Network Classifiers Estimate a posteriori Probabilities". Neural Computation 3: 461–483.

Ritter, H., T. Martinetz und K. Schulten (1990), Neuronale Netze: Eine Einführung in die Neuroinformatik selbstorganisierender Netzwerke. Bonn: Addison-Wesley.

Rojas, R. (1996), Neural Networks. Berlin: Springer.

Rumelhart, D. und J. McClelland (1986), Parallel Distributed Processing. Canbridge MA: MIT Press.

Thomas F. Münte und Hans-Jochen Heinze

Beitrag moderner neurowissenschaftlicher Verfahren zur Bewußtseinsforschung

Fragen nach dem Bewußtsein und seiner Beziehung zum Gehirn rücken – nach einer langen Periode, in der Neurowissenschaftler das Bewußtsein für nicht untersuchbar hielten – mehr und mehr in den Mittelpunkt des Interesses. Da nach wie vor strittig ist, inwieweit anderen Spezies ein Bewußtsein zugesprochen werden kann (Weiskrantz 1995; Smythies 1999; Gazzaniga 1998; Delacour 1997), sind Untersuchungen am Menschen unverzichtbar. In den letzten 10–15 Jahren hat sich die kognitive Neurowissenschaft als eigenständiges wissenschaftliches Gebiet etablieren können, das die Strategien der kognitiven Psychologie mit neurowissenschaftlichen Methoden kombiniert. In ihrem Mittelpunkt steht die Aufklärung der Beziehungen zwischen mentalen Operationen, einschließlich solcher, die als Grundlage des Bewußtseins gelten können, und damit korrelierten Hirnprozessen. In diesem Beitrag soll daher zunächst ein Überblick über die Methoden gegeben werden, die derzeit zur Verfügung stehen, um physiologische Hirnantworten zu mentalen Prozessen beim Menschen nichtinvasiv zu registrieren. Darüber hinaus wollen wir im zweiten Teil erläutern, mit welchen Strategien es möglich sein könnte, physiologische Korrelate des Bewußtseins mit diesen Verfahren zu erhalten.

1. Räumliches und zeitliches Neuroimaging

Die Methoden zur nicht-invasiven Darstellung der menschlichen Hirnfunktion werden häufig unter dem Schlagwort Neuroimaging zusammengefaßt. Es erscheint sinnvoll, die verschiedenen Verfahren anhand der hauptsächlichen Information, die durch sie geliefert wird, in zwei Klassen einzuteilen.

Methoden, die überwiegend die anatomische Lokalisation von neuronalen Prozessen abbilden, stehen solche gegenüber, bei denen die zeitliche Information im Vordergrund steht. Zu den räumlich hochauflösenden Methoden zählen die Positronen-Emissions-Tomographie (PET) und die funktionelle Magnetresonanztomographie (fMRT), zu den zeitlich hochauflösenden Methoden zählen das Elektroenzephalogramm (EEG) und das Magnetenzephalogramm (MEG) einschließlich der aus diesen abgeleiteten Verfahren (ereigniskorrelierte Hirnpotentiale, EKP, induzierte Hirnaktivitäten) sowie die Registrierung ereignisabhängiger optischer Signale (EROS).

2. PET und fMRT: räumliches Imaging

Das biologische Signal, welches der PET- und mittelbar auch der fMRT-Messung zugrunde liegt, ist eine aufgabenabhängige Veränderung im lokalen Blutfluß. Bereits vor mehr als 100 Jahren hat der italienische Physiologe Mosso darauf hingewiesen, daß die Pulsationen des bei neurochirurgischen Operationen freigelegten menschlichen Gehirns mit vermehrter mentaler Aktivität zunahmen, so daß er folgerte, daß Nervenzellaktivität von Blutflußänderungen begleitet ist (Mosso, 1881). Diese Schlußfolgerung erwies sich in der Folgezeit als korrekt, wenngleich bis heute die genauen physiologischen Prozesse, die eine zeitnahe Ankopplung des Blutflusses an Nervenzellaktivität vermitteln, nicht vollständig aufgeklärt sind.

Die Blutflußänderung ist darüber hinaus auch von sehr viel kleineren Veränderungen im Sauerstoffverbrauch der Nervenzellen begleitet, was, zumindest beim wachen Menschen, zu einem Netto-Anstieg des Anteiles von mit Sauerstoff beladenen Hämoglobins führt (Fox et al. 1986; Fox et al. 1988). Aufgrund der Tatsache, daß mit Sauerstoff beladenes Hämoglobin andere magnetische Eigenschaften aufweist als „nacktes" Hämoglobin, kann die aufgabenabhängige Sauerstoffdifferenz als mittelbares Zeichen einer Hirnaktivierung mit Hilfe der fMRT gemessen werden (Ogawa et al. 1992; Rosen et al. 1993). Dieser Beitrag ist nicht der Ort, um auf die weiteren der fMRT Messung zugrundeliegenden physikalischen Prinzipien einzugehen. Hier soll genügen, daß mit der Messung der Sauerstoffdifferenz im Blut eine Möglichkeit gegeben ist, Hirnaktivierungen indirekt darzustellen.

Um eine Blutflußänderung mit Hilfe des PET nicht-invasiv und mit ausreichender anatomischer Auflösung untersuchen zu können, ist die Akquisition der von den radioaktiv markierten und dem Probanden verabreichten Substanzen ausgehenden Strahlung mit Hilfe einer tomographischen Kamera notwendig. Diese funktioniert ähnlich wie die von Hounsfield Mitte der siebziger Jahre eingeführte Röntgencomputertomographie (CT) (Hounsfield 1973). Um den Kopf des Untersuchten sind kreisförmig Strahlendetektoren angebracht. Aus der von diesen gemessenen Aktivität läßt sich im Computer ein Bild der Aktivierungen rekonstruieren. Prinzipiell ist die PET-Methode in der Lage, verschiedenste Funktionen zu messen. So kommt für die kognitive Neurowissenschaft neben der Untersuchung des Blutflusses mit radioaktiv markiertem Sauerstoff (in Wasser: H_2O_{15}) auch die Analyse des Hirnmetabolismus mit Fluordesoxyglukose (FDG) und schließlich auch die Untersuchung von Rezeptorsystemen mit verschiedenen radioaktiv markierten Liganden in Frage (Jones 1999). Die Untersuchung des Blutflusses mit H_2O_{15} hat sich in der kognitiven Neurowissenschaft weitgehend durchgesetzt, da aufgrund der kurzen Halbwertszeit des verwendeten Sauerstoffisotopes (123 Sekunden) Mehrfachmessungen in verschiedenen experimentellen Bedingungen während einer Sitzung möglich wurden.

Die Kernspintomographie beruht auf anderen physikalischen Prinzipien und macht sich das Spin-Verhalten von Wasserstoffatomen in starken magnetischen Feldern zunutze. Die Kernspintomographie ist in der Lage, differenzierte und hochauflösende anatomische Bilder für die klinische Diagnostik zu liefern. Durch das weiter oben angesprochene unterschiedliche Verhalten von mit Sauerstoff beladenem und freiem Hämoglobin ist es jedoch auch möglich, Aktivierungsbilder mit Hilfe der Kernspintomographie zu erhalten. Gewöhnlich werden diese weniger gut auflösenden Aktivierungsbilder den vorher gewonnenen strukturellen Bildern überlagert. Diese Technik hat den Vorteil, daß sie ein höheres Signal-Rausch-

Verhältnis aufweist als vergleichbare PET-Messungen, weshalb man mit der fMRT auch einzelne Probanden und nicht wie im PET nur Probandengruppen untersuchen kann. Darüber hinaus ist auch die zeitliche Auflösung der Kernspintomographie sehr viel besser. Während im PET ein Zeitraum von etwa einer Minute integriert werden muß, wären mit der fMRT technisch Meßzeiten von deutlich unter einer Sekunde realisierbar. Hierbei ist aber zu bedenken, daß es etwa 4 Sekunden dauert, bis sich nach Beginn einer kognitiven Stimulation die zu messenden Veränderungen im Sauerstoffgehalt des Blutes einstellen.

Neben diesen technischen Entwicklungen waren für den erfolgreichen Einsatz der funktionellen Bildgebung in der Neurowissenschaft auch konzeptuelle Fortschritte notwendig, die weiter unten behandelt werden.

3. Zeitlich hochauflösende Methoden

Nachdem bereits zuvor am exponierten Kortex von Tieren elektrische Phänomene registriert worden waren, verstand es Ende der zwanziger Jahre der Jenaer Psychiater Hans Berger erstmals, nicht invasiv von der intakten Kopfhaut des Menschen Hirnpotentialschwankungen abzuleiten (Berger 1969). Im Elektroenzephalogramm gelingt es, überwiegend Aktivität der kortikalen Dendritenbäume zu registrieren. Mittelbar teilen sich jedoch auch Störungen und Funktionsänderungen tieferer Hirnstrukturen mit. Das EEG zeigte eine regelmäßige Beziehung zum Wachheitszustand des Probanden, war aber, zumindest bei der konventionellen visuellen Analyse, in bezug auf komplexere psychologische Prozesse unergiebig.

Durch die Einführung der computergestützten Analyse nach vorheriger Analog-Digital-Wandlung des Signals gelangen jedoch einige Fortschritte. Durch eine Analyse des Frequenzspektrums lassen sich aufgabensensitive und nicht sensitive Anteile des EEG trennen. In jüngster Zeit haben insbesondere stimulusinduzierte Aktivitäten Beachtung gefunden, wobei über das sonst übliche Spektrum hinaus auch höherfrequente Signalanteile (~40 Hz, Gamma Aktivität) betrachtet werden. Da solche Frequenzen auch im Rahmen der Binding-Theorie (Engel et al. 1992) eine besondere Bedeutung haben, wird später im Rahmen dieses Artikels auf stimulusinduzierte Gamma-Aktivität zurückzukommen sein.

Wesentliche neue Impulse für die kognitive Neurowissenschaft erhielt das EEG auch durch die Entwicklung von digitalen Mittelungsverfahren. Durch die Mittelung (engl. Averaging) von Einzelversuchen synchron zum Stimulus ist es möglich, kleinste Potentialschwankungen darzustellen. Es werden hierzu einige wenige bis mehrere tausend Wiederholungen von gleichartigen Reizen präsentiert, wobei beim Mittelungsprozeß die zufälligen EEG-Schwankungen gegen Null streben, die reizbezogene Aktivität jedoch herausgehoben wird. Die während der ersten 100 Millisekunden auftretenden Potentialkomponenten spiegeln im wesentlichen die Aktivität der primären und sekundären Zentren der sensorischen Verarbeitung wider, sind aber durch Aufmerksamkeitsprozesse in ihrer Amplitude modulierbar. Sowohl in der visuellen als auch in der auditorischen Modalität findet sich eine derartige Modulation.

In späteren Zeitbereichen treten nicht-obligatorische Komponenten auf, die hochgradig abhängig sind von der kognitiven Verarbeitung durch den Probanden bzw. den Instruktionen des Versuchsleiters. Die Auflösung dieses Verfahrens liegt im Millisekundenbereich. Es sind in den letzten Jahren vielfältige Beziehungen zwischen Potentialkomponenten und kognitiven Funktionen herausgearbeitet worden (Hillyard et al. 1983).

Da jedes elektrische Feld von einem Magnetfeld begleitet ist, läßt sich mit geeigneten Meßmethoden auch das magnetische Gegenstück zum EEG, das Magnetenzephalogramm (MEG), registrieren. Hierzu ist eine Meßanordnung notwendig, in der Registrierspulen durch Kühlung mit in einem Behälter (Dewar) befindlichen flüssigen Helium supraleitend gemacht werden. Darüber hinaus sind aufwendige Abschirmkammern erforderlich, um Einflüsse der vielfach größeren Magnetfelder der Umwelt zu minimieren (Gallen et al. 1995). Der somit größere Meßaufwand führt dazu, daß MEG-

Messungen nur an wenigen spezialisierten Zentren möglich sind.

Die MEG-Messung birgt gegenüber dem EEG einige prinzipielle Vorteile, die sich analog auch für die ereigniskorrelierten Magnetfelder finden. Da die magnetischen Felder anders als das EEG durch die verschiedenen Medien (Liquor, Knochen, Fett, Haut) nicht abgeschwächt werden, ist eine präzisere Lokalisation der MEG-Signale möglich. Bei Ganzkopfapparaturen kommt hinzu, daß man auch die insbesondere für die Analyse von visueller Verarbeitung wichtigen tiefen temporalen Strukturen besser abbilden kann als mit dem EEG. Andererseits zeigt sich das MEG blind gegenüber radial ausgerichteten Dipolquellen, die naturgemäß in den Meßspulen keinen Strom induzieren können.

Sowohl für das EEG als auch für das MEG konnte die Ortsauflösung durch die Entwicklung von Quellenlokalisationsverfahren in den letzten Jahren entscheidend verbessert werden. Es können dabei solche Methoden, die einzelne punktförmige Dipolquellen annehmen und die Orientierung, Lokalisation und zeitliche Aktivität dieser Quellen berechnen (Scherg et al. 1996), von solchen unterschieden werden, die über eine Berechnung von minimierten Stromflüssen in bezug auf ein realistisches Kortexmodell eine Generatorlokalisation erreichen (Koles 1998; Fuchs et al. 1998). In vielen Fällen ergeben sich mit beiden Verfahren ähnliche Lösungen, die überdies häufig auch mit entsprechenden funktionell-bildgebenden Befunden korrelieren.

4. Kombiniertes räumlich-zeitliches Imaging

Wie sich aus den vorstehenden Ausführungen ergibt, ist für ein realistisches Bild der zerebralen Informationsverarbeitung neben der Kenntnis der beteiligten Nervenzellverbände, also der funktionellen Anatomie, auch die Kenntnis der zeitlichen Organisation der Verarbeitung notwendig. Die derzeit verfügbaren Methoden zur funktionellen Untersuchung des Nervensystems sind allerdings für sich genommen nicht in der Lage, ein derartig komplettes Bild zu liefern, da sie entweder eine schlechte zeitliche Auflösung (fMRI, PET) oder eine relativ schlechte Ortsauflösung (EEG, MEG) aufweisen.

Insoweit liegt es nahe, zu untersuchen, ob die kombinierte Anwendung von bildgebenden und zeitlich hochauflösenden elektrophysiologischen Verfahren eine verbesserte Beschreibung von kognitiven Prozessen ermöglicht. Wird entweder simultan oder zeitlich versetzt das gleiche Experiment mit einer funktionell bildgebenden und einer elektrophysiologischen Methode durchgeführt, kann man von einer Integration bildgebender und zeitlicher Verfahren im engeren Sinne sprechen.

Um die verschiedenen Signale zueinander in Beziehung setzen zu können, sind hierbei verschiedene methodische Schritte notwendig. Zunächst ist der experimentelle Aufbau so zu wählen, daß die gleichen Stimuli sowohl für die bildgebenden als auch für die elektrophysiologischen Untersuchungen verwendet werden können. Dieses ist in der Vergangenheit vor allem deswegen schwer zu realisieren gewesen, weil die bildgebenden Verfahren eine blockweise Präsentation von Stimuli einer Klasse erforderten, in den elektrophysiologischen Messungen aber zur Vermeidung von globalen Aktiviertheitsdifferenzen eine randomisierte Stimulation präferiert wird. Bei der blockweisen Stimulation werden gelegentlich Hilfskonstruktionen angewendet, z.B. Präsentation von Blöcken mit überwiegend alten (bereits vorher gesehenen) Stimuli und Blöcken mit überwiegend neuen Stimuli, um die neuronalen Zentren, die mit der Verarbeitung von neuen bzw. alten Stimuli assoziiert sind, zu isolieren.

Mit der Entwicklung des sogenannten event-related MRI ist es jedoch möglich geworden, den Versuchsaufbau weitgehend an elektrophysiologische Experimente anzugleichen (Burock et al. 1998). Liegen Daten von zwei verschiedenen Imagingmodalitäten vor, so ist es notwendig, diese in ein gemeinsames Koordinatensystem zu übertragen. Bei PET-Aktivierungsstudien ist zunächst eine Mittelung der gesamten Probandengruppe notwendig, um ein ausreichendes Signalrauschverhältnis zu erreichen. Hierfür sind Methoden entwikkelt worden, die die interindividuell deutlich unterschiedlichen Gehirnmaße in ein Standardhirn überführen. Bei der Untersuchung von Aktivierungen mit der funktionellen Kernspintomographie ist es prinzipiell möglich, einzelne Probanden auszuwerten und entsprechend elektrophysiologische Daten intraindividuell zuzuordnen, oftmals wird aber auch hier zur Verbesserung des Signals eine Mittelung vorgenommen. Es hat sich dann im weiteren eingebürgert, Aktivierungen in ein Standardkoordinatensystem, welches von Tailarach und Tournoux eingeführt worden ist, zu überführen. Allerdings haben neuere Untersuchungen gezeigt, daß es erhebliche interindividuelle Unterschiede in der kortikalen Anatomie gibt, so daß für die Zukunft einerseits verstärkt mit Datensätzen einzelner Probanden gearbeitet werden wird, andererseits modifizierte kortikale Atlanten Verwendung finden werden (Stephan et al., 2000).

Die Überführung von elektrophysiologischen Signalen in den Tailarach-Raum oder vergleichbare Hirnatlanten ist ebenfalls mit Problemen behaftet. Einige Verfahren zur Quellenlokalisation verwenden Kugelmodelle ohne Berücksichtigung der individuellen Anatomie. Quellenlösungen, die mit Hilfe dieser Kugelmodelle erarbeitet wurden, müssen daher mit mathematischen Verfahren in den Tailarach-Raum überführt werden. Andere Verfahren arbeiten hingegen mit Kopfmodellen, die aus der individuellen Anatomie, d.h. aus hochauflösenden T1-gewichteten Kernspintomographien, abgeleitet sind, so daß ein Vergleich mit funktionell bildgebenden Daten besser möglich ist.

Verschiedene Analyse-Strategien sind bei der Verwendung von kombinierten Datensätzen möglich: So können beispielsweise Aktivierungen im funktionellen Kernspintomogramm oder PET als Kandidatenregionen für Quellenlokalisationsberechnungen verwendet werden. Es werden dann in diesen Regionen Dipole gesetzt (seeded dipoles), für die dann festgestellt wird, ob sie in der Lage sind, ein im gleichen Experiment erhaltenes ereigniskorreliertes elektrisches oder magnetisches Feld zu erklären. Umgekehrt ist es aber prinzipiell auch möglich, Quellenanalysen durchzuführen und zu fragen, ob eine so lokalisierte Region auch einen aufgabenbedingt erhöhten Blutfluß/BOLD-response aufweist.

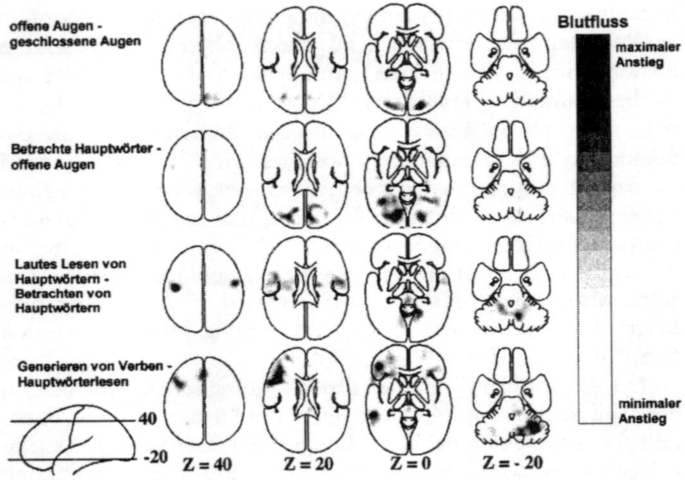

Abb. 1.: Subtraktionstechnik in der funktionellen Bildgebung. Die Probanden wurden unter folgenden Bedingungen untersucht: (1) Liegen in der PET Kamera mit geschlossenen Augen, (2) offene Augen – keine Stimulation, (3) Betrachten von auf einem Bildschirm dargebotenen Hauptwörtern, (4) Lautes Lesen von Hauptwörtern, (5) Generieren von Verben, die zu Hauptwörtern passen (z.B. Stimulus „Fisch" → Proband generiert: „angeln"). Die Komplexität der Aufgaben ist hierarchisch geordnet, Aufgabe (5) enthält praktisch alle Elemente der anderen Aufgaben (Betrachten eines komplexen visuellen Stimulus, Lesen, Lautieren). Durch schrittweise Subtraktion lassen sich daher im Idealfall die für einen bestimmten Prozeß zuständigen Hirnareale isolieren. So können durch die in der untersten Bildzeile gezeigte Subtraktion diejenigen Hirnareale identifiziert werden, die mit der Suche nach passenden Wörtern zu tun haben. Die Aktivität konzentriert sich auf die wesentlichen Sprachzentren (links frontal: Broca-Areal, links temporal: Wernicke-Areal). Die Interpretation der übrigen Befunde ist sinngemäß. Aktivität im primären Sehkortex wird erkennbar beim Vergleich der Bedingungen Augen geschlossen vs. offen; Aktivität in Teilen des motorischen Kortex beim Vergleich zwischen lautem und stillem Lesen (Abbildung nach Raichle 1998).

5. Die Subtraktionsmethode, alternative Versuchsanordnungen

Die Subtraktionsmethode hat ihre geschichtlichen Wurzeln in der experimentellen Psychologie. Schon im letzten Jahrhundert wies der Niederländer Donders darauf hin, daß man auf die Dauer eines psychologischen Verarbeitungsschrittes schließen könne, wenn man die Reaktionszeiten in zwei ansonsten gleichen Versuchsbedingungen, die sich nur für diesen Verarbeitungsschritt unterschieden, voneinander abzieht. Diese Sichtweise, weiterentwickelt in der von Sternberg vorgeschlagenen Additive Factors Method (AFM), hat die kognitive Psychologie in den 60er und 70er Jahren dominiert. Es wurde dann allerdings vermehrt darauf hingewiesen, daß das Modell nur dann funktioniert, wenn man von einer strikt seriellen Verarbeitungsorganisation ausgeht. Daß diese Annahme in vielen Fällen nicht zutreffen kann, ist mittlerweile hinreichend experimentell belegt. Die AFM Methode selbst postuliert, daß zwei experimentelle Manipulationen auf die gleiche Verarbeitungsstufe einwirken, wenn sich die Reaktionszeiteffekte (oder Effekte auf andere Parameter, z.B. Blutflußänderungen im PET) nicht additiv verhalten.

Gleichwohl wurde analog zur chronometrischen Subtraktionsmethode auch in der funktionellen Bildgebung und in der kognitiven Elektrophysiologie die Subtraktion von Versuchsbedingungen zur Isolierung von spezifischen Hirnkorrelaten für bestimmte Verarbeitungsschritte eingeführt. Die prinzipielle Vorgehensweise bei der Subtraktionsmethode wird in Abbildung 1 illustriert, die in modifizierter Form von Raichle (Raichle 1998) übernommen wurde. Diese Abbildung zeigt, daß die mit der PET-Methode gefundenen Aktivierungen sehr gut mit den Kenntnissen über die Neuroanatomie höherer Hirnfunktionen übereinstimmt. Allerdings ergeben sich auch Aktivierungen (z.B. im Kleinhirn), die darauf hindeuten, daß neben den eigentlich durch die Subtraktionen zu isolierenden Hirnprozessen auch noch unspezifische Prozesse beteiligt sind.

Zur praktischen Illustration der Subtraktionsmethode sei eine Studie von Düzel und Mitarbeitern (Düzel et al. 1999) herangezogen, in der PET und ereigniskorrelierte Hirnpotentiale kombiniert wurden. Diese Studie wurde ausgewählt, da sie die Möglichkeiten und Prinzipien der Subtraktionsmethode besonders gut zeigt. Ausgangspunkt war die Frage, wie sich aufgabenspezifische und stimulusspezifische Prozesse voneinander abgrenzen lassen.

Die schon mehrfach angesprochene unterschiedliche zeitliche Auflösung bildgebender und elektrophysiologischer Verfahren führt zwangsläufig dazu, daß diese unterschiedliche Aspekte der zerebralen Informationsverarbeitung widerspiegeln können. In der Studie von Düzel et al. werden *allgemeine aufgabenspezifische Prozesse*, die während der gesamten Dauer einer bestimmten Aufgabe aktiv sind, von *stimulusspezifischen Prozessen,* die differentiell für verschiedene Stimuli oder Stimulusklassen auftreten, unterschieden. In der Regel sind elektrophysiologische Untersuchungen so angelegt, daß vornehmlich stimulus-spezifische Prozesse reflektiert werden, da kurzdauernde phasische Aktivität auf eine vor dem Stimulus liegende Referenzlinie bezogen wird. Funktionell-bildgebende Untersuchungen, insbesondere das PET mit seinen langen Akquisitionszeiten, spiegeln hingegen überwiegend aufgabenspezifische Prozesse wider.

In ihrer Untersuchung versuchten Düzel und Mitarbeiter sowohl mit Hilfe der ereigniskorrelierten Hirnpotentiale als auch mittels PET zwischen den beiden Prozeßklassen in einem Gedächtnisexperiment zu unterscheiden. In einer Lernphase wurden den Probanden Wörter präsentiert, die „lebendige" oder „nicht-lebendige" Objekte bezeichneten. Während der Testphasen wurden Wörter aus der Lernphase zusammen mit weiteren neuen Wörtern präsentiert, wobei entweder (je nach Versuchsdurchgang) eine alt/neu Entscheidung (episodische Aufgabe) oder eine lebendig/nicht lebendig Entscheidung (semantische Aufgabe), bei der es auf die Wiedererkennung der Wörter nicht ankam, getroffen werden mußte. Bei der alt/neu Entscheidung ist ein Rückgriff des Probanden auf die Lern-*Episode* notwendig, es ist also der Teil des Gedächtnisses gefragt, den man als episodisch bezeichnet. Die lebendig/nicht lebendig Entscheidung hingegen greift auf das Weltwissen des Probanden zu, unabhängig davon, ob sich der Proband dar-

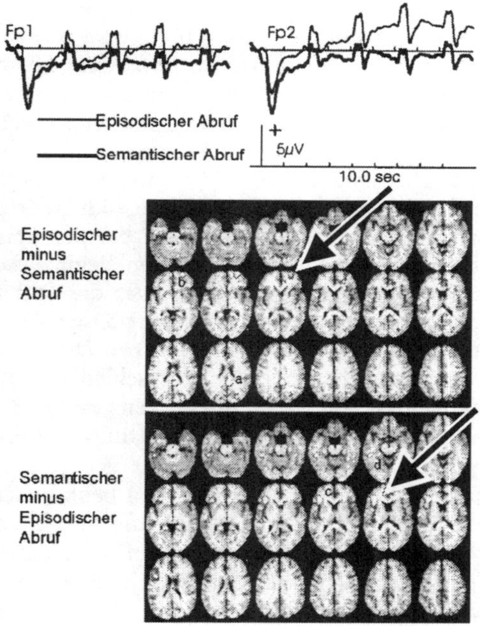

Abb. 2, oberer Teil: Ereigniskorrelierte Hirnpotentiale von zwei frontopolar gelegenen Elektroden. Innerhalb des gezeigten Intervalls wurden 5 Wörter präsentiert. Es zeigt sich, daß sich bei der episodischen Aufgabe eine tonische rechtsbetonte Negativität aufbaut im Vergleich zu den Kurven für die semantische Aufgabe. Unterer Teil: Versuchsdurchläufe, die mit einer episodischen Instruktion absolviert wurden, zeigen rechtsfrontal, korrespondierend mit dem elektrophysiologischen Effekt, eine Mehraktivierung verglichen mit der semantischen Bedingung. Beim umgekehrten Vergleich läßt sich links frontotemporal ein Unterschied ausmachen (nach Daten von Düzel et al. 1999).

über bewußt wird, daß er ein Wort bereits vorher einmal gesehen hat oder nicht. Elektrophysiologisch konnte gezeigt werden, daß die episodische Aufgabe zu einer tonischen, langdauernden präfrontalen Negativierung führt. Dieser *aufgabenspezifische Effekt* ist in Abbildung 2, obere Hälfte, gezeigt. Im

PET war bei der entsprechenden Subtraktion (episodische Durchgänge – semantische Durchgänge) eine Aktivierung des rechten präfrontalen Kortex (Brodmann Areal 10, neben anderen) zu sehen. Demgegenüber führte die semantische Aufgabe z.B. zu einer Aktivierung linksfronto-temporaler Gebiete. In bezug auf stimulus-spezifische Prozesse wurde im ereigniskorrelierten Hirnpotential eine phasische Erhöhung einer parietalen Positivität für die alten Wörter (d.h. Wörter aus der Lernphase) gesehen (Abbildung 3), die bei der episodischen Aufgabe bereits etwa 250 ms nach dem Beginn des Wortes auftrat. In der semantischen Aufgabe war die Differenz zwischen alten und neuen Wörtern weniger ausgeprägt und trat auch deutlich später auf. In der Arbeit von Düzel und Mitarbeitern wird ausführlich auf die unterschiedliche Bedeutung dieser elektrophysiologischen Effekte eingegangen. Im PET zeigten sich dabei z.B. Aktivierungen links mesio-temporal beim Vergleich alter und neuer Wörter in der episodischen Aufgabe und rechtshirnige Aktivierungen beim gleichen Kontrast für die semantische Aufgabe. Für die PET-Untersuchungen mußten dabei die Stimulussequenzen so manipuliert werden, daß einzelne Durchläufe überwiegend alte oder überwiegend neue Wörter enthielten.

Zusammengefaßt zeigt die Studie von Düzel und Mitarbeitern in eindrucksvoller Weise, wie die phantasievolle Anwendung der Subtraktionsmethode zu Aussagen in bezug auf verschiedene Informationsverarbeitungsprozesse führt. Allerdings wird auch deutlich, daß Aussagen bezüglich der Bewußtheit einer Gedächtnisentscheidung mit Hilfe des von Düzel gewählten Designs nicht getroffen werden können. Aktuelle Gedächtnistheorien postulieren nämlich, daß Gedächtnisentscheidungen (alt/neu-Entscheidungen) auf der Basis von zwei qualitativ sehr unterschiedlichen Informationen getroffen werden können. Zum einen kann man ein unbestimmtes Gefühl der Familiarität haben, welches einen dazu bewegt, einen Stimulus als „alt“ zu klassifizieren, zum anderen kann man diesen auch sehr bestimmt und bewußt wiedererkannt haben. Wir werden weiter unten auf ein anderes Paradigma hinweisen, das eine solche Zuordnung gestattet.

Gegen die Subtraktionsmethode wird allerdings ins Feld geführt, daß die Vorstellung irrig sei, kognitive Prozesse ließen sich zu anderen durch experimentelle Manipulationen hinzuaddieren (und bei der Analyse durch Subtraktion isolieren), ohne daß die anderen an einer Aufgabe beteiligten Prozesse sich veränderten (Friston et al. 1996; Price et al. 1997). Auch lassen sich Wechselwirkungen zwischen verschiedenen Manipulationen so nicht darstellen. Friston und Mitarbeiter schlagen daher vor, vermehrt sogenannte faktorielle Versuchsanordnungen zu verwenden, bei denen zwei (oder mehr) experimentelle Faktoren unabhängig und systematisch variiert werden.

6. Kognitive Neurowissenschaft und die Frage des Bewußtseins: einige Überlegungen und Beispiele

Eine wichtige Stellung in den Überlegungen zu neuraler Aktivität und Bewußtsein nehmen die Arbeiten aus der Arbeitsgruppe um W. Singer ein (Engel et al. 1992). In diesen Arbeiten wird darauf hingewiesen, daß das „Zusammenbinden" von Zellen durch eine oszillierende Aktivität mit Frequenzen um 40 Hz eine wesentliche Rolle bei der Informationsverarbeitung und bei der Generierung einer mentalen Repräsentation spielen kann. Insoweit stellt sich die Frage, ob auch beim Menschen eine entsprechende Aktivität nachgewiesen werden kann und wie diese mit Bewußtseinsprozessen in Zusammenhang steht. Beim Menschen hat sich für die betreffende Aktivität der Begriff der induzierten Gamma-Aktivität eingebürgert. Da diese Aktivität nicht stimulussynchron auftritt, kann sie nicht durch Mittelung dargestellt werden, sondern muß durch eine Analyse im Frequenzbereich ermittelt werden. In einem Versuch verglichen Forscher um Bertrand und Tallon-Baudry induzierte Aktivität auf illusionäre Figuren und auf solche Stimuli, die nicht zu einer Gestaltwahrnehmung führen (Tallon-Baudry et al. 1999; Tallon-Baudry et al. 1997). Es zeigte sich dabei, daß nur bei Stimuli, die eine Gestaltwahrnehmung nach sich zogen, eine erhöhte Gammaaktivität 200–

400 ms nach dem Stimulus nachweisbar ist (Abbildung 4). Diese Aktivität ist, bestätigt durch einige andere Versuche, immer dann vorhanden, wenn man eine Gestalt perzipiert. Somit stellt die induzierte Gammaaktivität ein auch für die Bewußtseinsforschung interessantes Instrument dar. Es bleibt jedoch abzuwarten, inwieweit es sich bei dieser Aktivität um ein generelles Phänomen handelt, das immer dann auftritt, wenn sich Information zu einem Perzept formt.

Weiter oben waren wir bei der Darstellung der Studie von Düzel et al. auf das Problem eingegangen, daß es mit diesem Versuchsaufbau nicht möglich ist, zu entscheiden, ob eine Gedächtnisentscheidung auf einer bewußten Wiedererkennung basiert oder auf einem diffusen Gefühl des Bekanntseins (englisch: Feeling of Knowing).

Um bewußte Wiedererkennung von Bahnungsprozessen abzugrenzen, wandten Paller und Kutas folgende Manipulation in einem Experiment mit ereigniskorrelierten Hirnpotentialen an: Versuchspersonen bekamen die Aufgabe, bei Wörtern, die in einer Lernphase präsentiert wurden, entweder eine Entscheidung in bezug auf den Anfangsbuchstaben zu machen, oder zu entscheiden, ob das durch das Wort bezeichnete Objekt größer oder kleiner als ein Referenzobjekt ist (Paller et al., 2000). Erstere Entscheidung führt nur zu einer geringen Verarbeitungstiefe, die Größenentscheidung auf der anderen Seite führt zu einer tiefen, semantischen Verarbeitung. In einer folgenden Testphase wurden die Wörter aus der Lernphase zusammen mit neuen Wörtern präsentiert, wobei der Proband zwei Entscheidungen zu treffen hatte: Sofort bei Aufleuchten des Wortes auf dem Videomonitor war eine lebendig-nichtlebendig Entscheidung zu treffen, die durch einen Knopfdruck zu signalisieren war. Nach einer Verzögerung wurde von den Probanden eine zweite Entscheidung (Wort aus der Lernphase/neues Wort) verlangt. Es zeigte sich, daß die Reaktionszeitbeschleunigung bezüglich der lebendig/nicht lebendig Entscheidung für Wörter beider Lernmodi gleich ausfiel, die Wörter aus dem tiefen, semantischen Lernmodus allerdings deutlich bessere Wiedererkennensleistungen in der alt/neu Entscheidung nach sich zogen. Mit anderen Worten

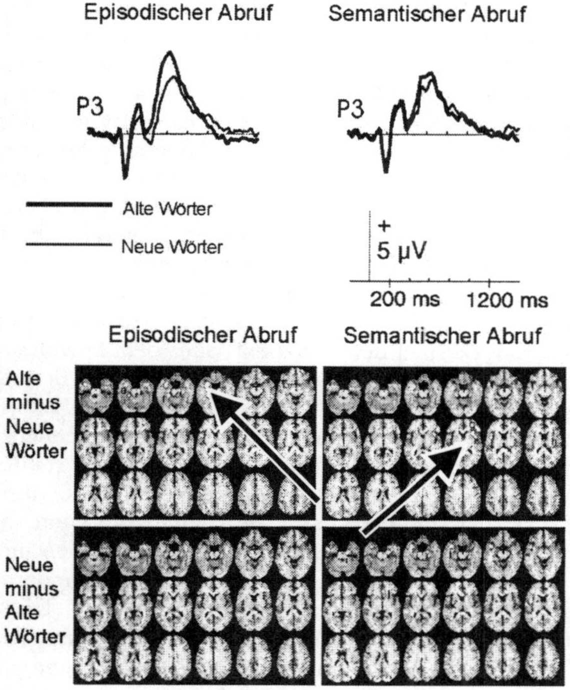

Abb. 3, oberer Teil: Ereigniskorrelierte Hirnpotentiale von einer Elektrode über dem linksparietalen Kortex. Die episodische Aufgabe führt zu einer vermehrten Positivität ab 250 ms für die korrekt als „alt" klassifizierten Wörter. Bei der semantischen Aufgabe ergibt sich ein ähnlicher Effekt, der jedoch deutlich später beginnt und eine weniger ausgeprägte Amplitude hat. Unterer Teil: PET-Subtraktionsbilder. Es handelt sich jeweils um die Aktivität eines etwa 1 Minute dauernden Zeitabschnittes, in dem zahlreiche Wörter gezeigt worden sind. Die Versuchsdurchläufe sind jedoch so manipuliert worden, daß in einem Durchlauf jeweils überwiegend alte oder überwiegend neue Wörter gezeigt wurden. Hierbei kann für den episodischen Abruf eine anterior-temporal gelegene Aktivierung dargestellt werden (Pfeil), für den semantischen Abruf hingegen eine Aktivierung rechts temporal (nach Daten von Düzel et al. 1999).

war es Paller und Kutas somit gelungen, zwischen Bahnungsphänomenen und bewußter Erkennung zu differenzieren. Die während der Testphase gewonnenen ereigniskorrelierten Potentiale konnten diesen beiden Gedächtnisprozessen zugeordnet werden: der Unterschied zwischen neuen Wörtern und alten Wörtern aus der flachen Verarbeitungsaufgabe (Lernphase) wurde als elektrophysiologisches Korrelat von Bahnungsprozessen definiert, der Unterschied zwischen den alten Wörtern der flachen und der tieferen Verarbeitungsaufgabe als Index für die bewußte Wiedererkennung angesehen.
Mit Hilfe der funktionellen Bildgebung kann ebenfalls versucht werden, qualitativ unterschiedliche Gedächtnisprozesse, wie sie zum Beispiel dem „Wissen" oder dem bewußten „Erinnern" entsprechen, darzustellen. So legten Henson und Mitarbeiter (Henson et al. 1999) kürzlich eine Arbeit vor, in der Versuchspersonen während einer Wiedererkennensphase Wörter drei verschiedenen Kategorien zuordnen mußten: R (für recollection, bewußte Wiedererinnerung), K (für knowing, das unbestimmte Gefühl der Familiarität) und N (für new, neue Wörter). Während die Versuchspersonen die Aufgabe ausführten, wurden funktionelle Kernspintomographien in der ereigniskorrelierten Technik erhoben. Die MR-Antworten für R- und K-Wörter zeigten eine stärkere Aktivierung relativ zu N-Antworten in links präfrontalen und parietalen Regionen sowie im hinteren Anteil des Gyrus cinguli. Demgegenüber waren N-Antworten mit stärkerer Aktivität in beiden temporookzipitalen Regionen und in der Amygdala assoziiert. R-Wörter zeigten eine insgesamt stärkere Aktivierung (gegenüber K-Wörtern) in anterioren links-präfrontalen, links parietalen Regionen sowie im posterioren Anteil des Gyrus cinguli.

Noch einen Schritt weiter in der Differenzierung von Gehirnantworten auf unterschiedliche Gedächtnisprozesse gingen Düzel et al. (Düzel et al. 1997). Diese Forscher machten sich zunutze, daß Wörter, die während einer Testphase gezeigt werden, fälschlicherweise oft dann als „alt" eingestuft werden, wenn sie zu einem während der Lernphase gezeigten Wort starke Assoziationen aufweisen. In einer Studie mit ereignis-

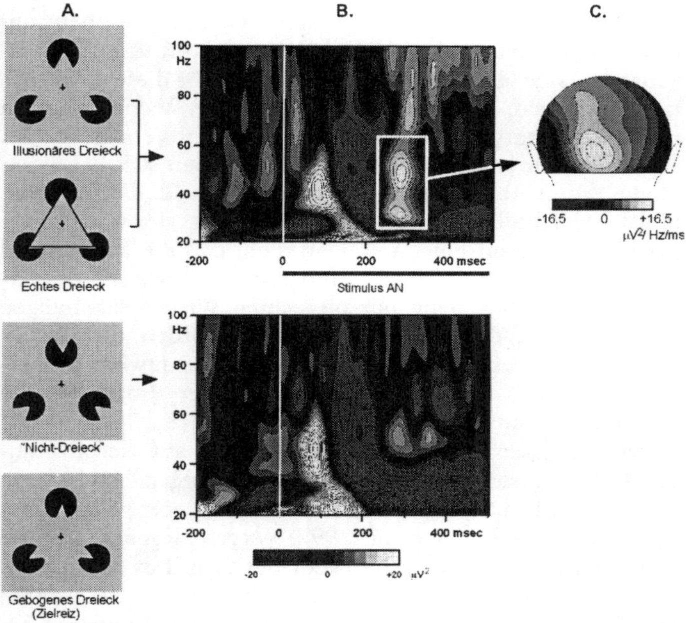

Abb. 4: Experiment zur Bildung mentaler Repräsentationen. Die Probanden wurden mit den links dargestellten Figuren, die jeweils kurz auf einem Videomonitor gezeigt wurden, konfrontiert. Hierbei ergeben sowohl die oberste Figur als auch die zweite Figur den subjektiven Eindruck eines Dreiecks, wobei dieser Eindruck bei der obersten Figur illusionär ist. Dreht man die Elemente (dritte Figur), so verschwindet der Eindruck eines Dreiecks. Die vierte Figur (gekurvtes illusionäres Dreieck) diente als Zielreiz, auf den die Probanden mit einem Knopfdruck reagieren mußten. Es wurde nun über eine Wavelet-Dekomposition des EEG der Anteil einzelner Frequenzen am Signal über die Zeit dargestellt. Wie aus dem mittleren Teil der Abbildung hervorgeht, sind nur solche Stimuli von einer hohen Aktivität im Bereich um 40 Hz im Zeitfenster 250–300 ms assoziiert, die Anlaß zu einer Gestaltwahrnehmung geben. Diese Aktivität ließ sich in über dem okzipitalen Kortex lokalisieren (Tallon-Baudry et al. 1999; Tallon-Baudry et al. 1997).

korrelierten Hirnpotentialen waren Versuchspersonen angehalten, Wörter wiederum in die Kategorien R, K und N einzuteilen. Es ließen sich nun Hirnpotentiale für diese 3 Kategorien berechnen, und zwar separat für echte Wiederholungen und fälschlicherweise aufgrund semantischer Verwandtschaft als wiederholt angesehene Wörter. Es ergaben sich bei dieser Studie die in Abbildung 5 gezeigten Potentiale, die für echte und fälschliche R- und K-Antworten nahezu gleich ausfallen. Dabei muß darauf hingewiesen werden, daß die auslösenden Wörter ganz unterschiedliche „Biographien" während des Experimentes hatten, denn nur die echten Wiedererkennungen waren während der Studienphase gezeigt worden, die fälschlichen jedoch nicht. Somit scheinen die Hirnantworten überwiegend durch die subjektive Erfahrung der Probanden determiniert zu sein.
In diesem Zusammenhang soll noch einmal auf die qualitativen Unterschiede der Gedächtnisentscheidungen hingewiesen werden, die R- und K-Antworten zugrunde liegen. Nach einer von Tulving (Wheeler et al. 1997) vorgeschlagenen Theorie existieren zwei verschiedene Modi des Zugriffes auf die Information über vorangegangene Ereignisse, die durch zwei korrespondierende Formen der bewußten Erfahrung begleitet werden. Diese Formen der bewußten Erfahrung werden als autonoetisch und noetisch bezeichnet. Autonoetische Bewußtwerdung wird dabei dem episodischen Gedächtnissystem zugeordnet, welches das mentale Wiedererleben von Ereignissen der persönlichen Vergangenheit vermittelt. Autonoetische Bewußtwerdung liegt somit R-Entscheidungen zugrunde. Noetische Bewußtwerdung begleitet die Interaktionen eines Individuums mit seiner Umwelt in der Gegenwart und indiziert somit die Aktivität des sogenannten semantischen Gedächtnissystems. Noetische Bewußtwerdung resultiert somit in K-Entscheidungen.

Neben Untersuchungen zum Gedächtnis ist auch die Domäne der Intentionshandlungen Gegenstand der neurobiologischen Bewußtseinsforschung. Viel Aufsehen zog im Jahre 1983 eine Arbeit von Libet und Mitarbeitern auf sich (Libet et al. 1983): Diese setzten das von Kornhuber und Deecke in

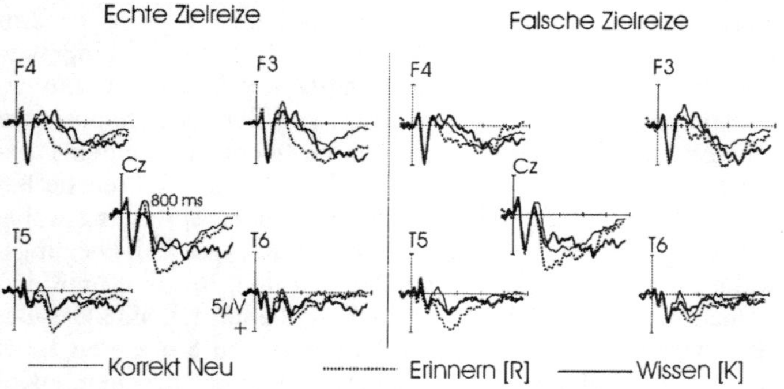

Abb. 5: Ereigniskorrelierte Potentiale zu echten Zielreizen, d.h. Wörtern, die während einer Lernphase gesehen worden waren, und falschen Zielreizen, d.h. Wörtern, die mit Stimuli aus der Lernphase semantisch assoziiert waren, und somit fälschlicherweise für alt gehalten wurden. Es zeigt sich, daß die ereigniskorrelierten Potentiale überwiegend von der subjektiven Erfahrung des Probanden, der seine „alt"-Entscheidungen als „bewußt erinnert" oder „gewußt" klassifizieren konnte, abhingen und nicht von der Tatsache, ob ein Wort tatsächlich „alt" oder „neu" im Sinne des Experimentes war (nach Daten von Düzel et al. 1997).

den 60er Jahren beschriebene Bereitschaftspotential ein, ein rampenförmiges negatives Potential, das etwa 800 bis 1000 ms vor einer Willkürbewegung über dem supplementärmotorischen und motorischen Kortex auftritt. Die Probanden betrachteten eine Uhr, deren Zeiger in etwa 2,5 Sekunden einmal die Uhr umrundete und sollten die Zeigerstellung angeben, die den Zeitpunkt markiert, als sie entweder den Wunsch, eine Bewegung auszuführen, erstmals verspürten oder erstmals merkten, daß die sie sich bewegten. Bei beiden Versuchsbedingungen ergab sich, daß das Bereitschaftspotential, das die beginnende Bewegungsplanung anzeigte bereits etwa 800 ms vor der eigentlichen Bewegung (gemessen über die Muskelpotentiale) begann, die subjektiven Empfindungen der Probanden aber erst ca. 200 ms (Wunsch) bzw. 80 ms vor der Bewegung lagen. Es ergeben sich aus diesem Befund erhebliche Konsequenzen für die Interpretation des freien Willens und des Bewußtseins. Allerdings haben in jüngster Zeit Haggard und Eimer (Haggard et al. 1999) darauf hingewiesen, daß es Probleme mit dem Ansatz von Libet gibt. Ihr Argument ist, daß es eine Kovariation von Bereitschaftspotential und Entscheidungslatenz geben sollte, wenn die beiden Parameter in einem Zusammenhang stehen. Hierzu stellten sie Bereitschaftspotentiale für Versuche mit früher Bewegungswahrnehmung und Bereitschaftspotentiale mit später Bewegungswahrnehmung einander gegenüber mit dem Resultat, daß diese sich nicht unterschieden. Somit schlossen sie, daß das Bereitschaftspotential kein guter Parameter im Sinne von Libet ist. Auf der anderen Seite konnten sie eine entsprechende Kovariation für den lateralisierten Teil des Bereitschaftspotentials (LRP) nachweisen.

In einer aktuellen eigenen Untersuchung war die Selbstwahrnehmung von Fehlern das Ziel elektrophysiologischer und kernspintomographischer Messungen. Den Probanden wurden dabei einfache Reize, die Buchstaben H und S, in schneller, zufälliger Folge auf einem Bildschirm dargeboten. Jeder Buchstabe war einem Antwortknopf zugeordnet. Die Probanden wurden nun in mehreren Versuchsdurchgängen dazu angehalten, extrem schnell zu antworten, was zur Folge hatte, daß sie etwa 10–20 % Fehler machten, die sie allerdings sofort als solche wahrnahmen. In dieser Situation konnte in Übereinstimmung mit Voruntersuchungen eine vom vorderen Anteil des Gyrus cinguli ausgehende, direkt nach einem falschen Knopfdruck auftretende fehlerbezogene Negativität gefunden werden. Gleichzeitig konnte im parallel durchgeführten kernspintomographischen Versuch gezeigt werden, daß im Gyrus cinguli und inferioren Frontallappen beidseits eine vermehrte Aktivierung mit wahrgenommenen Fehlern einherging. Die Resultate dieser Untersuchung sind in Abbildung 6 zusammengefaßt.

Diese wenigen Beispiele zeigen, daß es offensichtlich möglich ist, sich Bewußtseinsprozessen mit Hilfe von bildgebenden und elektrophysiologischen Verfahren zu nähern. Das Spektrum der kognitiven Prozesse geht aber weit über die oben an-

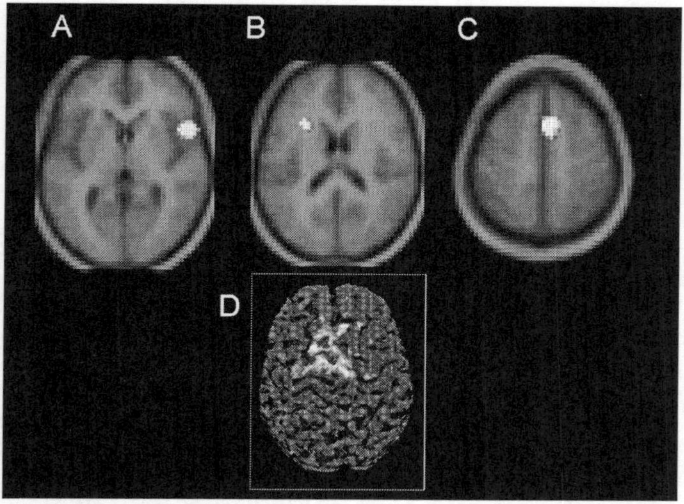

Abb. 6: Untersuchung zum Selbstmonitoring. Die Probanden hatten unter Zeitdruck zu entscheiden, ob der mittlere von 5 Buchstaben ein H oder ein S war. Die Entscheidung war mittels Knopfdruck zu signalisieren. Der Zeitdruck führte zu unmittelbar vom Probanden erkannten Fehlern. Das durch die Fehler induzierte Selbstmonitoring läßt sich kernspintomographisch als die Differenz zwischen der Aktivierung von fehlerhaften und korrekten Antworten darstellen. Es zeigt sich in der funktionellen Kernspintomographie eine Aktivierung im rechten (A) und linken (B) inferioren Frontallappen sowie im vorderen Teil des Gyrus cinguli (C). Die bei fehlerhaften Antworten registrierte EEG Aktivität (D) läßt sich ebenfalls dem vorderen Teil des Gyrus cinguli zuordnen (Stromdichteberechnung 75 ms nach fehlerhafter Antwort). (unveröffentlichte Daten von Rodriguez-Fornells, Rotte, Heinze und Münte).

gesprochenen Themen hinaus. In einer kürzlich veröffentlichten Übersichtsarbeit gingen Frith und Mitarbeiter auf die Möglichkeiten ein, kognitive Prozesse in verschiedenen Domänen in bezug auf das Bewußtsein zu untersuchen (Frith et al. 1999). Sie teilten die kognitiven Prozesse hierzu zunächst in drei Gruppen:

(1) neurale Aktivität, die mit mentalen Repräsentationen assoziiert ist,
(2) neurale Aktivität, die mit Veränderungen in einem sensorischen Stimulus einhergeht, ohne daß sich Veränderungen der mentalen Repräsentation ergeben,
(3) neurale Aktivität, die mit Verhaltenskorrelaten assoziiert ist, ohne daß sich mentale Repräsentationen ergeben.

Hierbei wird der Terminus „mentale Repräsentation" synonym mit „Veränderungen in der subjektiven Erfahrung" verwendet. Frith und Kollegen teilen die kognitiven Prozesse darüber hinaus folgenden Domänen zu: Prozesse, die sich auf die Gegenwart beziehen (Perzeption und Vorstellung), Prozesse, die sich auf die Vergangenheit beziehen (Gedächtnis), Prozesse, die sich auf die Zukunft beziehen (Intentionen und Aktionen).

Durch den Vergleich der neuralen Korrelate zwischen Prozessen, die den Klassen 1, 2, und 3 zugeordnet werden können, sollten sich für die verschiedenen Domänen diejenigen neuralen Korrelate identifizieren lassen, die mit einer bewußten Verarbeitung (Veränderung in der subjektiven Erfahrung) einhergehen und von denjenigen neuralen Korrelaten unterscheiden, die sich auf Veränderungen von Stimuluseigenschaften beziehen lassen.

In der Tabelle 1 sind für die Domänen Perzeption, Gedächtnis und Aktion einige neurowissenschaftliche Paradigmen wiedergegeben.

Es ergeben sich darüber hinaus für die einzelnen Bereiche auch Beziehungen zu krankhaften Zuständen, die ebenfalls über Neuroimaging-Untersuchungen für die Bewußtseinsforschung nutzbar gemacht werden können. Diese sind in Tabelle 2 wiedergegeben, zusammen mit einigen kurzen Erläuterungen zu den Krankheitssymptomen.

7. Gibt es spezifische neurale Aktivität, die Bewußtsein anzeigt?

Die vorstehenden Beispiele haben gezeigt, daß in den letzten Jahren bedeutende Fortschritte gemacht worden sind in bezug auf die neurowissenschaftliche Analyse des Bewußtseins. Bisher fügen sich jedoch die verschiedenen Daten noch nicht zu einem kohärenten Gesamtbild zusammen. In der Zukunft sollten dabei vordringlich folgende Fragen beantwortet werden:

Sind die Muster elektrischer und metabolischer Hirnaktivität, die mit Bewußtsein zusammenhängen für die verschiedenen Paradigmen unterschiedlich oder jeweils immer gleich? Gibt es Hirnaktivitäten, die als notwendige oder gar hinreichende Voraussetzungen für eine bewußte Informationsverarbeitung angesehen werden können? Muß auf den Zusammenhang einer elektrischen Aktivität und/oder Hirnaktivierung mit Bewußtseinsprozessen in jedem Experiment neu geschlossen werden oder sind die Beziehungen stabil?

Inwieweit neurobiologische Untersuchungen schließlich Eingang in den philosophischen Diskurs finden, ist neben der Weiterentwicklung der Paradigmen auch von einer Reihe von anderen Bedingungen abhängig. Genannt seien hier die Schaffung von gemeinsamen Foren für Philosophen und Neurobiologen sowie die Vereinbarung einer gemeinsamen Sprache.

	Perzeption	*Gedächtnis*	*Aktion*
Subjektive Erfahrung ändert sich, Stimulation und/oder Verhalten bleiben konstant	*A Neurale Korrelate binokulärer Rivalität*	*B Neurale Korrelate episodischer Wiedererinnerung*	*C Neurale Korrelate der Bewußtheit für Intentionen*
Stimulation ändert sich, subjektive Erfahrung bleibt konstant	*D Neurale Korrelate der veränderten Stimulation ohne Bewußtsein*	*E Neurale Korrelate von nicht erkannten alten (wiederholten) Stimuli*	*F Neurale Korrelate von Stimuli, die Aktionen ohne Bewußtwerdung verursachen*
Verhalten ändert sich, subjektive Erfahrung bleibt konstant	*G Neurale Korrelate des korrekten Ratens ohne Bewußtsein*	*H Neurale Korrelate des impliziten Lernens*	*I Neurale Korrelate impliziten motorischen Verhaltens*

Tabelle 1: Experimentelle Ansätze für das Studium neuraler Korrelate von Bewußtsein bei gesunden Probanden (nach Frith et al. 1999).
A: Wenn beiden Augen unterschiedliche Reize präsentiert werden, alterniert die Perzeption spontan zwischen diesen beiden Ansichten (binokuläre Rivalität). Mit Hilfe funktionell bildgebender Verfahren sollte so die neuronale Basis der subjektiven Perzeptionsänderungen dargestellt werden. Hierbei zeigten sich frontoparietale Gebiete als essentiell bei der Steuerung bewußter Wahrnehmung (Lumer et al. 1998).
B: Neurale Korrelate episodischer Wiedererkennung lassen sich mit dem von Düzel und Mitarbeitern verwandten und weiter oben ausführlich beschriebenen Paradigma mit R- und K-Entscheidungen erhalten (Düzel et al. 1997).
C: Hier sind die weiter oben angeführten Versuche zum Bereitschaftspotential bei Willkürbewegungen zu nennen (Libet et al. 1983; Haggard et al. 1999)
D: Es kann gezeigt werden, daß auditorischer Input auch in Situationen, in denen der Inhalt der auditorischen Botschaft nicht bewußt wird, bewertet wird. Ein neurophysiologisches Korrelat der nicht bewußten Änderung einer Stimulation stellt die sogenannte Mismatch-Negativität dar (Naatanen 1995).
E: Präsentiert man Reihen von Stimuli, von denen sich einige wiederholen, so unterscheiden sich die Stimuli, die bereits einmal gesehen worden sind, jedoch nicht als „alt" erkannt wurden, elektrophysiologisch.

	Perzeption	*Gedächtnis*	*Aktion*
Subjektive Erfahrung ändert sich, Stimulation und/oder Verhalten bleiben konstant	*A Neurale Korrelate von Halluzinationen*	*B Neurale Korrelate von Konfabulationen*	*C Neurale Korrelate von abnormalen Intentionen*
Stimulation ändert sich, subjektive Erfahrung bleibt konstant	*D Neurale Korrelate von Stimulation im blinden Gesichtsfeld*	*E Neurale Korrelate nicht erkannter Stimuli bei der Amnesie*	*F Neurale Korrelate von Stimuli, die nicht intendierte Aktionen hervorrufen*
Verhalten ändert sich, subjektive Erfahrung bleibt konstant	*G Neurale Korrelate des korrekten Greifens bei der Formagnosie*	*H implizites Lernen bei Amnesie*	*I Neurale Korrelate von nicht intendierten Aktionen*

Tabelle 2: Experimentelle Ansätze für das Studium neuraler Korrelate von Bewußtsein bei krankhaften Zuständen (nach Frith et al. 1999).
A: Halluzinationen sind vom Patienten als real wahrgenommene teils elementare (z.B. Lichtblitze), teils komplexe Sensationen (szenische Abläufe, kommentierende Stimmen), die in Abwesenheit eines Stimulus auftreten. Es ist gelungen, während Halluzinationen funktionelle Aktivierungen im Kernspintomogramm nachzuweisen. Diese betrafen – entsprechend der Modalität der Halluzinationen – den primären und sekundären auditorischen Kortex (Dierks et al. 1999).
B: Konfabulationen sind „erfundene", von den Patienten aber als real erlebte Gedächtnisinhalte. Diese treten zum Beispiel bei der durch Alkohol verursachten Korsakow-Psychose auf (Burgess et al. 1996).
C: Schizophrene Patienten meinen zuweilen, daß ihre Gedanken und Aktionen von Fremden, also von außen, gesteuert werden. Eine Neuroimaging Studie mit der PET-Methodologie zeigte, daß solche Patienten im Gegensatz zu Schizophrenen, die nicht unter Fremdbeeinflussungserlebnissen litten, eine Hyperaktivität in Teilen des Gyrus cinguli und des parietalen Kortex aufwiesen. Diese Hirnstrukturen sind für die Aufmerksamkeit auf interne und externe Ereignisse von Belang (Spence et al. 1997).
D: Läsionen des primären Sehkortex führen zu einer Blindheit des Betroffenen für die entsprechenden Gesichtsfeldanteile. Gleichwohl kann gezeigt werden, daß bei Patienten Stimuli im blinden Teil des Gesichtsfeldes bezüglich komplexer Eigenschaften verarbeitet werden (Weiskrantz 1996).

E: Bei Patienten mit einer schweren organischen Gedächtnisstörung (Amnesie) ist die bewußte Wiedererkennung von Reizen gestört, gleichwohl kann z.B. mit Hilfe von Messungen autonomer Nervenaktivität eine differentielle Antwort für alte und neue Reize gezeigt werden (Diamond et al. 1996).
F: Patienten mit Läsionen des Frontallappens reagieren zuweilen auf Reize/Objekte automatisch und benutzen diese. Dieses Utilization behavior wird als Zeichen einer gestörten Inhibition aufgefaßt (Brazzelli et al. 1998).
G: Unter dem Begriff Agnosie faßt man solche neuropsychologischen Störungen zusammen, bei denen der Betroffene trotz intakter primärer sensorischer Nervenbahnen bis hinauf zur Hirnrinde komplexe Stimuli nicht bewußt identifizieren kann. Es sind Fälle von Formagnosie beschrieben worden, bei denen es den Betroffenen gelingt, trotz ihrer Einschränkungen Gegenstände richtig zu plazieren. Für solche Fälle sind uns allerdings noch keine bildgebenden oder elektrophysiologischen Untersuchungen bekannt geworden (Milner 1995).
H: Es lassen sich bei Patienten Fähigkeiten (z.B. die Fähigkeit, Spiegelschrift zu lesen) trainieren. Die Betroffenen haben nach dem Training keine Erinnerung an die Trainingsepisode, gleichwohl zeigen sie das trainierte Verhalten (Schmidtke et al. 1996).
I: Bei parietalen und thalamischen Hirnläsionen kommt es gelegentlich zu dem Phänomen der fremden (alien) oder anarchischen (anarchic) Hand, d.h. die Hand des Betroffenen führt ein Eigenleben, das nicht bewußt intendiert ist und über das sich der Patient wundert (Della et al. 1991).

8. Literatur

Berger, H. (1969). On the electroencephalogram of man. Electroencephalography and Clinical Neurophysiology, Supplement.

Brazzelli, M., & Spinnler, H. (1998). An example of lack of frontal inhibition: the 'utilization behaviour'. European Journal of Neurology *5* : 347–353.

Burgess, P.W., & Shallice, T. (1996). Confabulation and the control of recollection. Memory 4: 359–411.

Burock, M.A., Buckner, R.L., Woldorff, M.G., Rosen, B.R., & Dale, A.M. (1998). Randomized event-related experimental designs allow for extremely rapid presentation rates using functional MRI. Neuroreport 9: 3735–3739.

Dehaene, S., Naccache, L., Le Clec'H, G., Koechlin, E., Mueller, M., Dehaene-Lambertz, G., van de Moortele, P.F., & Le Bihan, D. (1998). Imaging unconscious semantic priming. Nature *395*: 597–600.

Delacour, J. (1997). Neurobiology of consciousness: an overview. Behavioural Brain Research 85: 127–141.

Della, S.S., Marchetti, C., & Spinnler, H. (1991). Right-sided anarchic (alien) hand: a longitudinal study. Neuropsychologia *29*: 1113–1127.

Diamond, B.J., Mayes, A.R., & Meudell, P.R. (1996). Autonomic and recognition indices of memory in amnesic and healthy control subjects. Cortex 32: 439–459.

Dierks, T., Linden, D.E., Jandl, M., Formisano, E., Goebel, R., Lanfermann, H., & Singer, W. (1999). Activation of Heschl's gyrus during auditory hallucinations. Neuron 22(3): 615–621.

Düzel, E., Cabeza, R., Picton, T.W., Yonelinas, A.P., Scheich, H., Heinze, H.J., & Tulving, E. (1999). Task-related and item-related brain processes of memory retrieval. Proceedings of the National Academy of Sciences USA 96: 1794–1799.

Düzel, E., Yonelinas, A.P., Mangun, G.R., Heinze, H.J., & Tulving, E. (1997). Event-related brain potential correlates of two states of conscious awareness in memory. Proceedings of the National Academy of Sciences USA 94: 5973–5978.

Engel, A.K., Konig, P., Kreiter, A.K., Schillen, T.B., & Singer, W. (1992). Temporal coding in the visual cortex: new vistas on integration in the nervous system. Trends in Neurosciences 15: 218–226.

Fox, P.T., & Raichle, M.E. (1986). Focal physiological uncoupling of cerebral blood flow and oxidative metabolism during somatosensory stimulation in human subjects. Proceedings of the National Academy of Sciences USA 83: 1140–1144.

Fox, P.T., Raichle, M.E., Mintun, M.A., & Dence, C. (1988). Nonoxidative glucose consumption during focal physiologic neural activity. Science 241: 462–464.

Friston, K.J., Price, C.J., Fletcher, P., Moore, C., Frackowiak, R.S., & Dolan, R.J. (1996). The trouble with cognitive subtraction. Neuroimage 4: 97–104.

Frith, C., Perry, R., & Lumer, E. (1999). The neural correlates of conscious experience: an experimental framework. Trends in Cognitive Sciences 3: 105–114.

Fuchs, M., Wagner, M., Wischmann, H.A., Kohler, T., Theissen, A., Drenckhahn, R., & Buchner, H. (1998). Improving source reconstructions by combining bioelectric and biomagnetic data. Electroencephalography and Clinical Neurophysiology 107: 93–111.

Gallen, C.C., Hirschkoff, E.C., & Buchanan, D.S. (1995). Magnetoencephalography and magnetic source imaging. Capabilities and limitations. Neuroimaging Clinics of North America 5: 227–249.

Gazzaniga, M.S. (1998). Brain and conscious experience. Advances in Neurology 77: 181–192.

Haggard, P., & Eimer, M. (1999). On the relation between brain potentials and the awareness of voluntary movements. Experimental Brain Research 126: 128–133.

Henson, R.N., Rugg, M.D., Shallice, T., Josephs, O., & Dolan, R.J. (1999). Recollection and familiarity in recognition memory: an event-related functional magnetic resonance imaging study. Journal of Neuroscience 19: 3962–3972.

Hillyard, S.A., & Kutas, M. (1983). Electrophysiology of cognitive processing. Annual Review of Psychology 34: 33–61.

Hounsfield, G.N. (1973). Computerized transverse axial scanning (tomography). The British Journal of Radiology 46: 1016–1022.

Jones, T. (1999). Present and future capabilities of molecular imaging techniques to understand brain function. Journal of Psychopharmacology 13: 324–329.

Koles, Z.J. (1998). Trends in EEG source localization. Electroencephalography and Clinical Neurophysiology 106: 127–137.

Libet, B., Gleason, C.A., Wright, E.W., & Pearl, D.K. (1983). Time of conscious intention to act in relation to onset of cerebral activity (readiness-potential). The unconscious initiation of a freely voluntary act. Brain 106: 623–642.

Lumer, E.D., Friston, K.J., & Rees, G. (1998). Neural correlates of perceptual rivalry in the human brain. Science 280: 1930–1934.

Milner, A.D. (1995). Cerebral correlates of visual awareness. Neuropsychologia 33: 1117–1130.

Mosso, A. (1881). Über den Kreislauf des Blutes im menschlichen Gehirn. Leipzig: von Veit.

Naatanen, R. (1995). The mismatch negativity: a powerful tool for cognitive neuroscience. Ear and Hearing 16: 6–18.

Ogawa, S., Tank, D.W., Menon, R., Ellermann, J.M., Kim, S.G., Merkle, H., & Ugurbil, K. (1992). Intrinsic signal changes accompanying sensory stimulation: functional brain mapping with magnetic resonance imaging. Proceedings of the National Academy of Sciences USA 89: 5951–5955.

Paller, K.A., & Gross, M. (1998). Brain potentials associated with perceptual priming vs. explicit remembering during the repetition of visual word-form. Neuropsychologia 36: 559–571.

Paller, K.A., & Kutas, M. (2000). Brain potentials during memory retrieval provide neurophysiological support of the distinction between conscious recollection and priming. Journal of Cognitive Neuroscience 4: 375–391.

Parasuraman, R., & Beatty, J. (1980). Brain events underlying detection and recognition of weak sensory signals. Science 210: 80–83.

Price, C.J., & Friston, K.J. (1997). Cognitive conjunction: a new approach to brain activation experiments. Neuroimage 5: 261–270.

Raichle, M.E. (1998). Behind the scenes of functional brain imaging: a historical and physiological perspective. Proceedings of the National Academy of Sciences USA 95: 765–772.

Rosen, B.R., Aronen, H.J., Kwong, K.K., Belliveau, J.W., Hamberg, L.M., & Fordham, J.A. (1993). Advances in clinical neuroimaging: functional MR imaging techniques. Radiographics 13: 889–896.

Rugg, M.D., Mark, R.E., Walla, P., Schloerscheidt, A.M., Birch, C.S., & Allan, K. (1998). Dissociation of the neural correlates of implicit and explicit memory. Nature 392: 595–598.

Scherg, M., & Berg, P. (1996). New concepts of brain source imaging and localization. Electroencephalography and Clinical Neurophysiology, Supplement 46: 127–137.

Schmidtke, K., Handschu, R., & Vollmer, H. (1996). Cognitive procedural learning in amnesia. Brain and Cognition 32: 441–467.

Smythies, J. (1999). Consciousness: some basic issues – A neurophilosophical perspective. Consciousness and Cognition 8: 164–172.

Spence, S.A., Brooks, D.J., Hirsch, S.R., Liddle, P.F., Meehan, J., & Grasby, P.M. (1997). A PET study of voluntary movement in schizophrenic patients experiencing passivity phenomena (delusions of alien control). Brain 120: 1997–2011.

Stephan, K.E., Zilles, K., & Kotter, R. (2000). Coordinate-independent mapping of structural and functional data by objective relational transformation (ORT). Philosophical transactions of the Royal Society 355: 37–54.

Tallon-Baudry, C., & Bertrand, O. (1999). Oscillatory gamma activity in humans and its role in object representation. Trends in Cognitive Sciences 3: 151–162.

Tallon-Baudry, C., Bertrand, O., Wienbruch, C., Ross, B., & Pantev, C. (1997). Combined EEG and MEG recordings of visual 40 Hz responses to illusory triangles in human. Neuroreport 8: 1103–1107.

Weiskrantz, L. (1995). The problem of animal consciousness in relation to neuropsychology. Behavioural Brain Research 71: 171–175.

Weiskrantz, L. (1996). Blindsight revisited. Current opinion in neurobiology 6: 215–220.

Wheeler, M.A., Stuss, D.T., & Tulving, E. (1997). Toward a theory of episodic memory: the frontal lobes and autonoetic consciousness. Psychological Bulletin 121: 331–354.

Die Autoren

OLAF BREIDBACH, geb. 1957. Studium der Kunst, Philosophie, Biologie, Paläontologie und Erziehungswissenschaften; 1982 Promotion zum Dr. phil.; 1984 Promotion zum Dr. rer. nat.; 1985–1987 Liebig-Stipendiat am Institut für Entwicklungsphysiologie der Universität Köln; 1987 Aufbau einer Arbeitsgruppe zur neuronalen Entwicklung an der Universität Bonn; 1989 Habilitation in Zoologie; 1990 Forschungspreis des Landes NRW; 1994 wissenschaftlicher Mitarbeiter am Mathematischen Institut der Universität Bochum; seit 1995 Professur für Geschichte der Naturwissenschaften, Leiter des Bereiches Theoretische Biologie und Direktor des Ernst-Haeckel-Hauses an der Universität Jena, seit 1999 Direktor des Theorielabors am Institut für Geschichte der Medizin, Naturwissenschaft und Technik der Universität Jena.

IRENE DAUM. Studium der Psychologie in Giessen, London und Düsseldorf, Promotion an der Universität London, Habilitation an der Universität Tübingen. Seit 1997 Professorin für Klinische Neuropsychologie an der Ruhr-Universität Bochum und Honorary Professor of Cognitive Neuroscience an der Universität Sheffield, GB. Forschungsschwerpunkte sind Lern- und Gedächtnisstörungen bei umschriebenen Läsionen und kognitive Veränderungen im Verlauf des normalen Alterns und bei neurodegenerativen Erkrankungen.

HANS-JOCHEN HEINZE, geb. 1953. Studium der Medizin und Mathematik in Hannover, Habilitation 1985 in Klinischer Neurophysiologie, Forschungsaufenthalt 1987–1989 in San Diego, seit 1993 Leiter der Klinik für Neurologie II der Universität Magdeburg, Forschungsschwerpunkte: funktionelle Bildgebung kognitiver Prozesse, ereigniskorrelierte Hirnaktivität

HANS J. MARKOWITSCH, Studium von Psychologie und Biologie an der Universität Konstanz. Dort auch Promotion und Habilitation. Professuren in Konstanz, Bochum und Bielefeld. Lehrstuhlinhaber für den Bereich Physiologische Psychologie in Bielefeld. Ca. 300 Arbeiten und ein Dutzend Bücher zu neuropsychologischen Themen; Schwerpunkt im Bereich der Gedächtnisforschung.

THOMAS F. MÜNTE, geb. 1960. Studium der Medizin und Neurowissenschaften in Göttingen und San Diego, Ausbildung zum Neurologen an der Medizinischen Hochschule Hannover, dort auch Oberarzt, Gastprofessur am Dept. of Cognitive Science in San Diego 1996–1998, ab 1999 Lehrstuhl für Neuropsychologie an der Otto-von-Guericke-Universität Magdeburg. Hauptforschungsgebiet ist die Untersuchung kognitiver Prozesse mit Hilfe von elektrophysiologischen und bildgebenden Verfahren. Zahlreiche Arbeiten im Bereich der Sprachverarbeitung und Aufmerksamkeitsforschung.

MICHAEL PAUEN, geb. 1956. Studium in Marburg, Frankfurt und Hamburg. Promotion 1989, Habilitation 1995. Visiting Professor am Institute for Advanced Study in Amherst, Massachusetts, Fellow an der Cornell-University und am Hanse-Wissenschaftskolleg in Delmenhorst. Professur-Vertretungen in Berlin und Marburg, Ernst-Bloch-Förderpreis 1997, vertritt zur Zeit eine Professur an der Otto-von-Guericke-Universität Magdeburg. Publikationen: Diverse Arbeiten zur Philosophie des Geistes, Kulturphilosophie, Ästhetik und Geschichtsphilosophie. Letzte Buchpublikationen: Das Rätsel des Bewußtseins (1999), Pessimismus – Geschichtsphilosophie, Metaphysik und Moderne von Nietzsche bis Spengler (1997). Demnächst: Grundprobleme der Philosophie des Geistes (2001).

RAÚL ROJAS, seit 1997 Professor für Künstliche Intelligenz an der Freien Universität Berlin. Studium der Mathematik an der Technischen Universität Mexikos, Master in Mathematik an derselben Universität. Master in Wirtschaftswissenschaften an der Nationalen Universität Mexikos. 1994 Promotion und Habilitation an der FU Berlin für das Fach Informatik. Professor für KI an der Universität Halle von 1994 bis 1997. Gastprofessor an der Technischen Universität Wien (1993) und verschiedene Aufenthalte an der Universität von Kalifornien, Berkeley, und am Zentrum für Mathematische Forschung, Mexiko. Autor von acht Büchern, u. a. über Struktur und Theorie von neuronalen Netzen und über die Geschichte der Informatik.

GERHARD ROTH, geb. 1942. 1963–1969 Studium der Fächer Philosophie, Germanistik und Musikwissenschaften an den Universitäten Münster und Rom. 1969 Promotion in Philosophie an der Universität Münster. 1969–1974 Biologie-Studium an der Universität Münster und der University of California, Berkeley. 1974 Promotion in Zoologie an der Universität Münster. 1975–1976 Wiss. Mitarbeiter in der AG Neuroethologie der GH/Universität Kassel. Seit 1976 Professor für Verhaltensphysiologie im Studiengang Biologie an der Universität Bremen. Seit 1997 Gründungsrektor des Hanse-Wissenschaftskollegs der Länder Niedersachsen und Bremen mit Sitz in Delmenhorst. Weiterhin Professor an der Universität Bremen.

HELMUT SCHWEGLER, geb. 1938. o.Prof. für Theoretische Physik und Theoretische Biophysik an der Universität Bremen; Mitglied des Zentrums Philosophische Grundlagen der Wissenschaften und Sprecher des Zentrums für Kognitionswissenschaften, beide an der Universität Bremen; Mitglied des DFG-Sonderforschungsbereichs Neuronale Grundlagen kognitiver Leistungen. Arbeitsschwerpunkte: Neben enger gefaßten fachwissenschaftlichen Arbeiten zur Physik und Neurophysik Beschäftigung mit erkenntnistheoretischen und wissenschaftsphilosophischen Fragen. Beiträge zum Geist-Gehirn-Problem (u.a. zusammen mit Gerhard Roth in Ethik und Sozialwissenschaften) und zum Konstruktivismus.

ACHIM STEPHAN, geb. 1955. Derzeit Gastprofessor für Philosophie am Humboldt-Studienzentrum der Universität Ulm, studierte Philosophie, Mathematik, Pädagogik sowie Psychotherapie und Psychosomatik in Mannheim und Göttingen. 1988 promovierte er an der Universität Göttingen, 1998 habilitierte er sich in Karlsruhe, lehrte dort sowie an den Universitäten in Göttingen, Mannheim, Bielefeld, Bremen sowie an der Humboldt-Universität zu Berlin. Er war Gastwissenschaftler an der Rutgers University (USA) und Fellow des Hanse-Wissenschaftskollegs. Wichtige Publikationen: Sinn als Bedeutung. Bedeutungstheoretische Untersuchungen zur Psychoanalyse Sigmund Freuds (1989); Emergenz. Von der Unvorhersagbarkeit zur Selbstorganisation (1999); Animal Mind (Sonderheft von Erkenntnis, 1999).

KAI VOGELEY, geb. 1963. Studium der Medizin und Philosophie. Promotion zum Dr. med. 1992. Promotion zum Dr. phil. 1993. 1990 bis 1993 Neuropathologisches Institut der Universität Düsseldorf. 1993 bis 1996 Neurologische Klinik der Freien Universität Berlin. Seit 1997 Klinik für Psychiatrie und Psychotherapie der Universität Bonn. Facharztanerkennung Neurologie. Arbeitsgebiete: Philosophie des Geistes, Neuroepistemologie, theoretische und experimentelle Psychopathologie, Neurobiologie der Schizophrenie. Buchpublikationen: Repräsentation und Identität (1995), Psyche im Streit der Theorien (Mithrsgb., 1996), Selbst und Gehirn (Mithrsgb., 2000), Zeit und Zeitlichkeit (Mithrsgb., 2000).

Index

U

V

W

Z